숨겨진 뼈, 드러난 뼈

Bones: Inside and Out

숨겨진 뼈, 드러난 뼈

뼈의 5억 년 역사에서 최첨단 뼈 수술까지
아름답고 효율적이며 무한한 뼈 이야기

로이 밀스 지음

양병찬 옮김

해나무

사랑, 격려, 고상한 취향, 부드러운 지도 편달로

나의 글쓰기와 삶을 풍요롭게 하는 수전에게 이 책을 바친다.

차례

일러두기

본문의 주는 모두 옮긴이의 것이다.

들어가는 말

일반적인 건축자재의 단점을 생각해보자. 진흙은 질퍽거리며, 일단 마르고 나면 부스러지기 쉽다. 석회암, 화강암, 콘크리트, 벽돌, 자기瓷器는 부스러지지 않지만 깨지거나 부러지기 쉽다. 게다가 무겁고 부피가 크기 때문에 이동성 있는 구조물을 만드는 데 적당하지 않다. 금속은 구조물을 가볍게 해주며 약간의 탄력성이 장점으로 작용하지만, 지나치게 구부리면 복원되지 않아 낭패를 볼 수 있다. 플라스틱은 환경 친화성이 떨어진다. 목재는 제법 탄력성이 있고 가공하기 쉬운 데다 비교적 가볍고 생분해성이 있지만, 썩거나 연소될 수 있다.

생물들이 사용하는 건축자재도 나름의 단점이 있다. 껍데기shell는 몸에 비해 무겁기 때문에 달팽이와 조개가 신속히 움직이는 데 걸림돌이 된다. 바닷가재는 빠르고 딱정벌레는 심지어 날 수도 있지만, 그들은 성장을 위해 얇고 가볍고 바삭바삭한 외골격exoskeleton을 주기적으로 비우고 갈아치워야 한다.

그래서 뼈bone가 생겨났다. 뼈는 그 자리에서 바로 제조될 뿐 아니라, 가볍고 내구성이 있으며 변화하는 조건에 즉각 대응한다. 강철로 만들어진 교량은 길이나 정격 하중을 두 배로 늘릴 수 없지만, 뼈는 성장할 수도 있고 압박에 반응할 수도 있다. 한 걸음 더 나아가, 손상된 뼈는 스스로 복구한다. 그러나 부서진 벽돌이나 부러진 숟갈은 (재질이 금속이 됐든, 플라스틱이 됐든, 목재가 됐든) 그럴 수 없다. 뼈는 세계 최고의 구조적 버팀대인 데다 생명에 필수 불가결한 원소인 칼슘을 저장하는 은행 역할도 한다.

이런 경이로움에도 불구하고 살아 있는 뼈(특히 자기 자신의 뼈)를 본 적이 있거나 보고 싶어 하는 사람은 거의 없다. 사정이 이러하다 보니, 뼈는 최상급 특징에도 불구하고 칩거한 채 능력에 걸맞은 대우를 받지 못하고 있다. 하나만 물어보자. 뼈를 생각할 때 퍼뜩 떠오르는 이미지는 무엇인가? 혹시 햇빛에 노릇노릇 구워지고 있는 소의 두개골을 그린 조지아 오키프Georgia O'Keeffe(1887~1986)•의 그림이 아닌가? 그런 삭막한 이미지(건조하고, 새하얗고, 시간이 흘러도 변하지 않는)가 떠오른다면 뼈에게 합당한 대우를 한다는 건 애당초 불가능하다. 설상가상으로 고기 한 점만 달랑 붙어 있는 양의 갈비나 소의 티본T-bone을 보고 짜증을 내거나 업신여긴다면 더 볼 것도 없다. 뼈를 외

• 미국의 화가. 동물의 두개골과 뼈, 꽃, 식물의 기관, 조개껍데기, 산 등 자연을 확대한 작품을 주로 그렸다. 서유럽의 모더니즘과 직접적 관계가 없는 추상 환상주의 이미지를 개발하여 20세기 미국 미술계에서 독보적 위치를 차지했다.

면한 채 디저트를 향해 전력 질주하느라 햄 스테이크의 한복판에 박힌 동그란 뼈를 보고 감탄하지도, 닭 다리의 양쪽 말단이 중간보다 두꺼운 이유를 이해하지도, 어떤 물고기의 뼈는 고무처럼 탄력 있는 데 반해 위시본wishbone•은 잘 부러지는 이유를 곰곰히 생각하지도 않을 테니 말이다. 뼈가 최고의 건축자재라는 점을 납득하지 않는 회의론자들은 이런 질문을 던질지도 모른다. "뼈가 그렇게 대단하다면, 달팽이가 뼈를 갖지 않은 이유가 뭐예요? 벌은 또 어떻고요?" 나는 이 책에서 뼈에 관한 이야기보따리를 풀어놓으며, 이를 비롯한 온갖 질문에 속 시원히 대답할 것이다.

뼈는 어디에나 있고 다재다능하지만, 살아 있는 상태에서 포착되는 경우가 드물다 보니 약간 불가사의한 측면이 있다. 주인을 섬기고 보호하는 임무를 완료한 후, 그 경이롭고 불가사의한 물체는 수많은 장소에서 수많은 목적을 위해, 때로는 수억 년 후에 모습을 드러낸다. 뼈는 지구의 역사와 지구상에서 동물이 살아온 과정에 관해 시사하는 바가 크다. 게다가 문명이 탄생한 이후 뼈의 용도는 더 다양해져서, 인류는 뼈를 섬기고 보호할 뿐만 아니라 심지어 뼈로부터 즐거움과 영감을 선사받고 있다. 뼈의 내구성durability과 편재성ubiquity은 '드러난 상태'를 '숨겨진 상태'만큼이나 흥미롭게 만든다. 이 책을 다 읽고 나면, 독자들은 뼈가 세계 최고의 건축자재 겸 문화재임을 확신하게 될 것이다.

• 닭고기나 오리고기 등에서 목과 가슴 사이에 있는 V자형 뼈.

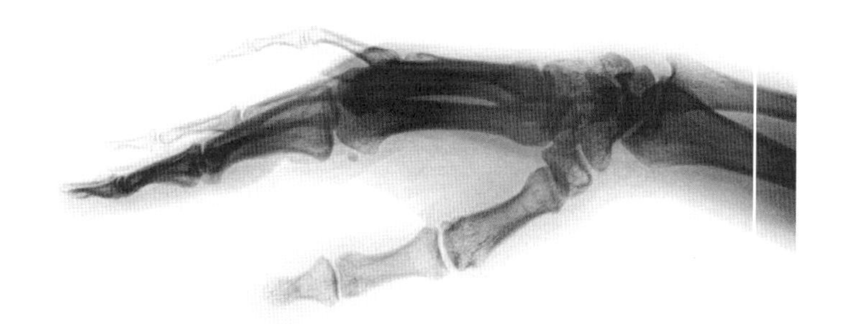

1부

숨겨진 뼈

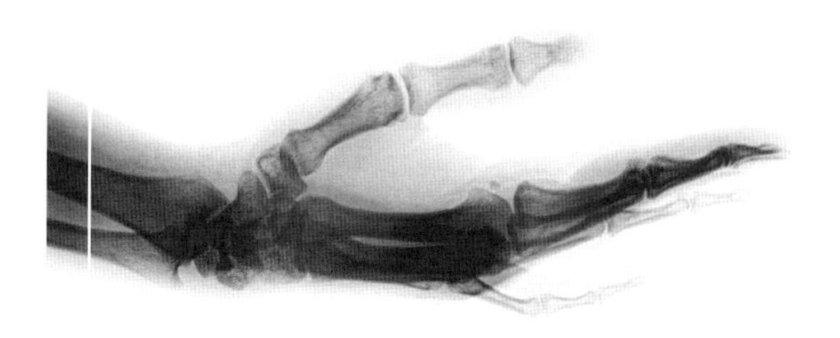

1장

뼈의 독특한 조성과 다양한 구조

고대 그리스의 유명한 의사 겸 철학자인 갈레노스Galenos는 뼈가 정자sperm로 만들어졌다고 썼는데, 그 이유는 색깔이 하얘서였다. 그로부터 1000년 후, 페르시아의 천문학자 겸 의사 겸 다작 작가인 아비센나Avicenna는 뼈가 차갑고 건조하므로 흙으로 만들어졌다고 생각했다. 또다시 1000년이 지난 오늘날에는 전혀 다른 관념이 성행하고 있다. 그러나 아비센나는 중요한 원칙을 하나 언급했는데, 그 원칙에 따르면 뼈를 이해하는 최선의 방법은 '인체의 나머지 부분으로부터 분리하는 것'이었다. 그 원칙은 지금까지도 훌륭한 조언으로 남아 있다.

뼈에 대해 제대로 알려면 그것을 인체에서 분리하여 화학적으로 살펴봐야 한다. 먼저, 5개의 탄소 원자가 2개의 산소, 1개의 질소, 그리고 9개의 수소 원자와 결합하여 프롤린proline($C_5H_9NO_2$)이라는 아미노산이 생성된다. 아미노산은 생명의 필수적인 구성 요소인데, 인체에서 합성되기도 하고 단백질을 소화하는 과정에서 만들어지기도 한다. 다음으로 특정한 세포들이 프롤린이 풍부한 아미노산 혼합물을 죽 이어 붙여, 인체 내에서 가장 흔한 단백질인 콜라겐collagen 분자를 만든다. 초현미경ultramicroscope•의 시야에 나타난 프롤린 사슬의 첫 모습은 흐물흐물한 스파게티 가닥과 약간 비슷하다. 뒤이어 수많은 프롤린 분자에 엄청나게 많은 '수소-산소 부속물(-OH)'들이 부착되면 분자 사슬이 일정한 간격으로 예리하게 구부러져, 미세한 코르크스크루corkscrew 파스타 모양, 즉 나선형으로 변신한다. 3개의 코르크스크루 파스타가 엮이면 하나의 콜라겐 분자가 형성되는데, 웬만한 현미경으로는 보이지 않지만 강력하고 안정적이다. 한 가닥을 이루는 여러 개의 귀퉁이가 인접한 가닥의 틈 속으로 비집고 들어가기 때문이다.

콜라겐 분자는 여러 가지 종류의 세포 속에서 조립되는데, 그중에는 뼈를 만드는 조골세포osteoblast(그리스어인 오스테오osteo[뼈]와 블라스트blast[만듦]의 합성어)도 포함된다. 콜라겐 분자가 생성되면 조골세포는 화학적·기계적으로 경이로운 이 분자를 세포막 밖으로 밀어내어 조골세포 사이의 미세한 공간에 배치한다. 이 새로운 자리에서 콜라겐 분자들은 꼬리에 꼬리를 물고 늘어설 뿐만 아니라 좌우로도 정렬하여 여러 가닥의 섬유를 생성한다. 콜라겐 분자는 매우 가늘므로, 1초마다 하나의 콜라겐 분자를 첨가하여 이 책의 한 페이지만 한 두

• 특수 조명법을 써서 보통의 현미경으로는 볼 수 없는 미립자를 분별할 수 있는 현미경. 어두운 방에 빛이 들면 먼지가 빛나 보이는 틴들 현상을 이용한 것으로 0.25~0.04마이크로미터의 미립자까지 확인할 수 있다.

께로 쌓으려면 17시간이 걸린다. 그리고 콜라겐 분자가 아무리 길쭉하더라도, 꼬리에 꼬리를 물게 하여 'o'의 지름만 한 길이로 만들려면 30만 개를 이어 붙여야 한다.

콜라겐 섬유들은 (촘촘하게 엮인) 기계적 중첩과 (끈끈한 파스타 같은) 화학적 결합을 총동원하여 단단히 잠겨 있다. 이게 무슨 뜻인지 알고 싶다면, 3단 레고 블록을 조립하기 전에 초강력 접착제를 바른다고 생각해보라. 콜라겐 섬유가 얼마나 강력한지 납득이 갈 것이다. 그것은 엄청나게 질긴 아미노산 사슬로, 똑같은 두께의 강철 섬유를 능가하는 인장강도tensile strength를 자랑한다.

지금 당장 필요한 화학 지식은 이 정도로 족하다. 이제 1분만 시간을 내어 라임, 신발 가죽, 가구용 접착제, 젤라틴 디저트와 관련된 결합을 이해하기로 하자. 프롤린 분자에 달라붙는 '-OH'라는 부속물을 기억하는가? 그 과정을 매개하는 촉매가 바로 비타민 C이므로, 비타민 C가 없다면 분자 사슬이 나선형으로 돌돌 말릴 수 없다. 따라서 비타민 C가 부족하면 콜라겐 생성에 결함이 생겨 괴혈병scurvy을 초래하게 된다. 괴혈병에 걸리면 잇몸에서 피가 나고 몸에 멍이 잘 든다. 초창기 선원들은 몇 달 동안 바다에서 생활하며 신선한 과일과 채소가 턱없이 부족한 식사를 해야 했다. 영국의 선원들은 신선한 라임즙을 악취가 진동하는 음료수에 첨가하여 고약한 냄새를 은폐하곤 했는데, 그러다가 뜻밖에도 하루 한 알의 라임이 괴혈병을 치료해준다는 사실을 발견했다. 그도 그럴 것이, 라임에 함유된 비타민 C가 콜라겐 생성 메커니즘을 원상 복구했기 때문이다.

콜라겐의 결합과 관련된 또 한 가지 소재는 소가죽을 무두질한 신발 가죽이다. 신발 가죽이 질긴 이유는, 무두질하는 과정에서 화합물이 첨가되어 가죽 속에 포함된 콜라겐 섬유 간의 결합점weld point이 증가하기 때문이다. 페인트 볼 덮개, 약용 캡슐, 아교(동물의 가죽에서 추출된 가구용 접착제), 곰돌이 젤리는 정반대 사례다. 이것들은 모두 부분적으로 분리된 콜라겐으로 만들어졌는데, 고기와 가죽 생산의 부산물을 푹 끓여서 추출한 것이다. "말을 아교 공장으로 보낸다"라는 표현은 여기서 유래한다. 여기서 잠시 경고! 마시멜로를 먹기 일보 직전인 사람은 비위가 상할 수 있으므로, 젤라틴 생산에 대한 설명을 읽지 마시라!

힘줄과 인대의 주요 성분인 콜라겐은 인장강도가 엄청나게 크다. 힘줄은 근육의 수축을 관절운동으로 전환하며, 인대는 관절의 위치를 적절히 조절해준다. 당신이 발끝으로 서려고 한다고 해보자. 만약 아킬레스건이 흐물흐물하다면, 수축시키려는 장딴지근이 번지점프용 밧줄처럼 길게 늘어날 것이므로 뒤꿈치가 마룻바닥에 그대로 붙어 있을 것이다. 그러면 점프를 할 수 없을 것이고, 자칫하면 어처구니없는 사고로 이어질 수 있다. 이번에는 한 손의 손가락을 다른 손으로 잡고 뒤로 젖혀보라. 만약 인대가 흐물흐물하다면 손톱이 손등에 닿을 것이다. 매우 드문 경우지만 어떤 사람들은 태어날 때부터 엄청나게 유연한 인대를 갖고 있다. 그런 사람들을 두 관절의 곡예사double-jointed contortionist라고 하는데, 엄청난 유연성을 과시하면서 보는 사람들을 움찔하게 만든다.

혹자는 콜라겐에 대한 설명이 얼토당토않다며 이렇게 투덜댈지도 모른다. "우리는 직관적으로 뼈가 뻣뻣하다고 알고 있는데, 뼈의 주성

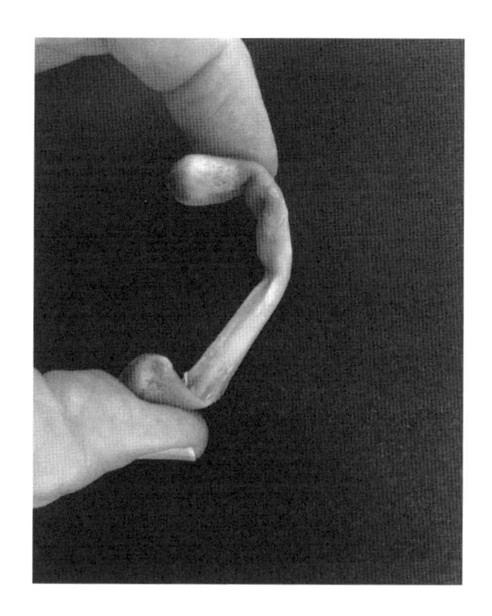

식초에 담가둔 이 닭 다리뼈는 칼슘 특유의 견고함을 상실했다. 남은 것은 신축성 있는 콜라겐 틀뿐이다.

분이라는 콜라겐이 질기고 신축성이 있다니!" 물론 뼈는 구부러지지 않으며 납작하게 눌리지도 않는다. 뼈는 압축('짓누름'의 과학적 표현)에도 저항하는데, 이처럼 이율배반적인 것은 또 하나의 주성분인 칼슘 때문이다. 다시 말해서, 뼈는 콜라겐 그물 위에 수북이 쌓인 칼슘 결정으로 구성되어 있다. 마치 라스• 위에 놓인 회반죽처럼 말이다.

칼슘의 역할이 궁금하면 닭 다리 한 봉지를 사서 실험해보라. 일부 닭 다리에서 살을 발라낸 후 뼈를 수 주 동안 식초 속에 담가두라. 나머지 닭 다리는 요리하여 먹은 후, 남은 뼈를 섭씨 120도에서 수 시간 동안 구우라. 식초 속에 담가둔 뼈들은 쫀득쫀득하고 잘 구부러질 텐데, 식초가 칼슘을 녹여버리는 바람에 콜라겐 그물만 남았기 때문이

• 철골이나 목조에 모르타르 칠을 할 때 기초로 이용하는 금속제 망.

다. 불에 구운 뼈는 분필처럼 푸석푸석하고 잘 부러질 텐데, 열이 콜라겐을 파괴하는 바람에 칼슘만 남았기 때문이다.

화학 교과서를 들여다보면, 칼슘 결정은 다양한 형태로 존재한다고 적혀 있다. 그중에는 염화칼슘(결빙 방지제), 구연산칼슘(경수硬水 연화제, 식이 보조제), 탄산칼슘(제산제, 분필, 산호, 달걀 껍질), 황산칼슘(석고, 소석고), 수산화칼슘(소석회)이 있다. 만약 적당한 조건에서 수산화칼슘에 인phosphorus 화합물을 첨가한다면, 생전 처음 들어보는 수산화인회석hydroxyapatite이 생겨날 것이다. 그것은 히드록스Hydrox 쿠키나 애피타이저와 무관하며, 심지어 마시멜로 등의 젤라틴 디저트와도 아무런 관련이 없다. 단도직입적으로 말해서 수산화인회석은 뼈를 구성하는 주요 칼슘 결정이다. 만약 칵테일 파티에서 수산화인회석 이야기를 꺼낸다면 이상한 사람 취급을 받을 것이다. 그러나 우리의 뼈 결정인 그것이 없다면 당신은 마루 위에 서 있을 수도 없다. 그러므로 수산화인회석에 대해 좀 더 알아보자.

1780년대에 독일의 광물학자 아브라함 고틀로프 베르너Abraham Gottlob Werner가 인회석apatite 결정을 별개의 광물로 인식하기 전까지, 사람들은 그것을 다른 광물과 혼동하거나 새로운 광물로 인식하는 우를 범했다. 그는 사람들을 잘 속여 넘겨온 그 광물의 역사를 고려하여, 아파테apate(기만하다)라는 그리스어 단어를 참고해 아파티트Apatit(독일어)라고 명명했다. 인회석은 다양한 형태로 존재하는데, 수산화이온(OH^-)이 달라붙으면 수산화인회석이 된다.

때마침 체중계를 보고 있다면, 당신의 체질량에서 뼈가 약 15퍼센트를 차지하며, 그중 약 3분의 1이 콜라겐이고 3분의 2가 칼슘-인 결합체calcium-phosphorus의 결정이라는 점을 알아두기 바란다. 그러므로 체중이 60킬로그램인 사람은 9킬로그램의 뼈(3킬로그램의 콜라겐과 6킬로그램의 수산화인회석)를 갖고 있다고 할 수 있다. 이 정도면 여행용 캐리어에 들어갈 것이다. (그렇다고 해서 엽기적인 살인범이 사람의 뼈를 캐리어에 넣고 공항 검색대를 통과하는 공포 영화를 떠올릴 필요는 없다. 그냥 참고 사항으로 알아두라는 것이다.)

빵틀 속에 물과 산소가 포함된 영양 수프가 가득 들어 있고, 그 속에 몇 개의 조골세포가 이리저리 떠다닌다고 상상해보라. 조골세포는 유전적 프로그램에 따라 콜라겐과 수산화인회석 분자를 만들어 분비할 것이다. 콜라겐 그물 위에 칼슘 결정이 차곡차곡 쌓이면, 짜잔! 우리는 뼈를 얻게 된다. 조골세포는 본질적으로 '뼈의 보호막' 안에 칩거하며 뼈세포osteocyte(성숙한 뼈세포)로 변신하는데, 일단 뼈세포가 되면 건설 및 철거에서 손을 떼고 뼈의 구조를 유지하는 데 전념한다. 다양한 화학 전령들(주로 뇌하수체, 갑상선, 고환, 난소에서 분비되는 호르몬)이 조골세포의 활동성에 영향을 미친다. 인근의 다른 세포들은 성장인자growth factor라는 화학 전령을 생성하는데, 이 또한 아미노산 사슬로 구성되어 있다. 여러 가지 성장인자들이 조골세포에게 '뼈를 열심히 형성하라'라며 다그치고, 필요하다면 다른 종류의 세포들을 조골세포로 전환하기까지 한다.

콜라겐이 보강된 수산화인회석의 보호막 안에서 충분한 조골세포들이 임무(서로 감싸기)를 완료하면, 빵틀 속의 영양 수프는 돌덩이처럼 단단하게 굳는다. 그 덩어리의 밀도와 강도는 어도비 벽돌•과 막상막하이므로, 문득 이런 생각이 떠오른다. '만약 우리 조상들의 뼈가 어도비로 만들어졌다면, 사자와의 군비경쟁에서 가뿐히 승리할 수 있었을까?' 음, 좀 더 생각해보면 사자의 뼈도 인간과 비슷하게 형성되었을 것이므로 다 부질없는 상상이다.

사실, 뼈는 어도비 벽돌처럼 단순히 진화하지 않았다. 뼈의 진화 과정을 제대로 이해하기 위해, 우리는 뼈의 재질뿐만 아니라 약간의 공학적 원리를 고려해야 한다. 그래야만 대부분의 납작뼈flat bone(이를테면 두개골과 가슴뼈)가 마치 샌드위치처럼 한 겹의 해면뼈spongy bone와 두 겹의 치밀뼈compact bone로 구성되어 있는 이유와, 관상뼈tubular bone(예컨대 팔과 다리의 긴뼈long bone들)가 마치 '자전거 프레임 속의 바퀴'처럼 원통형으로 되어 있는 이유를 알 수 있기 때문이다.

먼저, 얇고 탄탄한 납작뼈를 떠올려보자. 두개골은 뇌를 보호하고, 가슴뼈와 갈비뼈는 심장과 폐를 직접적인 타격에서 보호한다. 그게 어떻게 가능할까? 비결은 구조에 있다. 납작뼈의 두 표면(외표면과 내표면)은 딱딱하고 치밀하고 부드러우며, 굽힘bending과 천공puncture에 저항한다. 내부의 해면질은 골판지와 똑같은 구조로, 견고하고(얼어붙은 스펀지를 생각하라) 가벼우며 내구성이 뛰어나다.

다음으로, 원통 모양의 관상뼈를 생각해보자. 그 구조의 아름다움을 제대로 평가하기 위해, 먼저 길이 3미터 너비 45센티미터 두께 5센티미터의 널빤지를 상상해보자. 우리는 그것으로 지름 2.5미터의 구멍을 덮은 후 안전하게 건너갈 수 있다. 약간 출렁거리겠지만 견딜 만하

● 남아메리카의 건조한 안데스문명 지대에서 모래, 찰흙, 물과 특정한 종류의 섬유나 유기물질을 섞어 만드는 천연 건축용 재료.

다. 그러나 출렁임을 없애고 싶다면 널빤지를 모로 세운 후 너비 5센티미터의 모서리 위를 발끝으로 살금살금 걸을 수 있다. 디딜 수 있는 폭이 매우 좁지만 훨씬 더 견고하다. 어느 쪽이든 널빤지의 치수나 물성은 같지만, 모로 세울 경우에는 '5센티미터'가 아니라 '수직으로 세워진 45센티미터'의 재료가 굽힘에 저항한다.

목조 주택에서 바닥 장선floor joist•을 모로 세우는 것은 바로 이 때문이다. 그러지 않으면 마룻바닥이 트램펄린이 되어버릴 것이다. 널빤지를 두껍게 만들어 평평하게 깔 수도 있지만, 출렁거리지 않을 정도로 두꺼워진다면 마루가 매우 무겁고 가격도 크게 상승할 것이므로 그 프로젝트는 수학적으로나 재정적으로나 파산하게 될 것이다.

그렇다면 엔지니어들이 장선, 기둥, 대들보의 효율성을 극대화하는 방법은 무엇일까? 달리 말해서, 그들이 '최소의 재료와 노력'으로 '최대의 강도'를 얻는 비결이 뭘까? 정답은 단면의 모양이 '대문자 I'가 되도록 기둥을 설계하는 것인데, 이것을 그 분야 용어로 'I 형강I-beam'이라고 한다. 그리스문자를 포함하는 공식을 이용해 I 형강의 원리를 설명할 수도 있지만, 전자계산기 없이 어림셈하는 방법이 있다. 그 핵심 내용은, 기둥이나 장선에서 강도에 가장 많이 이바지하는 것은 '모서리에 가까운 부분'이라는 것이다. 예컨대 당신은 직사각형 모양의 기둥에서 시작하여, 맨 위와 맨 아래는 그대로 두고 왼쪽과 오른쪽을 상당 부분 제거할 수 있다. 그 결과 탄생한 I 형강은 원래의 강도를 대부분 유지하지만 무게와 비용은 크게 감소할 것이다.

• 마루청을 끼우거나 까는 데 쓰는 뼈대.

길이가 같다면 그림에 나오는 형태들은 모두 동일한 양의 재료를 포함한다. (a) 납작한 널빤지는 수직력을 견디지 못하고 출렁인다. (b) 납작한 널빤지를 모로 세우면, 수직 굽힘에 저항한다. (c) I 형강은 더욱 강하게 저항한다. (d)와 (e)는 모두 상상의 산물이지만, (d) 십자형 I 형강은 수직 및 수평 굽힘에 모두 저항하며, (e) 다중 I 형강은 여러 방향의 굽힘에 저항한다. (f) 원통은 모든 방향의 굽힘에 효과적으로 저항하며, 뼈의 구조를 모방한 것이다.

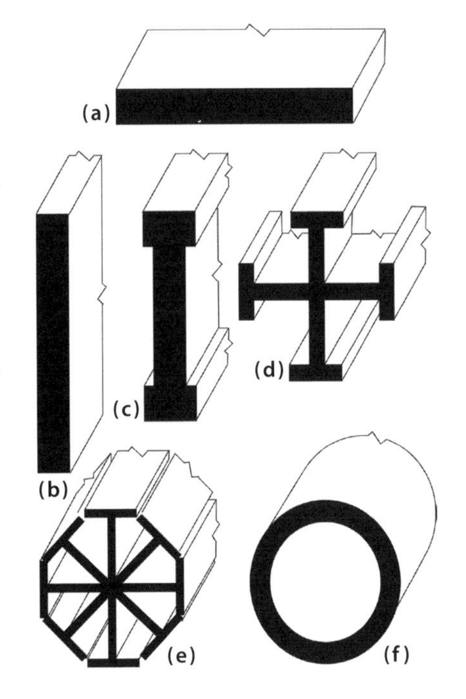

I 형강은 장단점이 있다. 장점은 수직력top-down force으로 인한 굽힘에 저항한다는 것이고, 단점은 수평력side-to-side force이나 비틂력twisting force에 별로 저항하지 못한다는 것이다. 수직력과 수평력 모두에 저항하는 기둥(십자형 기둥)은 날씬한 십자가처럼 보이리라. 그러나 십자형 기둥은 2시, 5시, 8시, 11시 방향에서 오는 비스듬한 힘에 저항하는 힘이 여전히 약할 것이다.

기둥이 모든 방향의 힘에 저항하려면, 수많은 I 형강을 동그랗게 배치하여 합성 기둥을 만들어야 한다. 만약 합성된 기둥들의 가장자리가 맞닿는다면, 가운데 부분을 제거해도 구조가 별로 약화되지 않을 것이다. 가운데 부분이 제거되면 남는 것이 뭘까? 바로 원통이다. 원통은 모든 부분에서 오는 굽힘력bending force 및 비틀력에 저항할 수 있다. 원통의 텅 빈 내부는 무게와 재료를 절약해주며, 동일한 치수의 고형 막대를 사용해봤자 구조의 강도는 별로 증가하지 않는다. 자전거 프레임, 스키의 폴pole, 그리고 (이미 짐작했겠지만) 뼈가 아름다운 것은 바로 이 때문이다. 우리의 긴뼈는 기본적으로 텅 빈 관이므로, 가볍고 모든 방향의 굽힘에 저항한다.

두 번째로 주목할 것은, 대부분의 관상뼈는 양쪽 말단이 나팔처럼 넓다는 것이다. 그 부분은 연골cartilage로 덮여 있는데, 연골은 (납작뼈 및 관상뼈와 구별되는) 또 하나의 결합 조직으로 콜라겐 그물 위에 독특한 분자들을 배치함으로써 형성된다. 지금까지 언급한 뼈의 경우, 콜라겐에 발린 '회반죽' 분자는 딱딱하고 압축에 저항하는 수산화인회석 결정이다. 그러나 연골의 경우, 콜라겐에 달라붙은 커다란 분자들은 수산화인회석과 달리 탄력이 있으며 물을 끌어당긴다. 이런 스펀지 같은 특징은 연골을 미끌미끌하게 만들어 관절과 연결된 뼈 간의 마찰을 거의 없애준다.

연골의 구조와 기능은 뼈만큼이나 매혹적이지만, 이야기하자면 끝이 없으므로 별도의 책이 나올 때까지 기다려야 한다. 뼈사모(뼈를 사랑하는 사람들의 모임) 회원인 우리가 알아두고 넘어갈 것은 단 하나, 연골이 치밀뼈에 비해 부드럽고 미끌미끌하다는 것이다. 긴뼈 양 끝의 '널따란 부분'은 두 가지 방법으로 '섬세한 연골'을 보호한다. 첫째, 뼈가 넓어지면 인접한 뼈 말단 간의 접촉면이 늘어나므로 연골에 가해지는 압력이 분산된다. 둘째, 그 부분은 대부분 해면뼈로 이루어져 있어서 약간 탄력이 있으므로, 압력에 민감한 연골에 쿠션 효과를 제공한다.

세 번째로 주목할 것은 관상뼈의 내부다. 독자들도 이미 눈치챘겠지만, 긴뼈(단단하고 치밀한 원통) 내부의 골수강central cavity이 '완전히 텅 빈' 것은 아니다. 우리는 이 시점에서 두 가지 뼈, 즉 치밀뼈와 해면뼈의 성질과 목적을 살펴볼 필요가 있다. 치밀뼈는 관상뼈 외부의 단단한 부분이고 해면뼈는 내부의 탄력 있는 부분이다. (껍질이 딱딱한 프랑스 빵이나 투시팝Tootsie Pop●을 생각하면 된다.) 치밀뼈는 공학적으로 튼튼하며, 힘들고 부담스러운 일을 담당한다. 해면뼈는 골수강을 채우는 '스펀지 같은 뼈'로서, 치밀뼈를 (특히 말단 근처에서) 보강하고 지탱하는 역할을 한다.

해면뼈로 채워진 공간에는 두 가지 종류의 골수세포marrow cell가 상주하는데, 바로 적색골수세포red marrow cell와 황색골수세포yellow marrow cell다. 적색골수세포는 생애 초기에, 특히 관상뼈의 말단에 존재한다. 적색골수세포는 풍부한 혈액 공급원으로, 새로운 혈액세포(적혈구, 혈소판, 대부분의 백혈구)를 하루에 약 5000억 개씩 만든다. 황색골수세포는 대체로 젤리 같은 지방질로 구성되며, 나이가 들어감에 따라 뼈 내부에서 커다란 부분을 차지하게 된다. 어떤 대식가들은 소뼈의 황색골수세포를 보면 사족을 못 쓰며, 뼈를 후벼 파거나 깨물거나 깨뜨린 후 후루룩 마셔버린다. "깊은 인생을 살며, 삶의 골수를 모두 빼 먹겠다"라고 벼르며 숲속으로 들어간 헨리 데이비드 소로의 마음이 그러

● 딱딱한 캔디 속에 초코 캐러멜이 들어 있는 막대 사탕.

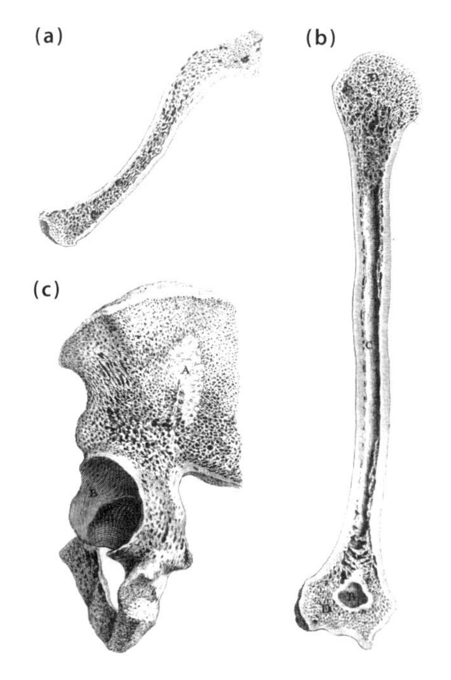

1733년에 출간한 인체의 골격에 관한 도해집 『오스테오그라피아*Osteographia*』에서 윌리엄 체슬던William Cheselden은 (a) 빗장뼈collar bone, (b) 위팔뼈upper arm bone, (c) 골반pelvis에 관해 기술했다. "여러 개의 뼈를 톱으로 써니, 내부의 해면질이 드러났다. 말라붙은 골수 속의 세포들이 완전히 제거되지 않았다." 뼈 내부의 해면질은 뼈의 무게를 크게 줄이고 뼈의 강도, 특히 말단 부분의 강도를 크게 증가시킨다.

했으리라. 나 역시 투시팝을 볼 때마다 그런 생각이 든다.

그러나 어떤 새들은 진짜로 텅 빈(골수가 전혀 없는) 넙다리뼈와 팔뼈를 갖고 있다. 이런 뼈들을 함기골hollow bone이라고 하는데, 조류의 호흡계를 구성하는 핵심적 부분이다. 즉, 새들은 들이마신 공기를 함기골 속의 공간에 일시적으로 보관했다가 폐를 통해 입으로 다시 내보낸다. 어떤 공룡들은 새와 비슷한 함기골을 갖고 있었는데, 이 역시 호흡에 이용됐을 가능성이 크다. 공룡과 현생 조류가 함기골을 공유한다는 것은 새가 공룡에서 진화했다는 설을 뒷받침하는 강력한 증거라고 할 수 있다.

이쯤 되면 호기심 많은 독자는 이런 의문을 품을 것이다. "혈액은 어떻게 뼈의 치밀한 원통을 통과하여, 내부의 해면질에 영양소를 공급할까요?" 좋은 질문이다. 뼈를 직접 관통하는 (웬만한 혈관이 통과할 정도로) 큰 구멍이 있다면 곤란한 문제가 생길 수 있다. 그런 구멍은 원통을 약화시켜 굽힘력과 비틂력에 저항하는 능력을 크게 줄이기 십상이기 때문이다. 게다가 골절이 일어나기도 쉬울 것이다.

그 대신 뼈에는 아주 작은 바늘구멍만 한 터널들이 여러 개 뚫려 있는데, 이것들이 길고 구불구불한 경로를 경유하여 원통의 벽을 통과한다. 그리고 각각의 터널 속에는 미세한 동맥과 정맥이 포함되어 있다. 그런데 어떤 뼈들은 다른 뼈들보다 이러한 '영양소 통로'를 더 많이 갖고 있는 반면, 엉덩이뼈hip bone와 손목 및 발목에 각각 하나씩 있는 어떤 뼈는 주요 부분에 아무런 통로도 갖고 있지 않은 것으로 유명하다. 따라서 그 부분에 골절이 발생할 경우에는 치료하기가 어렵게 된다. 건축자재를 실어 나를 보급로가 제한되어 있기 때문이다.

호기심 많은 독자 중에는 더욱 근본적인 질문을 던지는 사람도 있을 것이다. "뼈의 목적이 뭐죠?" 로스앤젤레스 경찰청의 모토인 "보호 및 서비스 제공To Protect and to Serve"을 생각해보자. 정형외과 의사의 관점에서 보면, 경찰관들은 순서가 틀린 것 같다. 우리는 서비스 제공이 먼저고 보호는 나중이라고 생각하기 때문이다. 신경외과 의사와 심장 전문의들은 경찰관들에게 동의할 것이다. 두개골은 뇌를 보호하고, 갈비뼈와 가슴뼈는 여러 가지 내장들을 보호하니 말이다. 하지만 정말로 위대한 뼈는 보호자가 아니라 서비스 제공자인 척추·골반·사지다. 그들은 서비스를 더 잘 제공하기 위해 독특한 형태를 지니고 있으며, 때로는 보호 임무도 훌륭히 수행한다. 정형외과 의사들은 이러한

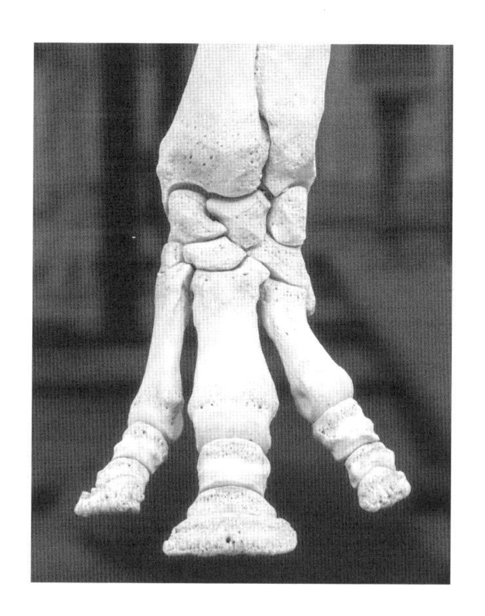

이 흰코뿔소의 앞다리 골격을 보면, 여러 개의 작은 구멍들이 뚫려 있음을 알 수 있다. 혈관은 이 구멍들을 통해 모든 뼛속의 해면질에 접근하여 영양소를 공급한다.

서비스 제공자들의 안녕을 위해 일한다.

크기는 논외로 하고, 대부분의 포유류, 조류, 심지어 공룡의 뼈 사이에는 괄목할 만한 유사성이 있다. 예컨대 코끼리의 정강뼈shinbone(경골)와 그에 상응하는 닭 다리뼈를 살펴보자. 둘 다 중간 부분이 비교적 좁으며, 양쪽 말단에서 넓어져 무릎과 발목에 연결된다. 널따란 말단은 체중을 널리 분산시키고, 인대가 부착될 표면을 충분히 제공해 관절의 이탈을 예방한다.

만약 누군가에게 "사람의 뼈가 모두 몇 개냐"라는 질문을 받는다면, 부디 "206개요"라고 불쑥 대답하지 않기 바란다. 206은 널리 인정된 숫자이지만, 실제 정답은 복잡하다. 먼저, 사람마다 안면 특징, 머리칼색, 키, 신발 사이즈가 다르다는 점을 염두에 두기 바란다. 그런데 피

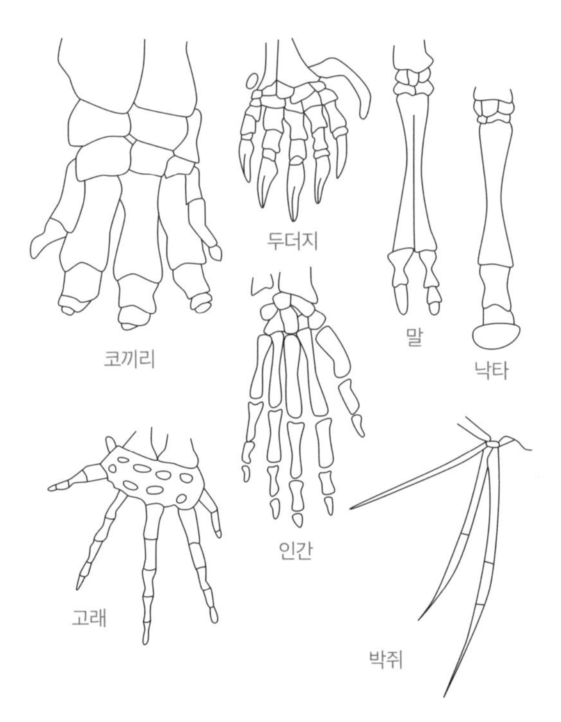

기본적인 골격 구조의 변형으로 인해 다양한 동물의 앞다리가 특화된 활동(체중 지탱하기, 땅파기, 달리기, 헤엄치기, 날기)을 효율적으로 수행할 수 있게 되었다. 인간의 손은 어떤 활동에서도 특출나지 않지만, 단 한 가지 중요한 이점을 갖고 있다. 바로 도구를 쥘 수 있다는 것이다.

부 밑에도 그와 비슷한 차이점이 존재한다. 신경, 힘줄, 동맥, 뼈… 어느 것 하나 독특하게 배열되지 않은 것이 없다. 내 몸속에 존재하는 그것들의 정확한 위치와 크기는 당신의 것과 다르다. 그러므로 '뼈의 개수가 정확히 몇 개냐'라는 문제를 풀려면, 다음과 같은 다섯 가지 의문 사항(이른바 5하원칙)을 고려해야 한다. 누구? 무엇? 언제? 어디서? 왜?

먼저, 세는 사람이 누구인가에 따라 다르다. 오랫동안 파묻혀 있던 화석에서 먼지를 털어내는 고생물학자는 몇 개의 미세한 뼈를 빠뜨릴 수 있다. 그가 상습적으로 빼먹는 것 중에는 종자뼈sesamoid라는 것이 있는데, 힘줄 속에 박혀 있는 작은 뼈로 전신의 관절과 인접한 곳에서 발견된다. 참깨(세서미)와 비슷하게 생겼다고 해서 영어로는 '세서모이드'라는 이름을 얻었으며(그러나 인간의 경우에는 참깨보다 크며, 케이퍼•에 더 가깝다), 우리가 손으로 물체를 쥐거나 발로 체중을 떠받칠 때 압력이 고루 분산되게 해준다. 어떤 사람들의 손뼈나 발뼈에는 종자뼈가 하나도 없지만, 20개를 가진 사람들에게 꿀리지 않고 그럭저럭 버틴다. 그러므로 우리는 종자뼈를 '액세서리'라고 부를 수 있다. 이를 고려해 정확히 헤아린다면 당신의 뼈는 206보다 몇 개 더 많을 것이다.

둘째, 무엇을 뼈에 포함시킬 것인가에 따라 다르다. 무릎뼈kneecap는 거대한 종자뼈이므로, 우리가 선호하는 206개에 늘 들어간다. 완두콩만 한 손목뼈도 마찬가지다. 대부분의 사람은 가슴의 양쪽에 12개씩 총 24개의 갈비뼈를 갖고 있는데, 어떤 사람들은 26개를 갖고 있음에도 특별한 경우로 인정받지 못한다. 양쪽 귀에 있는 3개의 미세한 뼈(망치뼈, 모루뼈, 등자뼈)는 206개에 들어가지만, 발에 있는 종자뼈들은 그것들보다 큰 데도 제외된다. 엉덩이, 무릎, 발목 주변에 있는 콩알만 한 액세서리 뼈들도 설움받기는 마찬가지다.

셋째, 언제 셀 것인가? 아기들은 약 270개의 뼈를 갖고 태어나는데,

• 지중해산 관목의 작은 꽃봉오리를 식초에 절인 것으로, 향신료로 사용된다.

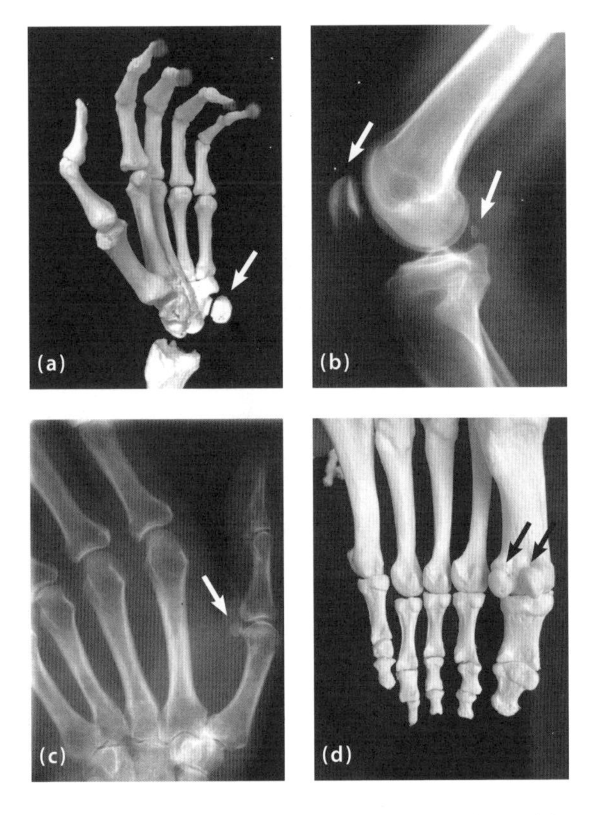

(a) 손바닥의 둔덕에 있는 종자뼈와 (b) 무릎의 앞(왼쪽 화살표)에 있는 종자뼈는 고전적인 '전신의 뼈 개수'인 206개에 포함된다. 그러나 무릎의 뒤(오른쪽 화살표)와 (c) 엄지손가락, 그리고 (d) 발볼에 있는 종자뼈는 제외된다.

그중 일부가 서서히 융합한다. 신생아가 산도産道를 통과할 때는 두개골판들 사이의 거리가 멀어지며 머리의 모양이 분만에 유리하게 바뀐다. 태어난 아기의 두개골들이 융합하는 것은 뇌를 보호하기 위해 당연한 수순이다. 유아기에는 팔목과 발목의 뼈 중 상당수가 충분한 칼슘을 함유하고 있지 않아 엑스선을 제대로 차단하지 못한다. 따라서

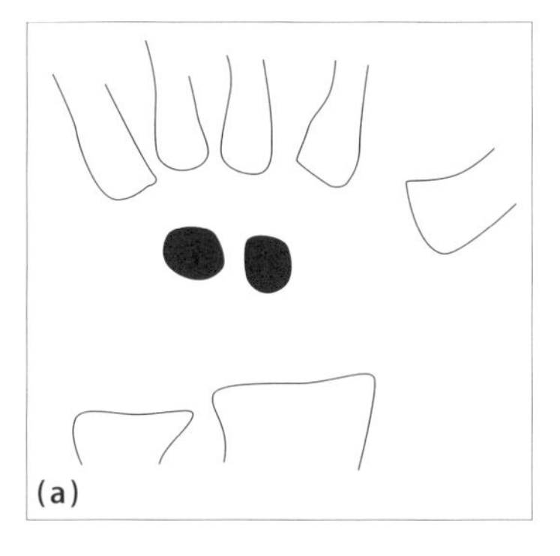

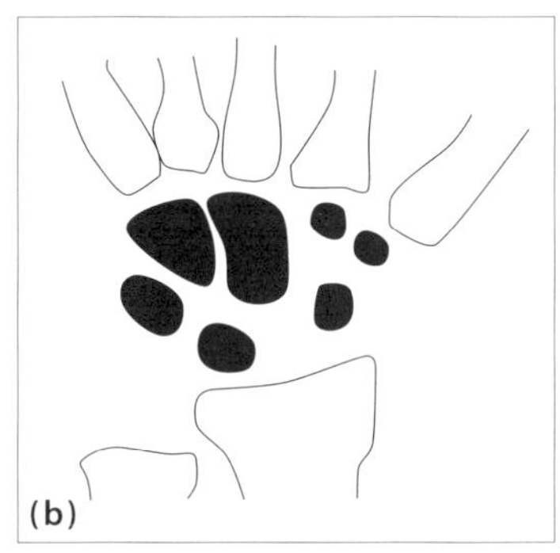

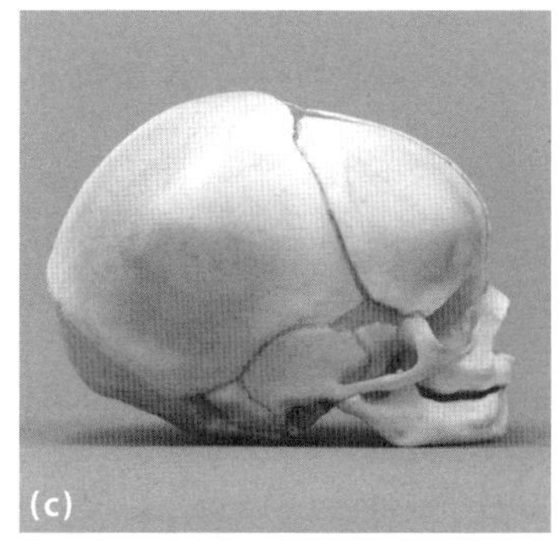

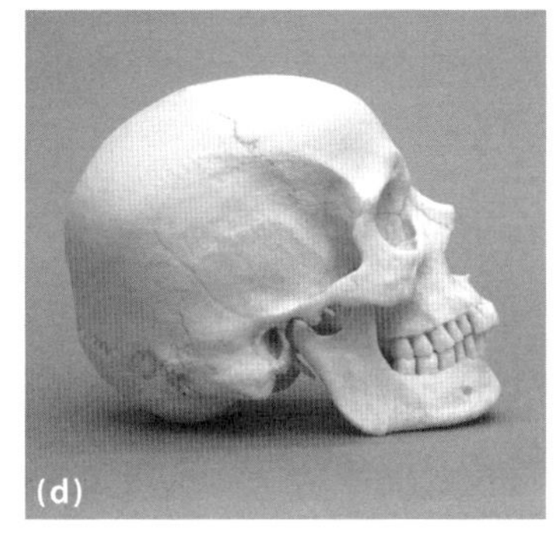

손목뼈의 개수는 평생 일정하다. (a) 그러나 유아기에는 그중에서 2개만 충분한 칼슘을 포함하고 있어서, 이것만 엑스선 영상에 나온다. (b) 그로부터 6년이 지나면 8개의 팔목뼈 중 7개가 엑스선 영상에 모습을 드러낸다. 그와 대조적으로, 두개골의 개수는 (c) 태어난 직후부터 (d) 성숙할 때까지 감소한다.

엑스선 촬영을 해도 그늘을 드리우지 않아 영상에 포착되지 않는 뼈가 있다. 또한 팔목과 발목의 뼈 중에는 납득할 만한 이유 없이 이웃의 뼈들과 융합하는 것들이 있어, 그렇잖아도 복잡한 우리의 셈을 더욱 복잡하게 만든다.

넷째, 어디를 참고할 것인가? 책마다 뼈의 개수에 관해 상이한 관점을 제시한다. 대상 독자에 따라 어떤 책은 종자뼈를 하나도 보여주지 않는 데 반해 어떤 책은 지금껏 기술된 뼈들을 하나도 남김없이 보여준다.

마지막으로, 왜 굳이 세려고 하는가? 각양각색의 이유 때문에 의대생·외과 의사·고생물학자에게 유의미한 뼈의 개수가 각각 다르다. 따라서 "사람의 뼈가 모두 몇 개냐"라는 질문에 대한 최선의 답은 "아무도 정답을 모른다"라는 것이다. 게다가 뼈의 정확한 개수를 밝히려면 충분한 방사선에 노출되어야 하는데, 그러기를 바라는 사람은 없을 것이다.

인체에 존재하는 200여 개의 뼈는 각각 이름을 갖고 있으므로, 설사 만지거나 가리킬 수 없더라도 그것들을 기술할 수는 있다. 그러나 서양 과학의 기본 언어는 라틴어이기에 대부분의 뼈는 라틴어 이름을 갖고 있으며 그중 일부는 그리스어까지 거슬러 올라간다. 만약 당신이 라틴어를 할 수 있다면, 모든 뼈 이름은 순수하게 기술적이고 자명하다는 것을 알게 될 것이다. 예컨대 어깨뼈shoulder blade는 대체로 납작한 삼각형이다. 초창기 해부학자는 어깨뼈를 집어 들고 곰곰이 생각하다가 이것이 삽날과 비슷하다는 결론에 도달했으리라. 그래서 그는 어깨뼈에 스카풀라scapula라는 이름을 붙였는데, 일상어로 번역하면 '삽'이다. 8개의 손목뼈는 간단한 명명법의 또 다른 좋은 예다. 처음에는 번호로 불리다가 나중에 스카포이드scaphoid(손배뼈), 루네이트lunate(반달뼈), 트리퀘트룸triquetrum(세모뼈), 피지폼pisiform(콩알뼈)이라는 라틴어 이름을 얻었다. 얼핏 보면 대단한 이름 같지만, 사실 뼈의 모양을 기술했을 뿐이다. 앞에서부터 차례대로 배boat, 초승달, 세모

꼴, 완두콩이다.

뼈는 대충 감잡을 수 있는 이름을 가졌을 뿐만 아니라, '봉우리', '능선', '계곡'을 의미하는 접두사·접미사를 가졌다. 어깨뼈의 꼭대기를 아크로미온acromion(어깨뼈 봉우리)이라고 하는데, '가장 높다'라는 뜻을 가진 그리스어 아크로acro와 '어깨'라는 뜻을 가진 오미온omion의 합성어다. (참고로, 여러분이 잘 아는 아크로폴리스acropolis는 '높은 도시'라는 뜻이다.) 팔꿈치의 끝부분은 올레크라논olecranon(팔꿈치 머리)이라고 하는데, '팔꿈치'를 의미하는 그리스어 올레네olene와 '머리'를 의미하는 크라니온kranion의 합성어다. 그리고 골반에 있는 엉덩관절hip joint의 깊은 구멍을 아세타불룸acetabulum(절구)이라고 하는데, '식초 담는 컵'과 비슷하다고 해서 이런 이름이 붙었으며, '식초'를 뜻하는 아세툼acetum과 '용기'를 뜻하는 아불룸abulum의 합성어다. 발목 양쪽의 혹을 말레올루스malleolus(복사)라고 하는데, '망치'를 뜻하는 말레우스malleus에서 유래한다. (도대체 무슨 생각을 하다가 이런 이름을 지었을까?)

오늘날 의사들은 자의 반 타의 반으로 '그리스어와 라틴어를 이용한 명명법'을 지지한다. 전문의들은 획일화된 용어를 써야만 전 세계에서 쏟아져 나오는 강의와 저널의 논문을 이해할 수 있다. 하지만 한편으로 의사들은 부지불식중에 '고전적인 용어를 써야만 신통한 의사와 무지몽매한 대중을 구별할 수 있다'라고 믿는 것 같다. 지식을 특권과 부의 상징으로 여기는 것이다. 정형외과 의사들끼리 모이면, 칼카네우스calcaneus(발꿈치뼈), 콘딜루스condylus(관절 융기), 코라코이드 프로세스coracoid process(부리 돌기) 등의 용어가 난무한다. 그러나 이 책의 독자들은 더 이상 기죽지 않을 것이다. 예컨대 포라멘 마그눔foramen magnum은 두개골의 밑바닥에 있는 지름 2.5센티미터의 구멍을 말하는데, 여기서부터 척수spinal cord가 시작된다. 포라멘 마그눔이라고 하면 왠지 경이감과 웅장함이 느껴지고, 아주 중요한 단어일 것 같고, 일종의 마법처럼 느껴지기까지 한다. 그러나 일상어로 번역하면 '큰 구멍big hole'이다.

잘난 체하는 표현을 싫어했던 작사가 겸 작곡가 제임스 웰든 존슨James Weldon Johnson은 흑인영가 〈뎀 본스Dem Bones〉•에 일상어로 가사를 붙였다. "정강뼈는 무릎뼈에 연결되어 있고, 무릎뼈는 넙다리뼈에 연결되어 있고……." 그러나 만약 그가 해부학자였다면 우리는 오늘날 다음과 같은 노래를 부르고 있을 것이다. "티비아tibia는 파텔라patella에 연결되어 있고, 파텔라는 피머femur에 연결되어 있고……."

뼈 사이의 연결 관계가 인간에게만 고유한 것은 아니다. 자연사박물관을 방문했을 때 나는 매우 다양한 동물들의 골격 구조가 유사하다는 데 놀랐다. 동물원에서는 알아차리기 힘든 일이었다. 외견상 코끼리의 앞발과 박쥐의 날개는 하늘과 땅 차이이기 때문이다. 그러나 그들의 노출된 뼈를 들여다보니 전반적인 구조가 매우 비슷했다. 골격 적응skeletal adaptation을 통해 코끼리의 발은 엄청난 체중을 지탱하고 박쥐의 날개는 몸통을 하늘 높이 띄우게 되었지만, 그들의 뼈를 살펴보면 공통 조상의 후손임을 단박에 알 수 있다.

그럼에도 어떤 동물들은 인간에게 없는 독특하고 흥미로운 뼈를 갖

• 미국의 흑인영가 가운데 가장 유명하고 널리 사랑받는 노래로, 〈드라이 본스Dry Bones〉라고도 한다. 부활에 관한 노래로, 200년 전부터 교회나 전도 집회에서 불려왔다.

고 있다. 지금부터 다섯 가지 뼈를 언급하려고 하는데, 그중에서 '통상적인 인간의 뼈' 206가지에 속하는 것은 하나도 없다. 각각의 뼈는 특별한 개선장치로, 소유주의 성공에 크게 기여한 것으로 평가된다. 익숙한 것에서부터 시작하여 엽기적인 것으로 마무리하려고 하니 기대해도 좋다.

어떤 생물학자는 추수감사절 저녁 식사를 마치고 난 후 틀림없이 이렇게 자문하리라. "우리는 모두 칠면조의 위시본을 어떻게 사용하는지 잘 알고 있다. 그런데 정작 칠면조는 그걸 어디에 사용할까?" 구조적 관점에서 볼 때, 설사 당신이 칠면조 썰기 전문가라 할지라도 위시본이 2개의 빗장뼈가 융합된 것임을 알아채기는 힘들 것이다. 그러나 빗장뼈가 융합됐다는 사실을 안다손 치더라도, 그 기능을 설명하기는 어렵다. 그래서 어떤 진취적인 생물학자들은 특별한 시스템을 고안해냈다. 그 내용인즉, 찌르레기를 풍동● 속에서 날게 하며 엑스선 촬영장치를 이용해 위시본이 작동하는 메커니즘을 영상에 담은 것이다.

독자들도 아는 바와 같이, 칠면조와 닭의 위시본은 약간 탄력이 있다. 찌르레기도 마찬가지다. 찌르레기가 강력한 아래 날갯짓을 할 때마다 위시본의 말단이 서로 멀어지며 에너지를 흡수한다. 다음으로 위 날갯짓을 할 때(이때는 별로 힘쓸 필요가 없다) 위시본이 휴지기 형태로 복귀하며 비행의 효율을 향상시킨다. 그러나 큰부리새와 올빼미 중 일부는 위시본을 갖고 있지 않음에도 여전히 강력한 비행을 할 수 있다. 그와 정반대로 학과 매는 뻣뻣한 위시본을 갖고 있어서 비행에

● 비행기 등에 공기의 흐름이 미치는 영향을 시험하기 위한 터널형 실험 장치.

이 비둘기는 인간에게 없는 2개의 뼈를 갖고 있다. 하나는 위시본(동그라미 속)이고 다른 하나는 양쪽 눈확eye socket에 있는 납작한 고리다.

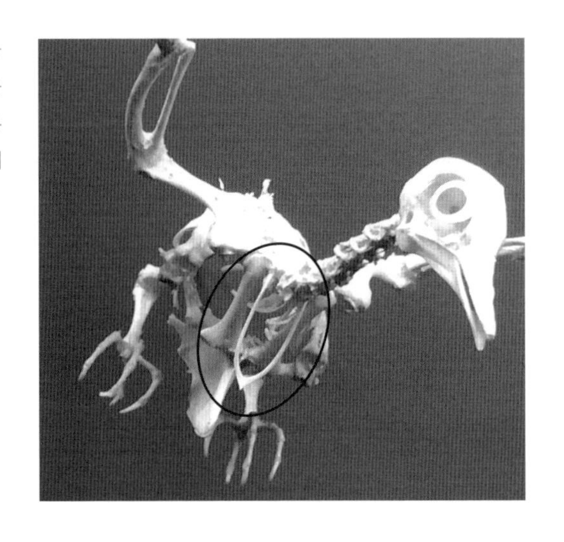

보탬을 받지 못하는 대신 호흡이 수월하다. 칠면조 구이가 전통적인 추수감사절 메뉴가 된 것은 바로 이 때문인지도 모른다. 큰부리새나 학 구이는 식사를 마친 후 여흥거리를 제공하지 않으니 말이다. 일부 공룡(티라노사우루스 렉스*Tyrannosaurus rex* 포함)도 위시본을 보유하고 있었는데, 인간은 그 당시 살고 있지 않았으므로 티라노사우루스를 구워 먹을 생각은커녕 위시본을 떼며 소원을 빌 꿈도 꿀 수 없었다.

두 번째 적응 역시 '공룡과 새의 관계'를 암시하는 것으로, 바로 호흡에 사용되는 함기골이다. 어떤 공룡들은 이 부분을 더욱 발전시켜 발성기관으로 사용했다. 그 공룡들의 두개골에는 공동성 골질 관모cavernous bony crest가 있었는데, 관모 속의 공동空洞이 정수리를 넘어 콧구멍 및 목구멍과 연결되어 있었고 그 동굴의 왕복 거리는 무려 3미터였다. 연구자들에 따르면, 그 동굴이 공명실resonating chamber을 형성했으므로 파충류 동물이 그것을 이용해 저음의 소리를 만들고 증폭했

파라사우롤로푸스*Parasaurolophus*의 골질 관모는 콧구멍 및 목구멍과 연결되어 있는데, 소리를 증폭하는 공명실이었던 것으로 보인다.

을 것이라고 한다.

세 번째 특별한 뼈는 일부 조류와 공룡을 포함한 파충류의 눈 흰자위에 박혀 있는 납작한 고리다. 그 뼈는 안구를 둘러싸고 있어, 마치 학자 같은 인상을 준다. 눈의 형태를 유지하는 데 도움이 되는 것으로 보이지만 확실한 용도를 아는 사람은 아무도 없다.

네 번째 특별한 뼈는 여러 개의 뼈로 이루어진 복부 바구니gastral basket로, 다양한 선사시대 조류 및 파충류(티라노사우루스 포함)가 보유했던 것으로 알려져 있다. 현생 동물 중에서 그것을 보유하고 있는 것은 악어와 뉴질랜드에 서식하는 도마뱀 비슷한 동물뿐이다. 복부 바구니는 배 높이에 덤으로 매달린 오븐 랙oven-rack처럼 보이지만 나머지 골

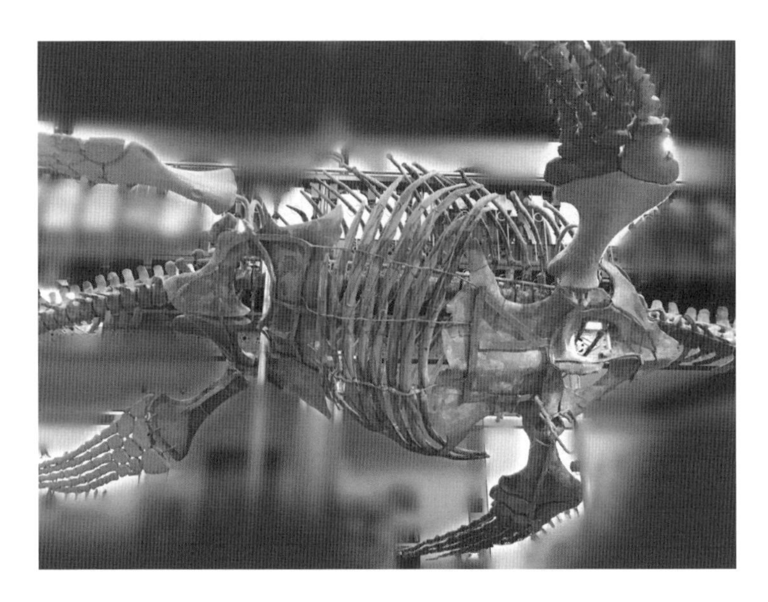

몇몇 선사시대 조류와 일부 파충류(사진의 멸종한 해양 파충류 포함)는 복부 늑골abdominal rib을 갖고 있었다. 가슴뼈와 골반 사이에 있으며, 서로 연결되어 있지만 골격의 나머지 부분과는 분리되어 있다.

격과 연결되어 있지 않다는 점이 색다르다. 하복부의 부드러운 조직을 보호하고, 호흡이나 비행에 이바지하는 듯하다.

다섯 번째 특별한 뼈는 음경골penis bone로 그 기능에 관해서는 논란의 여지가 없다. 그도 그럴 것이, 발기된 음경을 지탱하는 것이 틀림없기 때문이다. 다양한 포유동물(개, 고양이, 너구리, 바다코끼리, 바다사자, 심지어 고릴라와 침팬지)의 몸에 존재하지만 인간에게는 없다. 음경골은 성교가 오래 지속되도록 해주는데, 적당한 암컷을 만나기가 쉽지 않은 환경에서 자손을 확실히 낳는 데 필요한 전략이다. 음경골의 형태는 막대기 모양에서 기상천외한 모양에 이르기까지 다양하다. 아

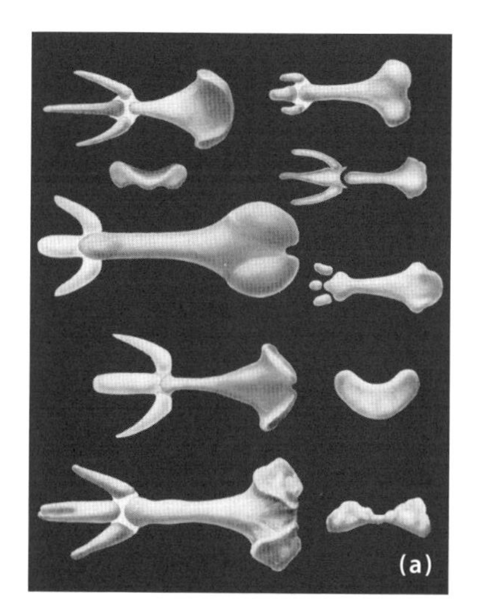

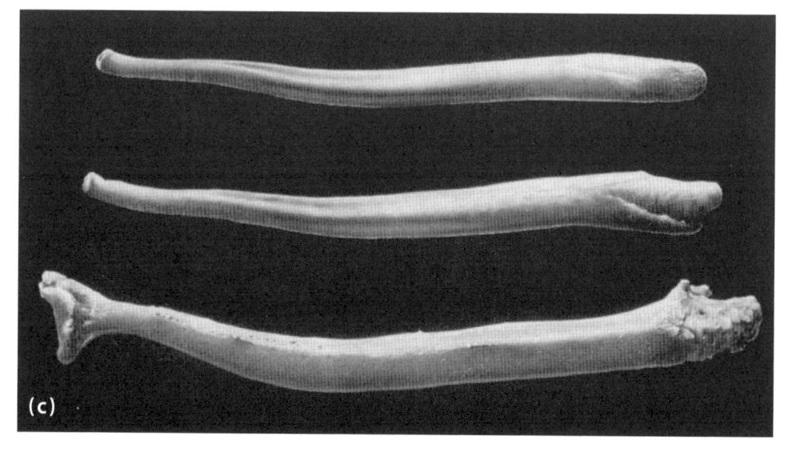

(a) 들쥐, 목화나무쥐, 사향쥐의 경우, 음경골의 길이는 1센티미터 미만이다. (b) 들다람쥐의 경우에는 1센티미터쯤 된다. (c) 곰과 바다사자의 경우에는 15센티미터쯤 되며, 때로는 그보다 훨씬 더 길다.

주 작은 원숭이에서부터 60센티미터에 달하는 바다사자와 바다코끼리에 이르기까지, 크기도 다양하다. 나는 중간 부분이 부러졌다가 치유된 음경골을 본 적이 있는데, 얼마나 안타까웠던지! 수컷이 음경골을 가진 종의 암컷들은 일반적으로 음핵골clistoris bone을 갖고 있는데, 그 크기는 음경골보다 훨씬 더 작다.

◆◆◆◆

프롤린 분자와 칼슘 원자의 특이한 배열에서 시작하여 화학, 공학, 해부학에 이르기까지, 이 장에서 우리는 수많은 영역을 탐구했다. 상이한 뼈는 임자를 위해 독특하고 다양한 서비스를 제공한다. 그러기 위해 뼈는 화학적·기계공학적 영향에 지속적으로 반응했고, 시대가 변화함에 따라 다른 골격 지지 시스템과 경쟁을 벌여왔다. 다음 장에서는 뼈가 그런 도전에 어떻게 대처했는지 알아보기로 하자.

2장

뼈의 생애와 그 친척들

유아의 정강뼈 길이는 약 8센티미터였다가 성인이 되면 키에 따라 다르지만 6배쯤으로 길어진다. 모든 뼈는 평생 고유한 형태를 유지하지만, 태아기 초부터 청소년기 말까지 모든 차원으로 확대된다. 그게 어떻게 가능할까? 자라나는 나뭇가지의 경우 말단의 생장점에서 세포가 지속적으로 분열함으로써 성장한다. 한편 뼈의 말단은 연골모 cartilage cap로 덮여 있는데, 만약 (나뭇가지와 마찬가지로) 연골모가 점점 더 두꺼워짐으로써 뼈가 길어진다면 쑥쑥 크는 10대 청소년의 정강뼈는 주로 연골로 구성될 것이다. 그건 말도 안 된다. 연골로 구성된 정강뼈는 스케이트보드 타기는 고사하고 체중을 지탱할 수 없을 정도로 약하고 무를 테니 말이다.

성장하는 뼈에서 실제로 일어나는 일은 그야말로 장관이다. 자라는 나뭇가지 끝부분에 조그만 정사각형 모양의 미끄러운 바나나 껍질(자유로이 미끄러지는 연골을 연상하기 위해 생각해낸 비유다) 하나를 씌운다고 생각해보자. 나뭇가지가 길어지면 바나나 껍질은 앞으로 밀려나갈 것이다. 우리의 뼈에도 그와 똑같은 원리가 적용된다. 연골모는 비교적 얇은 상태를 유지하지만, 자라는 뼈가 그 뒤를 채우면서 앞으로 밀려난다.

개인의 뼈가 성장하는 정도는 고유한 유전적 구성의 영향을 받는다. 예컨대 키 큰 어린이들은 통상적으로 키다리 부모의 합작품이다. 만약 유전자에 말썽이 생겨 뼈가 유난히 짧거나 길어진다면 정형외과 의사가 개입하게 될 수도 있다. 영양 상태도 뼈가 성장하는 정도에 영향을 미친다. 오늘날의 미국인들은 식생활 개선 덕분에 200년 전의 조상들보다 덩치가 커졌다. 마지막으로, 뼈가 성장하는 속도는 호르몬의 영향을 받는다. 사춘기 청소년이 경험하는 폭발적인 성장은 바로 호르몬 때문이다.

뼈의 말단에서 연골모 바로 아랫부분을 성장판growth plate이라고 부른다. 성장판은 호르몬의 자극을 받아 성장기 동안 새로운 뼈세포를 신속히 만들어내며 연골모를 앞으로 밀고 나간다. 성장판은 궁극적으로 소진되어 청소년기 말이 되면 사라지는데, 일반적으로 소년보다는 소녀들의 성장판이 더 일찍 사라진다. 성장판이 사라지는 시기는 사람마다 제각기 다르지만 그 순서는 예측할 수 있다. 엑스선 촬영을 통해서다. 성장하는 사람의 손을 엑스선 촬영하면, 정형외과 의사와 영상의학과 의사는 어떤 성장판이 살아 있는지를 관찰해 그 사람의 나이와 골격이 성숙하는 데 걸리는 시간을 알아낸다. (한편 인류학자들은 다양한 뼈의 성장판 유무를 관찰해 사망 시 나이를 알아낼 수 있다.)

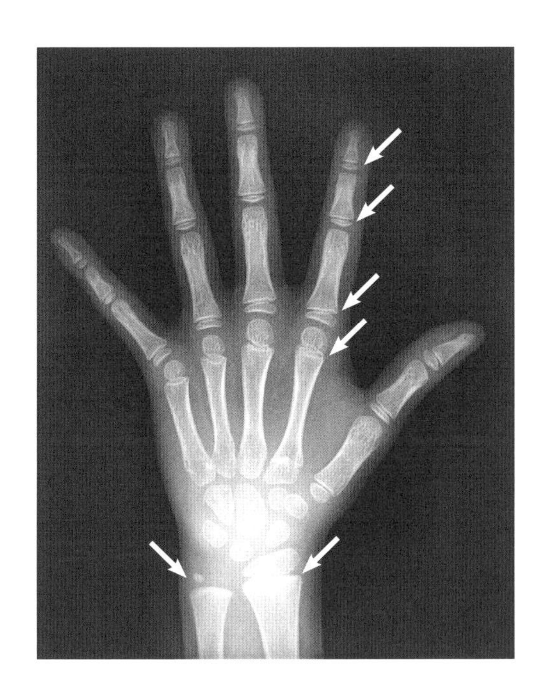

성장판(화살표)은 이 일곱 살짜리 어린이의 모든 긴뼈의 말단에 존재한다. 뼈의 길이 성장은 이 부분에서 이루어진다. 청소년기에는 길이 성장이 완료되고, 모든 성장판이 뼈의 몸통과 융합한다.

신속히 성장하는 기간(즉, 성장판이 뼈를 초고속으로 만드는 시기) 동안, 새로 자란 부분은 특히 약하고 골절에 취약하다. 그런 골절은 치유되기 마련이지만 심한 부상은 성장판을 비가역적으로 손상시킨다. 손상된 부위와 부상 입은 사람의 나이에 따라 그 결과는 달라진다. 만약 16세의 격투기 선수가 손가락뼈 골절로 성장판이 손상된다면, 손가락의 길이가 정상보다 0.2센티미터쯤만 짧아지므로 손의 기능과 모양은 거의 정상처럼 보일 것이다. 그러나 8세의 어린이가 스케이트보드를 타다가 무릎 바로 위의 넙다리뼈를 다쳐 성장판이 손상된다면, 청소년기 말에 한쪽 다리의 길이가 10센티미터쯤 짧아져 중요한 기능을 상실하고 자아상에 타격을 입을 가능성이 크다.

갑작스런 성장판 골절 외에 반복적인 충격 손상도 문제가 될 수 있다. 사춘기 직전(10~12세)의 소녀 체조 선수를 생각해보자. 그녀는 뜀틀운동과 마루운동을 할 때 빠른 속도로 달리고 점프하고 물구나무를 선 채 손목을 젖히고 비튼다. 시간이 갈수록 반복적인 충격으로 인해 양쪽 아래팔의 주요 성장판이 기능을 멈춘다. 그런데 아래팔의 다른 뼈들은 성장을 계속하므로, 길이 불일치가 생겨 손목의 통증을 유발하며 심지어 기형을 초래해 선수 생명을 끝낼 수 있다.

우리의 가장 긴 뼈(넓적다리, 정강이, 위팔, 아래팔의 뼈)는 양쪽 말단에 성장판을 갖고 있다. 그러나 2개의 성장판 중 하나가 뼈의 길이에 더 많이 이바지한다. 위팔과 정강이의 뼈는 대체로 몸통에 가까운 말단의 성장판이 지배적인 역할을 하지만, 아래팔과 넓적다리의 뼈는 몸통에서 먼 말단의 성장판이 지배적인 역할을 한다. 이처럼 성장판에 따라 뼈의 궁극적인 길이에 미치는 영향이 다르다 보니, 정형외과 의사들은 간단한 트릭을 이용하여 만약 다칠 경우 사지 길이 차이를 초래할 위험이 특히 큰 성장판을 암기한다. 작고 물이 반쯤 찬 욕조 속에서 손을 무릎 위에 올려놓고 앉아 있다고 상상하라. 이때 물 밖으로 노출된 성장판(어깨, 무릎. 손목의 성장판)은 뼈의 길이 성장에 큰 역할을 하는 성장판이다. 그에 반해 물속에 잠긴 성장판(발목과 팔꿈치의 성장판)은 뼈의 길이 성장에 비교적 작은 역할을 하는 성장판이다.

모든 성장판에 이상이 발생한 난쟁이증dwarfism이나 거인증gigantism은 어찌 된 일일까? 포유동물의 뼈는 특정한 크기까지 자란 후 멈추도록 유전적으로 프로그래밍되어 있다. 그 통제 요인은 뇌하수체 전엽anterior pituitary에서 분비되는 성장호르몬growth hormone인데, 너무 많이

아동기와 청소년기에 발생한 성장호르몬의 불균형은 뼈 성장을 과도하거나 과소하게 자극해 성인기의 키에 심대한 영향을 미친다.

분비되면 성장판이 극도로 흥분한다. 뇌하수체선의 종양은 성장호르몬 수준을 급상승시킴으로써 과도 성장을 초래한다. 대표적인 사례로 프랑스의 레슬링 선수 겸 영화배우인 앙드레 더 자이언트Andre the Giant를 들 수 있다. 그와 정반대로, 성장호르몬의 저생산은 저신장을 초래한다. 저신장증 환자의 사지와 몸통은 균형이 잘 잡혀 있지만 모든 면에서 크기가 작다. 영국 동화에 나오는 주인공인 엄지손가락 톰Tom Thumb처럼 말이다. 비록 부작용이 있기는 하지만, 저신장증 어린이에게 고용량의 성장호르몬을 투여하여 성장판의 활성을 증가시킴으로써 신장을 정상 범위로 끌어올릴 수 있다.

포유류에게 영향을 미치는 '유전적 뼈 성장 한계'는 조류에게도 그대로 적용된다. 어떤 참새 종의 경우 모든 성체의 몸 크기가 똑같다. 그러나 어류, 양서류, 파충류의 경우에는 이야기가 다르다. 그들은 성장판이 영원히 닫히지 않아 뼈가 평생 성장하지만, 성적으로 성숙한 뒤에는 성장 속도가 둔화한다. 이쯤 되면 '그 옛날 머리 위의 나뭇가지에서 발견한 거대한 비단뱀은 할아버지였겠구나'라고 생각하는 독자들이 나올 것이다. 논리적으로는 모순이 없지만, 부분적으로만 참이다. 뱀의 궁극적인 크기는 나이뿐만 아니라 어릴 적 영양 상태로도 결정되기 때문이다. 즉 먹잇감이 풍부할 경우, 비단뱀은 어린 시절에 폭발적으로 성장한 후 그보다 느린 속도로 계속 성장한다.

몸에 가해지는 압박(조깅을 하든, 스노보드를 타든, 무거운 역기를 들든)을 견뎌내기 위해 뼈는 길어지면서 굵어져야 한다. 굵기 성장에는 성장판의 도움이 필요 없지만, 나뭇가지 비유는 또 써먹을 수 있다. 나무껍질 바로 아래층에 새로운 목질이 추가되면 잔가지가 굵은 가지로 변하는데, 매년 성장기에 나이테가 하나씩 생기는 것은 바로 이 때문이다. 우리의 뼈도 나뭇가지와 똑같은 방식으로 굵어지지만 나이테가 뚜렷하지 않다는 점만 다르다. 통상적인 환경에서 뼈는 1년 내내 꾸준히 성장하지 여름철에 급속 성장하지 않기 때문이다.

게다가 뼈도 나뭇가지와 마찬가지로 (직사광선은 아닐지라도) 햇빛이 필요하다. 피부는 뼈를 직사광선에서 보호하며, 햇빛에 노출되었을 때 비타민 D를 만들어 뼈를 추가적으로 도와준다. 이렇게 만들어진 비타민 D는 식이 칼슘이 혈류로 쉽게 이동하도록 한다. 이 시스템은 은행과 비슷한 방식으로 작동하는데, 뼈가 은행, 칼슘이 돈, 비타민 D

가 은행원, 호르몬이 은행감독원, 부갑상선parathyroid gland이 중앙은행에 해당한다. 문득 이 과정을 재미있게 묘사한 동영상을 제작하고 싶은 욕심이 생긴다.

칼슘은 수산화인회석(1장에서 언급한, 뼈를 단단하게 만드는 결정체)을 구성하는 주요 원소라고 언급했다. 용해된 상태의 칼슘은 뼈뿐 아니라 신경과 근육 조직에도 필수적이다. 예컨대 고도로 전문화된 근육인 심장의 경우, 정확한 양의 칼슘이 공급되지 않으면 탈이 난다. 칼슘이 너무 많으면 씰룩거리고 너무 적으면 경련을 일으키는데, 양쪽 다 치명적이다. 따라서 인체는 정교한 메커니즘을 이용해 칼슘의 혈중농도를 좁은 범위 내에서 깐깐하게 유지한다. 포도당과 이산화탄소의 혈중농도는 식사량과 호흡 속도에 따라 큰 변동 폭을 나타내지만, 칼슘의 변동 폭은 1~2퍼센트를 넘는 법이 없다. 당신도 노면路面 상태와 무관하게 늘 똑같은 속도로 승용차를 운전하지 않는가? 프리마돈나인 심장도 그런 깐깐함을 고집한다.

그렇다면 심장의 행복에 필수 불가결한 칼슘은 어디에서 올까? 만약 섭취량이 충분하고 안정적이라면, 필요한 칼슘은 음식을 통해 조달된다. 그러나 24시간 내내 칼슘 스무디를 홀짝이는 사람이 있을 리 만무하므로, 뼈는 스스로 칼슘 은행이 되어 혈류에 칼슘을 대출해줬다가 상황이 호전되면 상환받는 노릇을 한다. 비타민 D와 각종 호르몬은 은행원과 은행감독원 노릇을 하며 심장박동을 원활하게 하는데, 이는 최악의 경우(금융 시스템이 오작동할 경우) 뼈의 칼슘 잔고가 바닥날 수도 있음을 의미한다. 만약 그런 사태가 발생한다면 금융 위기가 찾아오는데, 이를 취약성 골절fragility fracture이라고 한다.

칼슘을 조절하는 주요 호르몬은 목에 위치하는 4개의 부갑상선에서 분비된다. 부갑상선은 강력한 힘을 발휘하는 '작은 거인'으로, 무게·크기·밀도는 질척한 콘플레이크와 똑같으며, 턱과 가슴뼈 사이에 있는 갑상선thyroid gland에 달라붙어 있다. 이 네 쌍둥이가 칼슘 은행업계를 좌지우지하는 중앙은행이라는 점을 명심하기 바란다. 중앙은행인 부갑상선은 혈중 칼슘 농도를 지속적으로 모니터링하다가, 불균형이 탐지되면 부갑상선호르몬parathyroid hormone을 이용해 장腸·신장·뼈에 '칼슘을 신속히 공급(또는 환수)하라'라는 명령을 내린다. 장·신장·뼈가 개입하면 칼슘 농도가 미세하게 증가(또는 감소)해 리드미컬하고 효율적인 심장박동이 재개된다.

심장은 뼈에 많은 부담을 주지만, 장 등에서 더 많은 칼슘을 조달한다면 뼈로부터 대출받는 칼슘의 양을 줄여 취약성 골절을 예방할 수 있다. 이쯤 되면 눈치 빠른 독자들은 '뼈를 보호하기 위해서 밖으로 자주 나가서 비타민 D가 보충되도록 해야겠구나'라고 생각하게 될 것이다. 그러나 일광욕을 통해 생산되는 비타민 D는 겨울철의 일조량 부족, 자외선 차단제, 노화, 피부색 때문에 충분치 않을 수 있다. 이러한 이유로 유제품 회사는 우유에 비타민 D를 첨가하며, 주치의는 당신에게 비타민 D 보충제를 권하기도 한다.

성인의 경우, 뼛속의 칼슘량은 25세에 최고치에 이르렀다가 점차 감소한다. 여성의 경우에는 폐경 후에 이러한 하락세가 가속화되어 골격이 약화된다. 약화된 척수 분절spinal segment(원래 짧은 원통형이다)은 주저앉아 쐐기 모양이 되는데, 이렇게 되면 허리가 구부러져 버섯 증후군dowager's hump•이 생길 수 있으며, 노화로 인한 균형 감각·시력·

민첩성 저하와 겹쳐 헛디딤과 낙상의 위험이 커진다. 뼈가 약해지면 엉덩관절 및 팔목 골절이 다반사이지만, 멋모르는 심장은 (자신의 높은 칼슘 수요가 불러오는) 구조적 손상에 아랑곳하지 않고 '즐거운 박동'을 계속한다. 최악의 경우 심장은 앙상한 흉곽에 자신의 안전을 내맡기는 현실에 직면하게 된다. 견고한 갈비뼈·척추·가슴뼈가 없다면, 포옹은 흉곽 안에서 도도하게 펌프질하는 프리마돈나에게 잔인한 고문이 될 것이다.

어린이의 경우, 칼슘이나 비타민 D가 부족해 뼈 은행에 지나치게 의존하면 골연화증osteomalacia(구루병ricket)••, 관절통, 오다리bowleg가 올 수 있다. 구루병은 19세기 말~20세기 초 미국과 유럽의 북부 공업지대 빈민가에 만연했다. 난방과 공장 가동을 위해 사용된 석탄 난로에서 나온 연기와 (붐비는 도시의 비좁은 거리를 따라 우후죽순처럼 솟아오른) 공동주택이 태양의 자외선을 차단했다. 연구자들은 오랜 탐구 끝에 버터, 동물성 지방, 대구 간유cod liver oil를 섭취하면 구루병으로 인한 뼈 붕괴를 예방할 수 있다는 사실을 발견했다. 1922년 존스홉킨스대학교의 한 영양학자는 구루병을 예방·치료할 수 있는 식품의 활성 성분을 찾아내 비타민 D라고 명명했다.

• 버섯 증후군은 목 뒤에 불룩하게 솟은 혹 같은 부분을 일컫는 말로, 물소의 혹buffalo's hump이라고도 부른다. 주로 중년 여성에게 나타나기 때문에 미망인의 혹dowager's hump이라고도 한다.

•• 소아기 때 발생하는 골연화증을 구루병이라고 한다.

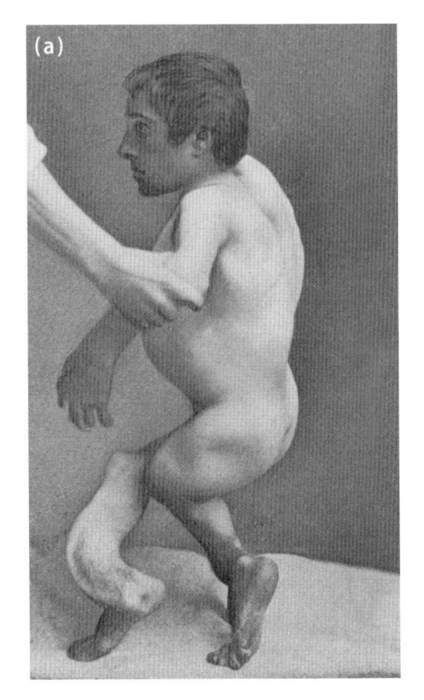

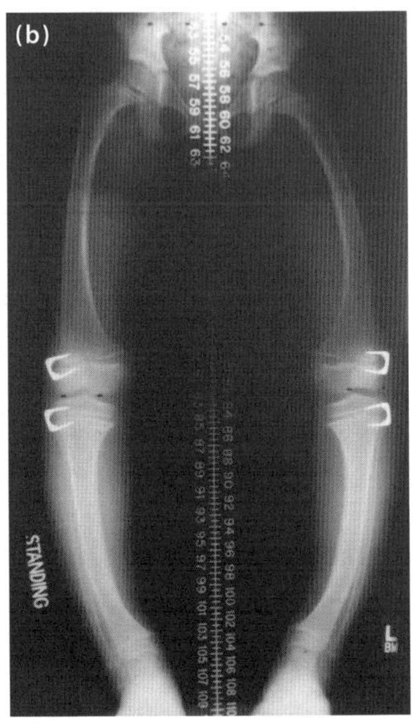

(a) 1912년에 촬영된 이 사진은 구루병(골연화증)이 뼈의 강도에 미치는 영향을 보여주고 있다. 특히 체중을 지탱하는 뼈에서 그 영향이 두드러진다. (b) 현대 의학은 무릎 성장판의 한쪽을 스테이플로 고정함으로써 오다리의 진행을 억제할 수 있다고 밝혔다. 시간이 경과함에 따라 스테이플로 고정되지 않은 쪽의 무릎이 성장하면서 오다리가 교정된다.

◆◆◆◆

이번에는 뼈가 스스로 리모델링하는 메커니즘을 살펴보기로 하자. 펌프질이 주특기인 심장의 경우에는 셀프 리모델링이 불가능하다. 심장마비에서 생존한 심장의 경우에는 손상된 부분이 마구잡이로 회복되며 흉터를 남기는데, 이 흉터가 살아 있는 심근cardiac muscle의 기능을 손상시킬 수 있기 때문이다. 그러나 뼈에서 일어나는 치유 과정은 질적으로 다르다. 타박상을 입든 접질리든 심지어 부서지든, 뼈는 흉터를 남기지 않고 스스로 완벽하게 치유한다.

1장에서 교량은 일단 건설되고 나면 정격 하중을 스스로 늘릴 수 없다고 했다. 그러나 뼈는 가능하다. 그런 불가사의하고 편리한 성과를 어떻게 달성할 수 있을까? 1장에서 뼈를 만드는 조골세포도 소개했는데, 그 대척점에 있는 세포가 있으니 바로 파골세포osteoclast다. 오스테오osteo는 '뼈'를 의미하고 클라스트clast는 '파괴'를 의미하므로, 파골세포란 간단히 말해서 '뼈를 파괴하는 세포'다. 우리의 뼈 은행 비유에서 파골세포는 은행 강도에 해당한다. 우두머리인 심장이 칼슘을 요구하면, 파골세포는 밤을 새워서라도 뼈 은행을 털어 칼슘을 마련한다. 뼈가 압박을 받는 자리에는 늘 파골세포가 나타난다.

이 경이로운 메커니즘이 어떻게 작동하는지 자세히 알아보자. 우리의 뼛속에서 조골세포와 파골세포는 스스로 커팅콘cutting cone이라는 집단을 조직한다. 각각의 커팅콘은 개념적으로 거대한 천공기와 비슷하다. 도시에서 지하철 공사를 할 때, 천공기로 지하터널을 뚫고 나면 건축자재와 설비가 동원되어 터널 벽에 콘크리트를 바른다. 콘크리트의 역할은 터널 벽을 지지하고 밀봉하는 것이다. 나중에 균열이 발생하면 (통로가 너무 좁아져 기차가 통과할 수 없을 때까지) 반복적으로 땜빵 공사가 이루어진다. 당신의 뼛속에도 수백만 개의 미세한 천공기들이 존재하는데, 그게 바로 커팅콘이다. 커팅콘의 임무는 뼈의 강도를 유지하고 (골격에 일상적으로 가해지는) 기계적 압박에 반응하는 것이다. 커팅콘 맨 앞에는 뼈를 녹이는 파골세포가 있어서 뼈에 지속적으로 미세한 터널을 뚫는다. 파골세포 뒤에는 조골세포들이 버티고 있어서 터널 벽에 동심원 고리 모양의 뼈를 켜켜이 덧붙인다. 새로운 뼈에는 복잡한 콜라겐 층이 포함되어 있으므로, 이것은 한마디로 수백만 년 전에 탄생한 베니어 합판이라고 할 수 있다.

뼈 터널의 래미네이트 코팅●이 완료되고 나면 미세한 중심 터널만이 남게 된다. 이 터널에는 작은 혈관이 들어 있어 래미네이트 층 사이에 포획된 뼈세포에 평생 영양분을 공급한다. 이 터널은 1691년 영국의 의사 클롭턴 하버스Clopton Havers가 발견했는데, 그는 돋보기를 이용해 이 터널을 관찰한 후 자신의 저서 『오스테올로지카 노바*Osteologica nova*』에 이에 관해 기술했다. 오늘날 우리가 이 터널을 하버스관Haversian canal이라고 부르는 것은 지극히 당연하다.

커팅콘은 래미네이트 코팅된 뼈를 새로 만들 뿐만 아니라, 오래된 뼈의 갱신 및 리모델링에도 여념이 없다. 얼어붙은 연못의 표면에 시뻘겋게 달군 돌멩이 하나를 던진다고 상상해보자. 돌멩이는 얼음을 녹여 구멍을 뚫고 가라앉을 것이다. 잠시 후, 구멍을 메운 물이 다시 얼어 뚜껑을 덮을 것이다. 만약 뜨거운 돌멩이를 연못 전체에 계속 던진다면 궁극적으로 모든 얼음이 새 얼음으로 대체될 것이다. 그 과정에서 새로 형성된 얼음 뚜껑 중 일부는 (낙하지점에 따라) 부분 혹은 전체가 여러 번 대체되리라. 이상과 같은 리모델링 과정은 우리의 뼛속에서 미시적 규모로 지속적으로 일어나는데, 그 주동자가 바로 커팅콘이다. 커팅콘의 작동 방식은 '구멍 뚫은 후 메우기의 반복'으로, '뜨거운 돌멩이의 반복 투척'과 비슷하지만 결정적인 차이점이 하나 있

● 얇은 필름 모양의 재료를 두 종류 이상 맞붙이는 것.

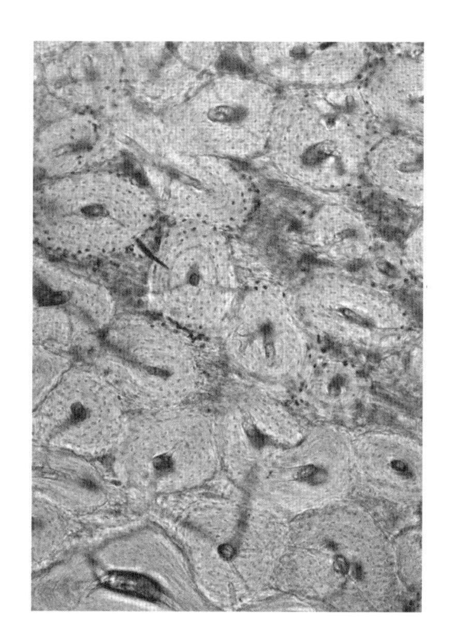

치밀뼈를 현미경으로 들여다보면 여기저기 흩어진 원통으로 구성되어 있음을 알 수 있다. 각각의 원통은 사람 머리털의 세 배쯤 되는 지름을 갖고 있는데, 그게 바로 중심 터널을 둘러싼 동심원 고리 모양의 뼈다. 각각의 중심 터널에는 혈관(작고 까만 점)이 통과하며 래미네이트 층 사이에 포획된 뼈세포에 영양분을 공급한다.

다. 그 내용인즉, 뜨거운 돌멩이는 얼음 위에 무작위로 낙하하지만 커팅콘은 그렇지 않다는 것이다. 다시 말해서 커팅콘은 '약한 곳'만 골라서 땜빵을 한다는 것이다. 그렇다면 커팅콘은 무슨 방법으로 낙하지점을 알아낼까?

지금까지 전문용어를 동원하지 않으려고 무던히 애써왔지만, 안타깝게도 압전기piezoelectric라는 용어를 피해갈 방법을 찾아내지 못했다. 피에조piezo란 '쥐어짜다' 또는 '누르다'라는 뜻을 가진 그리스어이고, 일렉트릭electric은 다들 알고 있겠지만 전기라는 뜻이다. 특정한 결정체에 압력을 가하면 전하electric charge가 발생하는데, 이것을 압전성piezoelectric property이라고 한다. 뼈의 3분의 2를 차지하는 수산화인회석이 그 속성을 지녔다. 다시 말해서, 뼈를 누르면 수산화인회석 결정이 약간의 전하를 띠게 된다. 사실 당신이 걸음을 내디딜 때마다 중력을 견뎌내는 뼈 부분이 압전기를 생성하는데, 그 순간 커팅콘이 전기장electric field을 감지하고 그곳으로 출동한다.

가령 당신이 테니스를 치는 동안 어떤 일이 일어나는지 생각해보자. 라켓을 휘두르는 팔의 뼈는 당신이 공을 때릴 때마다 강한 충격을 경험한다. 그러므로 각각의 스트로크는 압전기를 생성하는데, 이에 자극받은 커팅콘이 '지진 지점'으로 출동하여 (익숙하지 않은 힘에 저항할) 새로운 뼈를 만들기 시작한다. 물론 당신의 반대쪽 팔에서는 훨씬 더 적은 압전기가 생성될 것이므로 그곳의 커팅콘들은 스탠바이 상태로 있다. 라켓을 휘두르는 팔의 커팅콘들이 서서히 충분한 리모델링을 하고 나면, 그쪽 뼈는 반대쪽 팔의 뼈보다 치밀하고 두껍게 된다. 율리우스 볼프Julius Wolff라는 통찰력 있는 독일의 외과 의사는 1800년대 후반, 무려 엑스선이 발견되기도 전에 이상과 같은 현상을 관찰했다. 그리하여 오늘날 볼프의 법칙Wolff's law이라고 불리는 이 현상을 한마디로 설명하면, '뼈는 압박 작용applied stress에 반응한다'라는 것이다. 그렇다면 커팅콘의 능력에 힘입어 압박을 많이 받는 사람은 강골이 되고 압박을 적게 받는 사람은 약골이 된다는 결론이 나온다. 독자 여러분, 테니스 어떤가?

전문가들이 운동을 권하는 이유는 신체활동이 빗발치는 듯한 압전력을 생성하기 때문이다. 설사 가벼운 산책을 하더라도 다리·골반·척추에서 압전력이 생성되도록 자극할 수 있다. 커팅콘이 그 전기적 메시지를 감지하고 '저 뼈가 걷기의 기계적 외력에 저항할 필요가 있겠구나'라고 인지하면, 반복적 부하를 경험하는 뼈를 강화하게 된다. 지금 자리에서 일어나 잠깐 깨금발로 뛰어보라. 커팅콘이 그 메시지를 감지하고 뼈를 강화할 것이다. 수산화인회석이 압전력을 생성하려면 약간의 강한 충격이 필요한데, 조깅이나 활보 같은 적당한 충격을 주는 활동이면 된다. 수영과 사이클링은 여러 면에서 건강에 이롭지만 뼈의 커팅콘을 자극할 정도의 충격을 주지는 않는다.

걷기를 통해 중요한 압전력을 자극할 의향이나 능력이 없는 사람들의 경우, 자갈길을 우당탕 내려오는 픽업트럭의 짐칸에 서 있는 것만으로도 도움이 될까? 도움이 될 수는 있지만, 자갈길을 내려가는 픽업트럭에 늘 타고 있기는 어려울 것이다. 대신 인터넷에서 흔히 볼 수 있는 상품 중 온라인에서 간단히 주문할 수 있는 진동판이 있다. 그 장치를 개발한 업체들의 주장에 따르면, 규칙적으로 사용할 경우 온갖 건강상 이점(예컨대 골밀도bone density 향상)을 누릴 수 있다고 한다. 그 주장을 뒷받침한 연구 결과도 나왔지만, 제품에 따라 권장하는 치료의 빈도 및 지속 기간은 물론 진동의 속도·강도·방향이 제각각이라는 것이 문제다. 많은 연구자들이 그 장치가 골밀도에 영향을 미친다는 사실을 증명하는 데 실패했다. 나는 걷기 예찬론자이지만, 걸을 수 없거나 중력을 활용할 수 없는 사람들(예컨대 뇌성마비 어린이나 우주 비행사)의 골밀도를 유지하는 데 그 진동판이 도움이 될 수 있을 듯하다.

뼈가 압박 작용에 미시적으로 반응하는 것처럼, 자라나는 뼈는 굽힘력에 반응하여 형태가 바뀐다. 막 걷기 시작한 아기들은 심한 오다리가 되어 꼬마 카우보이와 같은 자세로 걷기도 한다. 그런 오정렬은 수년에 걸쳐 (무릎 주변의 성장판이 무릎 안쪽의 길이를 바깥쪽보다 약간

늘림에 따라) 저절로 교정된다. 이러한 차별적 성장differential growth은 다리를 바로잡지만, 때로 오다리를 약간 과하게 교정하기도 한다. 따라서 대부분의 성인은 무릎이 약간 휘어 있다. 성장이 끝날 즈음에도 약간의 오다리나 안짱다리가 지속된다면, 정형외과 수술을 통해 너무 긴 쪽의 성장을 지연시키거나 중단시켜 짧은 쪽에게 따라잡을 기회를 줘서 경사를 교정할 수 있다.

젖먹이와 걸음마쟁이의 두개골을 특정한 모양으로 성장하게끔 유도하는 풍습의 기원은 4만 5000년 전으로 거슬러 올라간다. 다양한 문화권에서 그런 풍습이 생긴 이유가 뭘까? 인류학자들의 추측을 따르자면 엘리트로서의 지위나 종족의 정체성을 부각하기 위해서였을 것이라고 한다. 어떤 북아메리카 원주민 부족은 젖먹이의 머리를 요람에 단단히 묶어둬 두개골의 뒤통수를 납작하게 만들었다. 아직 유연한 젖먹이의 두개골과 두개골판 사이의 관절은 평평한 판에 눌려 점차 납작해졌고, 세 살이 되었을 때는 그 형태가 굳어 자리 잡았다. 다른 문화권(예컨대 훈족, 마야족, 태평양 섬 주민)에서는 길쭉한 두상을 선호했다. 그들은 눈 바로 위에서부터 뒷목까지를 끈으로 빙 둘러 묶음으로써 길쭉한 두개골 형태를 만들었다. 끈의 압력으로, 부드러운 뼈와 유연한 관절을 서서히 원하는 형태로 빚어낸 것이다.

이와 같이 두개골 형태를 조정하는 문화는 중국의 소녀들에게 네 살 때부터 아홉 살 때까지 강제되었던 전족foot-binding이라는 풍습과 비교해볼 만하다. 중국에서는 원하는 발 모양을 만들기 위해 끔찍한 '뼈 꺾기'와 '점진적인 관절 변형'을 병행했다.

개인적으로 전족이나 두개골 형태 조정이 탐탁잖지만, 뼈의 가소성

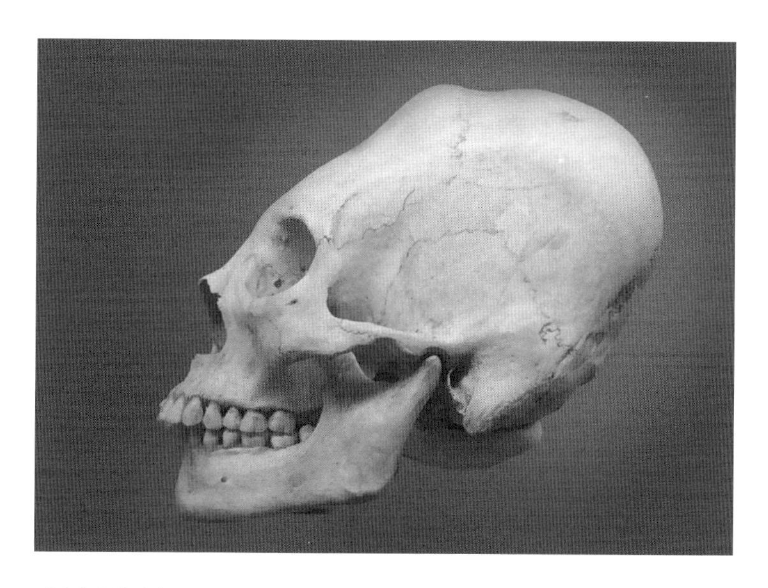

페루에서 발견된 2000여 년 전의 두개골. 이유는 정확히 밝혀지지 않았지만, 모든 대륙의 문화권에는 두개골을 특정한 모양으로 성장하게끔 하는 관습이 있었다. 자라나는 뼈의 가소성 덕분에 가능한 일이다.

plasticity과 적응성adaptability을 잘 보여주는 풍습임은 확실하다. '세계 최고의 건축자재'가 다른 경이로운 자재들과 경쟁할 수 있는 비결 중 하나다. 대부분의 척추동물의 잇몸 혹은 발굽 동물의 발에 돌출한 단단한 자재들을 떠올려보자. 그것들도 뼈일까? 치아의 경우에는 아니다. 치아와 뼈는 모두 단단하고 고밀도의 칼슘을 포함하고 있지만 화학성분과 구조가 전혀 다르다. '총 206개'라는 전신의 뼈 개수에 치아가 포함되지 않는 건 바로 그 때문이다. 코끼리의 앞니에서 지속적으로 자라는 상아도 마찬가지다.

그렇다면 동물의 발굽과 발톱, 우리의 손톱은 어떨까? 위험한 무기가 될 수 있고 방어적 가치가 있는 것은 분명하지만 뼈와는 근본적으로 다르다. 그것들은 모두 각질keratin로 구성되어 있는데, 각질은 콜라겐과 유사한 또 하나의 섬유상단백질fibrous protein이다. 각질의 경우에는 섬유 그물 위에 칼슘 결정이 축적되어 있지 않으므로 뼈보다 탄력적이고 가볍다. 우리의 피부도 섬세한 각질 그물로 덮인 채 우리의 귀중한 뼈를 보호해준다. 거북의 껍데기, 새의 부리, 소의 뿔은 더욱 두꺼운 각질층으로 뒤덮여 있다는 점을 명심하기 바란다.

여기서 잠깐, 웨일본whalebone이라는 알쏭달쏭한 용어를 짚고 넘어가기로 하자. 웨일본은 진짜 고래 뼈를 의미하는 경우도 있고 고래수염baleen을 의미하는 경우도 있어 종종 혼란을 빚는다. 일부 고래 종이 보유하고 있는 고래수염은 왕창 삼킨 바닷물에서 맛있는 크릴새우를 걸러내는 데 사용된다. 고래수염은 각질로 구성되어 있으며, 19세기 사람들은 기다랗고 탄력 있는 고래수염 가닥을 이용해 칼라와 코르셋, 말채찍, 우산살을 만들었다. 오늘날에는 고래수염 대신 철사, 플라스틱, 갈대가 코르셋과 후프 스커트를 비롯한 의상의 형태를 만드는 데 사용된다. 그러나 코르셋에 사용되는 와이어와 필수적인 봉제 작업은 아직도 보닝boning이라고 불린다.

각질은 외부로 노출되어 눈에 띄지만, 살아 있는 뼈는 일반적으로 숨겨져 있다. 그러나 두 가지 예외가 있다. 가장 대표적인 것은 사슴의 '가지 뿔antler'이다. 수컷 무스,• 순록, 그 밖의 사슴과 동물들은 통상적으로 매년 뿔이 자란 다음 빠진다. 사슴뿔은 두개골에서 돋아나

• 북미산 큰 사슴.

참고래right whale(사진)와 혹등고래humpback whale는 엄청난 양의 물을 한입에 삼킨 후 고래수염을 이용하여 식량을 걸러낸다. 간혹 '웨일본'이라고 불리지만, 고래수염은 (머리칼과 손톱을 구성하는) 각질로 구성되어 있다. 이누이트 부족은 참고래의 턱뼈를 이용하여 거처의 뼈대를 세운다.

며, 다른 어떤 포유동물의 뼈보다도 빨리 자란다. 모든 뼈가 그렇듯 사슴뿔은 말단의 연골모 바로 아랫부분에서 성장한다. 풍부한 혈관을 가진 부드럽고 얇은 피부층이 뿔을 뒤덮고 있는데, 그 속의 혈관은 뿔이 자라는 데 필요한 영양분을 공급함으로써 빠른 성장을 주도한다. 사슴은 뿔이 다 자란 후 부드러운 피부를 벗어버리는데, 그러면 혈류와 영양분이 박탈되어 뼈가 죽어가기 시작한다. '헐벗은 뼈'는 두개골에 박힌 채 모든 이의 찬사를 받다가, 마침내 파골세포로 인해 두개골에서 떨어져나간다. 땅바닥에 떨어진 사슴뿔은 지상의 작은 동물들에게 탁월한 칼슘 공급원이다. 그들은 사슴뿔을 갉아먹음으로써 자신의 심장을 행복하게 한다.

두 번째 예외는 일부 파충류, 개구리, 몇몇 포유동물을 보호하는 '방패 같은 피부'다. 그 전문화된 피부를 골판osteoderm이라고 부르는데, 이는 '뼈'라는 뜻을 가진 오스테오osteo와 '피부'라는 뜻을 가진 덤derm의 합성어다. 스테고사우루스*Stegosaurus*의 등줄기에 늘어선 거대한 골판, 힐라몬스터Gila monster(북미산 독도마뱀)의 울퉁불퉁한 피부, 아르마딜로의 인상적인 방패가 그 예로, 신축성 있는 갑옷 역할을 한다. 악어는 골판을 두 가지 추가적인 용도로 사용한다. 추운 날 악어가 물 밖에 나와 있을 때, 혈관이 풍부한 골판이 태양열을 흡수해 체온을 상승시킨다. 더운 날에는 골판이 정반대의 방법으로 체온 상승을 막는다. (때때로 악어는 시원한 물속에 잠수해 한참 동안 숨을 참는 쪽을 선택한다. 이때 골판은 저장해놓은 '좋은 이온'과 핏속의 '나쁜 이온'을 일시적으로 교환해 이산화탄소의 축적과 혈액의 산성화를 막는다.)

골판을 언급한 것은 뼈의 모든 기능을 완벽하게 설명하기 위해서였다. 골판은 일반적으로 보호용이며, 악어의 경우에는 체온조절용이다. 그러나 골판은 지지용 골격이 아니므로 본래의 주제인 '지탱하기'로 돌아가기로 하자.

당신은 지름 5센티미터의 벌레를 본 적이 있는가? 물론 없을 것이다. 존재하지 않기 때문이다. 그런데 뱀도 벌레와 마찬가지로 원통형인데 뱀 중에는 지름 5센티미터짜리가 분명히 있다. 그래서 다음과 같은 질문이 나온다. "뱀은 덩치가 크고 무시무시한데, 벌레는 왜 그렇지 않을까?" 권하고 싶지는 않지만, 만약 '뚱뚱한 벌레'를 밟는다면 당신은 "찍!" 소리를 들을 것이다. 그러나 '뚱뚱한 뱀'을 꽉 밟는다면 무수한 갈비뼈가 으스러지는 소리와 함께 뱀에게 물릴 것이다. 뱀이 빠르게 움직일 수 있는 건 바로 체중을 지지하는 골격 덕분이다. 까마득한 옛날, 뼈는 심지어 축구장 절반만 한 길이에 4층 건물 높이의 공룡까지도 지탱했다. 그와 대조적으로 벌레는 견고한 내골격endoskeleton 비슷한 것을 전혀 갖고 있지 않다. 벌레는 중력에 효과적으로 저항할 수 없기 때문에 땅과 가까운 곳에 머물러 있을 수밖에 없다. 물론 해파리를 비롯하여 물속에 사는 연체동물들도 성장할 수는 있다. 그러나 그건 뼈 대신 부력이 중력을 견뎌내기 때문이다. 지지용 골격의 성공 사례는 얼마든지 있는데, 거대한 공룡은 논외로 하더라도 음미할 만한 것들이 많다.

달팽이, 조개, 굴은 탄산칼슘 껍데기라는 든든한 지원군을 만났는데, 이것도 외골격의 한 형태다. 외골격을 가진 동물은 껍데기의 언저리에 탄산칼슘을 첨가함으로써 지속적인 보호와 지지 속에서 성장을 계속할 수 있다. 그러나 껍데기는 무겁다. 대왕조개giant clam는 무게가 300킬로그램이나 되지만, 거의 전부가 탄산칼슘이다.

산호충coral polyp은 평생 같은 크기(쌀알만 한 크기)를 유지하며, 달팽이와 마찬가지로 외골격을 형성하기 위해 탄산칼슘을 분비한다. 산호 개체들은 힘을 합쳐 산호초라는 개체군을 형성하는데, 이것은 방어만 가능할 뿐 움직일 수가 없다. 그러므로 그것들은 먹잇감을 추격할 수도, 포식자로부터 도망칠 수도 없다. 다른 동물들은 형편이 좀 나을까?

곤충과 그 사촌들(거미, 게, 새우, 바닷가재)은 상이한 유형의 외골격을 갖고 있다. 그들의 아삭아삭한 외골격은 키틴chitin으로 이루어져 있고, 키틴은 포도당에서 유래한 분자의 기다란 사슬로 구성되어 있다. 키틴 외골격은 방패와 비슷한 보호 작용을 한다. 그것은 피부보다 방수성이 높아 특히 물 밖에서 생활하는 데 유리하다. 키틴 외골격은 아주 조그만 동물들(예컨대 모기, 각다귀, 진드기)에 안성맞춤이다. 그와 대조적으로, 가장 작은 척추동물(내골격을 가진 동물을 의미한다)은 열대우림에 사는 개구리다. 코에서부터 엉덩이까지 길이가 6밀리미터쯤 되며, 그보다 더 작을 수는 없다. 그러므로 만약 작은 몸집을 유지하면서도 보호받는 것이 목표라면, 키틴이 답이다.

키틴 골격은 가볍기 때문에 키틴으로 뒤덮인 동물은 달팽이보다 빨리 움직일 수 있으며, 어떤 동물은 심지어 하늘을 날 수도 있다. 곤충의 종 수는 다른 모든 동물을 합친 것의 열 배가 넘으므로, 키틴은 확실히 성공적이라고 할 수 있다. 그러나 키틴 골격은 두 가지 문제점이 있다. 첫 번째 문제점은 성장하지 않는다는 것이다. 따라서 그런 동물들은 주기적으로 골격에서 꼼지락거리며 나와야 하며, '새롭고 커다란 덮개'가 생겨날 때까지 포식자(소프트쉘크랩soft-shell crab• 샌드위치를 즐기는 우리들 포함)에게 취약하다. 두 번째 문제점은, 특히 육지에서 제한된 무게만을 지탱할 수 있다는 것이다. 2킬로그램짜리 바닷가재는 찾아볼 수 있지만 안타깝게도 2킬로그램짜리 거미가 기어 다니는 것을 볼 수는 없을 것이다. 그리고 60센티미터짜리 대벌레stick insect를 제외하면, 세계에서 가장 큰 곤충은 당신의 손바닥 안에 들어갈 것이다(천만다행이다). 반면 가장 큰 육지 동물인 공룡은 무게가 50톤으로, 코끼리 8~9마리의 체중을 합친 만큼이다. 따라서 당신이 큰 육지 동

• 탈피한 지 얼마 되지 않아 껍질이 무른 식용 게.

물이 되고 싶다면 몸 내부에 있으며 뼈로 구성된 견고한 지지대가 필요하다.

잠깐 곁길로 새서 생물학적 계통을 정확히 살펴보자. 척추동물은 '척수의 존재'로 규정되며, 어류, 양서류, 파충류, 조류, 포유류를 포함한다. 대부분의 경우 척수를 둘러싼 등골은 뼈다. 그러나 상어, 홍어, 가오리는 예외다. 그들의 골격은 뼈가 아니라 연골로 구성되어 있어 뼈보다 가볍고 훨씬 더 탄력적이다(당신의 코와 귀를 생각해보라). 연골의 그러한 속성은 연골어류를 매우 효율적인 수영 선수로 만든다. 상어는 매우 효율적인 섭식자이기도 한데, 침착된 칼슘이 턱의 연골을 단단하게 만들어 음식을 강력하게 깨물 수 있도록 하기 때문이다. 이처럼 석회화된 연골calcified cartilage은 뼈가 아니지만, 언뜻 보면 그렇게 보일 수 있다. 그런 무시무시한 동물이 주변에서 헤엄치고 있다면 확실히 알 수 있을 텐데…….

그러나 대부분의 척추동물은 뼈로 이루어진 골격을 갖고 있다. 일부 척추동물은 무지막지한 덩치를 자랑하지만, 뼛속이 텅 비어 비교적 가벼우므로 신속히 움직일 수 있다. 내골격과 외골격은 모두 성공담을 갖고 있다. 나는 내골격에 만족하며, 달팽이나 곤충이 보유하고 있는 지지 및 보호 수단을 부러워하지 않는다. 주기적으로 뼈대를 갈아 치울 필요가 없으며, 세게 부딪치지만 않는다면 뼈에 금이 가지도 않기 때문이다.

그러나 이 세상에 완벽한 것은 없으며, 때로는 뼈도 고장 날 수 있다.

3장

뼈가 부러질 때

만약 당신이 골밀도를 높이겠다는 일념으로 매일 20킬로그램짜리 배낭을 메고 15킬로미터를 달린다면 어떻게 될까? 십중팔구 스트레스 골절(군대 용어로는 행군 골절이라고 한다)이라고 알려진 피로 골절을 경험할 것이다. 그건 당연한 귀결이다.

철사 옷걸이를 한번 구부려보라. 아무런 일도 일어나지 않을 것이다. 그러나 한 부분을 여러 번 구부려보라. 그러면 처음에는 페인트칠이 벗겨지고, 다음으로 반짝이는 광택이 사라지고, 결국에는 뜨거워지며 부러질 것이다. 뼈에서도 똑같은 일이 일어난다. 제아무리 날렵한 커팅콘이라도 시간이 필요하다. 만약 커팅콘이 감당할 수 없을 정도로 반복적인 압박을 가한다면 뼈가 강화되기는커녕 점차 약화될 것이다. 특히 격렬한 운동은 실금microscopic crack과 국지적 통증 및 압통tenderness을 초래한다. 처음에는 실금의 크기가 매우 작으므로 엑스선 검사에서 정상 소견이 나오겠지만, 자기공명 영상magnetic resource imaging, MRI 검사에서는 손상된 부위에서 과잉 체액extra fluid이 발견될 것이다.

피로 골절은 신병新兵의 발, 육상 선수의 정강이, 무용수의 엉덩이, 체조 선수의 손목에서 일어날 수 있다. 격렬한 운동을 몇 주 동안 삼간다면 커팅콘이 그동안의 열세를 만회할 것이며, 그 후 운동 강도를 서서히 늘린다면 커팅콘이 우위를 유지할 수 있을 것이다. 반대로 통증을 무시하고 뼈에 계속 압박을 가한다면, 뼈가 완전히 고장 나 마치 철사 옷걸이처럼 툭 부러질 것이다. 그렇다면 이제 어떻게 해야 할까? 부러진 철사는 땜질 기술자를 부르지 않는다면 고칠 수 없을 것이다. 그러나 뼈는 철사와 다르다. 경이로운 뼈는 미세한 흔적조차 남기지 않는 자가 치유 능력을 보유하고 있기 때문이다.

그런데 골절은 어떻게 완벽히 치유되는 것일까? 자세히 설명하기 전에 용어를 분명히 하고 넘어가기로 하자. 정형외과 의사에게 골절과 부러짐은 똑같은 의미를 가진 용어다. 나는 종종 이런 이야기를 듣는다. "네? 뼈가 부러졌다고요? 응급실 의사는 골절되었다고 하던데……." (그 반대인 경우도 있다.) 어떤 사람들은 '골절'과 '부러짐'에 정도의 차이가 있다고 생각하는 모양이다. 그런 생각이 어디에서 유래하는지 모르겠지만, 골절과 부러짐은 동의어임을 알아두기 바란다.

용어를 분명히 했으므로 본격적인 설명을 시작하기로 하자. 당신이 한눈을 팔다가 주차 차단기에 걸려 넘어지는 순간, 포장도로에 얼굴이 긁히는 것을 막기 위해 본능적으로 손을 뻗었다고 하자. 잠시 후 일어나 팔목에 큰 통증을 느낀 당신은, 예컨대 북쪽을 향한 아래팔의 끝부분에서 손목이 북서쪽으로 돌아간 것을 발견할 것이다. 뼈가 부러진 후 뼛조각이 각을 이룬다는 것은, 뼈의 인생에 벌어진 초대형 사건이다. 변형된 팔목을 신문지로 둘둘 만 채 집으로 돌아가 넥타이로 동여맨다면 어떤 일이 벌어질까? 응급실이나 정형외과를 찾지 않고 자연에 맡긴다는 것은, 요즘에는 가당치 않은 시나리오다. 적어도 선진국에서는 말이다. 그러나 동물들은 수백만 년 동안 전문의의 도움 없이 골절을 스스로 치료해왔다. 화석과 음경골이 그것을 증명한다. 그렇다면 당신의 부러진 팔을 자가 치유에 맡긴다면 어떻게 될까?

피로 골절의 경우와 마찬가지로, 경이로운 커팅콘은 골절을 후다닥 치료하고 싶어 할 것이다. 그러나 이번 골절의 경우 상황이 판이하다. 뒤섞이고 들쭉날쭉한 뼛조각 사이의 간격이 너무 커 커팅콘이 건너갈 수 없기 때문이다. 샌앤드레이어스단층San Andreas Fault을 건너지 못하고 벌벌 떠는 사막거북을 생각해보라. 그러나 우리가 약간의 반고형 물체(이를테면 진흙)로 틈을 메워준다면, 거북이는 심지어 어긋난 땅에서도 반대편 땅으로 느긋하게 넘어갈 수 있을 것이다.

부러진 팔에서 일어나는 일은 경이로움의 연속이다. 커팅콘이 시기를 기다리는 동안, 파열된 모세혈관에서 즉시 누출된 피가 골절로 인한 간격을 메운다. 그 후 2주 동안 핏덩이 속에서 새로운 모세혈관과 콜라겐 그물이 형성된다. 한편 뼈가 부러진 직후 다양한 화학적 경보가 울리기 시작한다. 시끄러운 사이렌 소리는 인근의 세포들을 깨워, 퍼티•와 비슷한 경도consistency를 가진 연골을 생성하게 한다. 그 지역

• 산화주석이나 탄산칼슘을 12~18퍼센트의 건성유로 반죽한 물질. 유리창 틀을 붙이거나 철관을 잇는 데 쓴다.

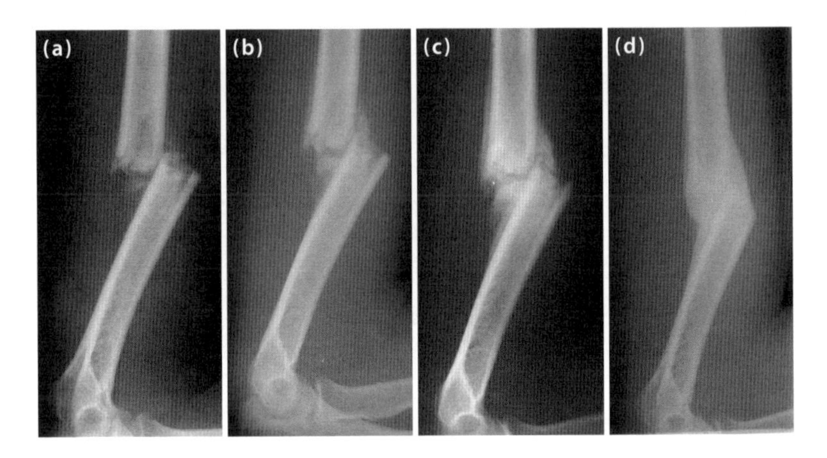

골절된 위팔뼈가 점진적으로 치유 및 리모델링되는 과정을 순차적으로 보여주는 사진. (a) 맨 처음, (b) 4주 후, (c) 8주 후, (d) 골절이 완전히 치유된 16주 후. 파골세포가 날카로운 모서리를 깎아내고 다듬는 동안, 조골세포는 새로운 뼈를 축적함으로써 골절을 안정화한다. 조골세포와 파골세포는 힘을 합쳐 뼈의 전반적인 배치와 형태를 점차 복구한다.

에 주둔하는 조골세포는 약간의 가골callus을 보태 퍼티의 경도를 높인다. 뼈와 간격의 크기에 따라 다르지만, 3~6주가 지나면 1차 작업이 완료된다. 짜잔! 새로 생겨난 뼈가 부러진 뼛조각들을 잠정적으로 연결한다.

이제 커팅콘이 행동을 개시한다. 그들은 가골이 보내는 압전기 신호에 맞춰, 수천 개의 구멍을 뚫고 다시 메워 강력하고 성숙한 뼈를 들어 앉힌다. 대부분의 손 골절 경우, 뼈의 강도는 4~6주 후 스포츠와 수공 일을 할 수 있을 정도로 회복된다. 다리 골절의 경우에는 체중을 지탱해야 하므로, 주차장에 다시 한번 도전하고 싶다면 12~16주를 기다려야 한다. 커팅콘은 수개월 동안(주요 골절편fracture fragment이 치환된 커다란 뼈의 경우에는 심지어 몇 년 동안) 뼈를 지속적으로 리모델링한다. 최초의 골절 흔적은 점차 감소하며, 커팅콘이 재건을 완료하면 사라질 수도 있다.

대부분의 인체 조직에서는 이와 같은 재건 과정을 찾아볼 수 없다. 예컨대 어린 시절 피부에 생긴 흉터는 수십 년이 지난 후에도 사라지지 않는다. 심장마비의 경우, 손상된 근육은 100퍼센트 흉터로 변해 남아 있는 근섬유의 펌프질 능력에 영원히 악영향을 미칠 것이다. 우리 몸에서 흉터 없이 치유될 수 있는 조직은 뼈와 각막cornea뿐인데, 각막에 관한 이야기는 이 책의 범위를 벗어나므로 다른 책을 참고하기 바란다.

환자들은 종종 의사에게 이렇게 묻는다. "골절이 빨리 치료되도록 도와주려면 어떻게 해야 하죠?" 초간단 답변은 "조골세포와 파골세포를 행복하게 해주세요"이다. 조골세포와 파골세포는 공사장 인부로, 골절 부위에서 철야 근무하며 새로운 뼈를 만들어 리모델링한다. 그들을 행복하게 해주려면 필요한 건축자재를 충분히 공급해줘야 한다. 원하는 물량을 제때제때 공급해주지 않는다면 공사가 지연될 테니, 그들의 스트레스가 이만저만이 아닐 것이다.

골절 치유에 악영향을 미치는 요인에는 세 가지가 있다. 첫 번째 요인은 환자가 최소한 부분적으로 통제할 수 있는 것들로, 영양(균형 잡힌 건강식을 섭취해야 한다), 흡연(끊어야 한다), 당뇨병(관리해야 한다), 감염(회피해야 하며, 만약 감염됐다면 공격적으로 치료해야 한다)이 있다. (1) 영양실조가 오면 몸 전체의 영양분이 고갈되어 공사장에 보낼 여분이 없으므로 모든 종류의 상처 치유에 악영향을 미친다. (2) 니코틴은 혈관을 수축시켜 좁게 만드는데, 그러면 영양분이 아무리 풍부해

1863년 게티즈버그 전투에서 머스킷 총 탄환이 한 18세 병사의 넙다리뼈를 산산조각 냈다. 그 병사는 통제할 수 없는 감염 때문에 10주 후 목숨을 잃었지만, 인체는 그동안 골절을 치유하기 위해 생동감 넘치는 새로운 뼈를 만들어냈다.

도 공사장까지 적절히 배달할 수 없다. (3) 당뇨병도 혈관의 영양분 수송 능력을 저하시킨다. 그에 더하여 혈당이 오르락내리락하는 당뇨병 환자의 경우, 조골세포와 파골세포에 공급되는 영양분이 들쭉날쭉하므로 공사장 인부들이 혼란에 빠진다. (4) 감염이 발생하는 경우, 세균이 조골세포·파골세포와 가용 영양분을 놓고 경쟁하게 된다. 감염된 골절도 적절히 관리한다면 치료할 수 있으며, 환자는 (상처 치유 및 항생제 복용에 대한) 의사의 지시를 따름으로써 감염의 악영향을 최소화할 수 있다.

두 번째 요인은 의사가 부분적으로 통제할 수 있는 것으로, 골절 부위의 움직임, 당뇨병, 동맥경화가 있다. 모세혈관은 골절 부위로 가지를 뻗어 영양분을 공급하려고 노력하는데, 뼈의 말단이 움직일 경우

연약한 모세혈관이 갈기갈기 찢어지므로 영양분이 제대로 공급되지 않는다. 따라서 의사는 깁스나 보조기구를 이용하여 골절 부위를 고정한다. 또한 약물을 이용하여 혈당을 관리하고, 혈액순환을 개선하고, 심장의 펌프질 효율을 향상시키면 영양분 공급이 촉진된다. 스테로이드는 강력한 항염제inflammatory medication인데, 염증은 골절 치유의 필수적인 부분이다. 따라서 신속한 치유를 촉진하기 위해 스테로이드는 가능한 한 피하는 것이 좋다. 스테로이드만큼 강력하지는 않지만 이부프로펜ibuprofen(부루펜), 나프록센naproxen(낙센), 셀레콕시브celecoxib(쎄레브렉스), 아스피린도 항염제에 속한다. 어떤 실험실 연구는 이러한 비스테로이드성 항염제NonSteroidal Anti-Inflammatory Drugs(NSAIDs)가 상처 치유에 영향을 미친다고 보고했지만, 그것들이 골절 치유에 실제로 미치는 영향은 무시해도 좋은 수준인 것으로 보인다. 따라서 골절에서 회복하는 동안 NSAIDs를 적당히 사용하는 것은 마약성 진통제를 복용하는 것보다 훨씬 낫다.

세 번째 요인은 아무도 통제할 수 없는 것으로, 노화가 대표적이다. 나이가 들면 옛날 같지 않기는 조골세포와 파골세포도 마찬가지여서, 노화는 골절 치유를 지연시킨다.

지금까지 언급한 요인으로 인해 치유가 늦어질 경우, 골절 환자는 '뼈를 위한 록 콘서트'의 도움을 받을 수 있다. 커다란 천둥소리가 찻잔을 흔들고 록 콘서트의 우퍼가 당신을 전율하게 하는 것처럼, '뼈를 위한 록 콘서트'의 음파sound wave는 당신의 조골세포를 뒤흔들 수 있다. 그러나 이 특별한 록 콘서트에서 사용하는 음파는 진동수가 너무 높아 우리 귀에 들리지 않는데, 이름하여 초음파ultrasound라 한다. 골절 환자는 골절 부위의 피부 위에 초음파 발생 장치(카드 덱만 한 크기)를 올려놓고, 조골세포만이 감지할 수 있는 록 콘서트로 국지적 조골세포를 치료할 수 있다. 하루에 10~20분 동안 사용하면, 그 장치가 퍼붓는 초음파 진동 세례는 수산화인회석으로 하여금 (걸을 때와 비슷한) 압전력을 생성하게 한다. 덜컹거림과 흔들림에 반응해(기계적 자극에 대한 생물학적 반응), 조골세포는 작업의 템포를 왈츠에서 로큰롤로 바꾼다. 초음파의 골절 치유 효능을 증명하고 그 결과에 영향을 미치는 모든 선입관을 배제하기 위해 연구자들은 이중맹검 연구(연구자도 참가자도 '누가 진짜 치료를 받고, 누가 가짜 치료를 받는지'를 모르는 연구)를 수행했다. 그 결과 '초음파 치료를 받은 환자'는 '가짜 치료를 받은 환자'보다 골절이 빨리 치료되는 것으로 나타났다. 그렇다면 우리가 보거나 듣거나 느끼지 못하더라도, 골절에서 회복 중인 뼈는 초음파를 감지하고 즐긴다는 결론을 내릴 수 있다.

전기적·자기적 자극도 초음파와 비슷한 효능을 발휘할까? 이론적으로 볼 때 '전기와 자기가 골절에 이롭다'라는 설은 어느 정도 타당하다고 인정된다. 수산화인회석이 압력을 받으면 압전력이 생성되는 것처럼 자기장이 요동쳐도 전류가 발생하기 때문이다. 연구자, 기업가, 사기꾼(이 셋이 반드시 구분되는 것은 아니다) 들은 자기장과 다양한 전기 자극을 이용해 뼈의 치유를 촉진하려고 노력해왔다. 먼 옛날, 진취적인 사람들은 전기뱀장어와 자철석lodestone을 그런 목적으로 사용했다. 보다 최근에 출시된 (주로 특허를 받은) 장비들은 골절 부위 근처의 뼈에 표면 장치나 전극을 삽입한다. 인정하건대, 꿈틀대는 뱀장어를 바짓가랑이에 집어넣으려 애쓰는 것보다는 그런 방법이 백번 낫다. 그러나 그런 장비들을 선전하는 사람들은 이중맹검을 통한 효능 테스트를 회피해왔다. 효능이 객관적으로 입증되지 않자 전자기 장치를 향한 관심은 시들해졌다.

만약 심각한 골절상을 입거나 종양을 제거한 후 뼈의 상당 부분이 사라진다면 어떻게 될까? 통상적인 골절의 경우와 마찬가지로, 인체는 새로운 뼈로 그 틈을 메우려 노력할 것이다. 그러나 뼈가 스스로 복구하려고 아무리 노력해도 엄청난 공간 사이의 이동 거리를 극복하지 못할 수 있다. 그런 경우에는 새로운 뼈 대신 연골 비슷한 섬유 조직이 틈을 메우게 되므로, 뼈의 말단이 불안정한 상태로 유지되고 가관절false joint(거짓 관절)이 형성된다. 정형외과 의사들은 '먼 데서 떼어낸 뼈'로 그 틈을 메우기도 하는데, 이것을 뼈 이식bone graft이라고 한다.

뼈 이식이라는 개념이 선뜻 이해되지 않는다면 돈 빌리는 경우를 생각해보라. 만약 단돈 2달러가 부족하다면 소파 밑을 뒤지거나 돼지 저금통을 째서 급전을 마련할 수 있을 것이다. 그런 쌈짓돈은 아쉽지 않으며 갚을 필요도 없다. 만약 큰돈이 필요하다면 연금을 담보로 대출을 받거나 자녀의 교육보험을 해지할 수도 있을 것이다. 담보대출이나 보험 해지는 재정 위기를 즉시 해결해주지만 다른 쪽에 결손을 초래할 수 있으며, 그 결손은 점차 메워질 수도 있고 안 그럴 수도 있다. 쌈짓돈도 담보도 불입된 보험료도 없다면, 자비로운 자선사업가의 기부를 기다리는 수밖에 없다.

이러한 개념은 뼈 이식에도 그대로 적용된다. 예컨대 외과 의사가 척추 유합술spinal fusion을 시행하는 동안 국소골을 보충해야 한다면, 새로운 뼈의 형성을 자극하기 위해 약간의 '원기 왕성한 세포'가 요구될 수 있다. 그런 경우 외과 의사는 골반의 딱딱한 외표면을 일시적으로 절개하여 내부의 해면뼈를 긁어낼 수 있다. 테이블스푼 몇 숟가락 분량을 긁어내도 골반의 형태는 변하지 않는다. 그렇게 긁어낸 푸석푸석한 이식편graft이 기계적 안정성을 제공하는 것은 아니지만, 그 속에 가득한 조골세포가 수혜 부위의 작은 결손을 신속히 채워줄 수 있다. 그와 동시에 공여 부위는 새로운 뼈로 메워지므로 나중에 필요하다면 또다시 공여할 수 있다.

때로 치유되지 않은 골절의 틈을 메우거나 뼈종양을 제거한 후의 큰 공간을 가로지르기 위해, '구조적으로 견고한 뼈'의 짧은 조각이 요구될 수 있다. 그런 경우, 외과 의사는 환자의 골반 가장자리에서 전층뼈full-thickness bone 한 덩어리를 떼어낸다. 환자가 너무 야위었거나 덩어리의 크기가 약 6.5제곱센티미터를 넘지만 않는다면, 뼈 채취는 무해하며 눈에 띄지도 않는다.

'길고 곧은 뼈'의 이식이 필요하다면 외과 의사들은 다리에 눈을 돌린다. 무릎과 발목 사이에 위치한 2개의 뼈 중에서 체중을 지탱하는 견고한 뼈는 정강뼈다. 정강뼈 바깥쪽에 있는 것은 지름 1.3센티미터의 종아리뼈fibula(비골)인데, 발목 근처의 짧은 부분만 제외하면 발목 및 발가락 근육이 부착되는 부위에 불과하다. 심지어 종아리뼈가 없더라도 그 근육들은 완전한 기능을 유지하므로, 종아리뼈는 정형외과 의사들 사이에서 '긴뼈 저장소'로 통한다. 환자의 키에 따라 길이가 15~25센티미터인 종아리뼈는 중요한 뼈의 커다란 틈을 가로지르는데 사용될 수 있다. 종아리뼈 지주fibula strut는 대부분의 대체되는 뼛조각보다 훨씬 가냘프므로, 최소한 1년 동안 견고한 내부 판과 외부 고정기의 지지가 요망된다. 이러한 교량 이식bridging graft은 일종의 '종잣돈'으로, 굽힘력·비틂력·압축력에 완전히 저항하는 강한 뼈가 되려면 수년이 걸린다.

정형외과 의사들은 종아리뼈에 신속한 서비스를 강요할 요량으로 다양한 방법을 동원한다. 예컨대 교량을 건설할 구간이 종아리뼈 길이의 절반 미만이라면, 종아리뼈를 반으로 잘라 2개로 만든다. 가느다란 종아리뼈가 충분한 지지를 제공할 만큼 두꺼워지려면 몇 달이 더 걸리지만, 2개를 사용하면 하나를 사용할 때보다 시간이 덜 걸린다. 다시 말해서 부채를 늘리지 않고(다른 쪽 다리의 종아리뼈를 건드리지 않고) 대출의 생산성을 2배로 늘리는 것이다.

길이와 무관하게 신속한 서비스는 그 자체로 매력적이다. 정형외과 의사는 종아리뼈를 혈관과 함께 수확함으로써 종아리뼈가 자리 잡는 속도를 높일 수 있다. 이식용 뼈를 환부에 고정한 후, 종아리뼈의 동맥과 정맥을 인근의 혈관에 연결해 이식된 종아리뼈로 혈액이 흘러들어가게 하는 것이다. 혈액순환이 즉시 복구되면 이식된 종아리뼈가 신속히 치유되고 성장하므로 부채를 더 빨리 상환할 수 있다.

지금까지 설명한 뼈 이식은 환자 자신의 뼈가 사용되는 경우다(이를 자가 뼈 이식autogenous bone graft이라고 한다). 환자의 면역계가 아무런 관심도 기울이지 않아 거부반응의 위험이 전혀 없다. 그러나 간혹 거대한 뼛조각이 요구되어 환자 자신의 뼈로 충당할 수 없는 때도 있다. 그럴 경우 외과 의사는 최근 사망한 장기 기증자에게 눈을 돌린다. 뼈는 심장, 간, 신장과 같은 장기가 적출된 후에 채취된다. 적출된 장기는 아이스박스에 담겨 신속히 운반된 후 이식되는데, 장기이식 수혜자는 이식 거부반응을 잠재우기 위해 평생 강력하고 위험한 면역억제제를 투여받아야 한다. 그와 대조적으로 뼈는 모든 혈액과 단백질을 제거하기 위해 느긋한 세척 과정을 거친다. 그런 다음 건조되어 비닐봉지 속에 밀봉되고, 멸균되고 분류되어 필요한 사람이 나타날 때까지 보관된다. 단백질이 제거된 뼈는 다른 사람에게 이식됐을 때 면역반응을 초래하지 않으므로 거부반응의 위험 없이 모든 크기와 형태의 골절을 치료하는 데 사용될 수 있다. 경이로운 선물이지만 약간의 단점도 있다. 시신에서 채취된 뼈에는 혈액과 세포가 들어 있지 않아 수혜 부위가 스스로 혈액과 세포를 공급해야 하기에 회복 속도가 느릴 수밖에 없다. 그동안 이식된 뼈는 금이 가거나 부스러지거나 용해될 수 있으므로, 시신의 뼈를 이식하는 방법은 선호도가 낮은 편이다.

일란성쌍둥이는 동일한 면역계를 보유하고 있으므로 이식 거부반응의 위험 없이 세포가 풍부한 뼈를 주고받을 수 있다. 그러나 당신에게 쌍둥이 형제나 자매가 있다고 해서 좋아할 것은 없다. 어쩌면 그가 당신에게 신장 하나를 떼어달라고 할 수도 있기 때문이다.

돈을 빌릴 때 여러 가지 옵션을 저울질하는 것처럼, 정형외과 의사들도 환자들과 함께 각각의 장단점을 신중히 논의한 후 최선의 옵션을 선택한다. 해면뼈는 아무런 영구적 손상 없이 수시로 떼어낼 수 있으며, 떼어낸 후 치밀뼈보다 신속히 회복된다. 그러나 치밀뼈는 해면뼈보다 즉각적이고 강하다는 장점이 있다. 뼈를 이식한 후에 곧바로 혈액 공급을 복구하면 수술이 훨씬 길어지고 어려워지지만, 치유 기간을 현저하게 단축할 수 있다. 시신의 뼈는 크기와 형태의 구애를 받지 않지만 치유 속도가 느리다. 때로는 두 가지 종류의 뼈(이를테면 자기 뼈+기증 뼈)를 결합함으로써, 똑같은 양을 빌리더라도 상환 기간을 단축할 수 있다.

정형외과 의사가 하는 일에서 큰 비중을 차지하는 것은 골절로 인한 손상을 복구하는 것인데, 그 목표는 '적절하고 신속한 치유'를 촉진하는 것이다. 옛날에는 설사 비뚤어지고 어긋나더라도 치유 자체를 성공으로 여겼다. 예나 지금이나 흡연, 영양실조, 당뇨병, 고령 등은 치유를 방해하는 적이지만, 골절을 치료하고 조골세포를 자극하는 방법이 새로 개발되면서 그런 악당들과 맞닥뜨린 가운데서도 더욱 양호한 결과를 얻는 것이 가능해지고 있다.

요즘에는 부적절하게(비뚤어지거나 어긋난 채) 치유된 골절을 가짜 성공으로 본다. 예컨대 넓적다리가 비틀어져 발이 바깥쪽을 가리킨다면 제대로 된 골절 치료라고 볼 수 없다. 그러나 미세한 오정렬은 수년 또는 심지어 수십 년 후에야 드러날 수도 있다. 예컨대 관절이 골절되어 접촉면이 고르지 않게 되었다고 치자. 그건 고속도로에서 한 차선이 다른 차선보다 5센티미터쯤 높은 것이나 마찬가지다. 자동차의 주행은 여전히 가능하지만, 궁극적으로 무슨 사달이 날 것이다. 만약 골절이 그런 식으로 치유되었다면 불규칙성으로 말미암아 연골이 점차 파괴될 것이다. 연골이 파괴되면 그 아래의 (유연성 없는) 뼈들이 서로 마찰해 통증, 부기, 동작 제한, 심지어 삐걱거림이 발생할 수 있다.

모든 골절이 그런 암울한 결과로 이어지는 것은 아니다. 뼈는 역동적으로 성장하며, 그 과정에서 희비가 엇갈릴 수 있다. 예를 들어 넓

(a) 정상적인 다리의 정렬과 형태는 (b) 부러진 다리와 극명한 대조를 이룬다. 골절을 치료하기만 한다면, 설사 다리가 짧고 변형되고 심지어 절뚝거리더라도 대성공이라고 여겨지던 시절이 있었다.

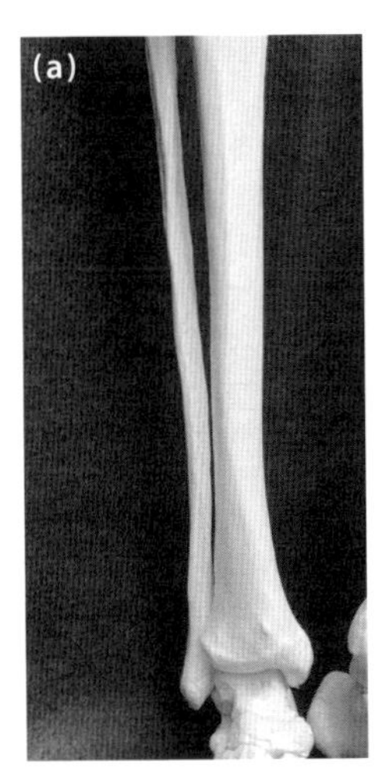

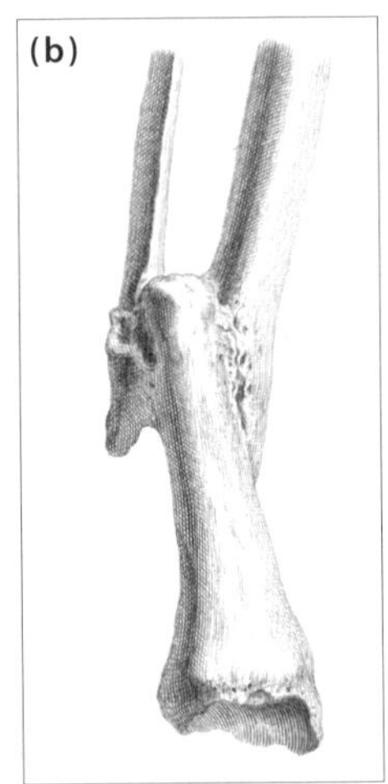

적다리 한복판이 골절된 소년의 사례를 생각해보자. 어린이의 치유 과정은 너무나 왕성해서 골절 부위의 혈류량 증가가 뼈 말단의 성장판까지 자극할 정도다. 그런 심각한 골절이 완벽하게 재정렬realignment 된다면, 엑스선 소견상으로 더할 나위 없이 만족스럽게 치유될 것이고 부모들도 (비록 잠시이지만) 흡족해할 것이다. 그러나 향후 몇 년 동안 다친 넙다리뼈가 성한 넙다리뼈보다 최대 2.5센티미터쯤 웃자랄 수 있다. 골절 부위에 추가적인 영양분과 혈류가 공급되기 때문이다. 하지만 성인이 되면 그 차이가 줄어들어 소년과 부모는 1.3센티미터만큼의 차이를 눈치채지 못할 것이고 고장 난 다리는 완전한 기능을 발휘할 것이다. (멀쩡한 다리일지라도 길이가 조금씩 다르기 일쑤지만, 아무도 눈치채지 못하며 설사 눈치채더라도 대수롭지 않게 여긴다.)

그러나 차이가 2.5센티미터를 넘는다면 이야기가 달라진다. 몸이 한쪽으로 기울어지고 본인은 몸통을 수직으로 세우기 위해 무의식적으로 반대쪽으로 척추를 구부리게 된다. 생활하는 데는 아무런 지장이 없지만, 그것은 잠시일 뿐이다. 과로에 시달린 허리 근육은 결국 기진맥진하고 통증이 생긴다. 한쪽 신발에 깔창을 깔거나 굽을 높여주면 짝다리에 도움이 되며 척추를 편안하게 해주지만, 본인까지 행복하게 해준다고 장담할 수는 없다.

다음 장에서는 다리가 너무 길거나 짧을 때 정형외과 의사가 할 수 있는 일을 설명하려고 한다. 부상 때문이든 유전 질환 때문이든, 다리의 길이가 길거나 짧으면 뼈에 악영향을 미칠 수 있다. 그에 더하여 세계 최고의 건축자재에 악영향을 미치는 다른 질병들도 소개할 예정이다.

4장

다양한 뼈 질환과 치료법

2장과 3장에서 뼈의 부적절한 성장 및 골절과 관련된 뼈 질환에 관해 설명했다. 그 밖의 다른 뼈 질환에는 어떤 것들이 있을까? 의과대학 학생들의 커리큘럼을 참고하여 포괄적으로 생각하면 다음과 같은 여덟 가지 범주로 나눠 검토해볼 수 있다. 바로 선천성, 외상성, 감염성, 신생물성, 퇴행성, 혈관성, 대사/면역성, 심리성이다. 뼈에 직접적인 영향을 미치는 정신장애(심리학)에 대해서는 아는 것이 없고, 골절(외상)에 대해서는 3장에서 이야기했으므로 다른 유형의 뼈 질환과 이용 가능한 치료법을 알아보기로 하자.

첫 번째 범주인 선천성 뼈 질환은 유전 때문일 가능성이 크다. 일례로 골 형성 부전증brittle bone disease에 걸린 어린이의 경우, 침대에서 구르거나 재채기만 해도 골절상을 입는다. 골 형성 부전증은 유전적 변이로 인해 콜라겐(뼈의 밑바탕을 이루는 틀)이 불충분하거나 불완전하

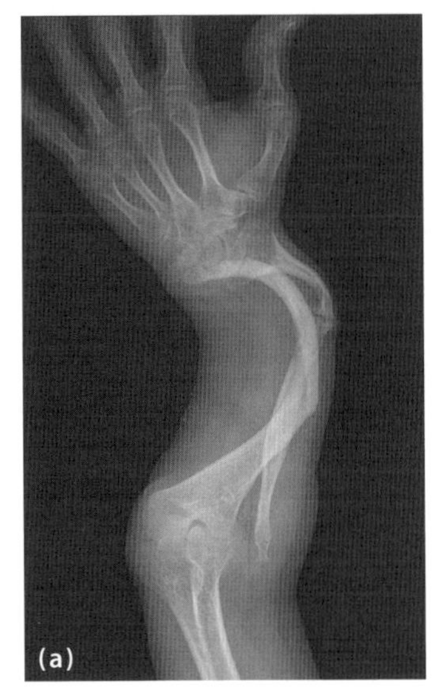
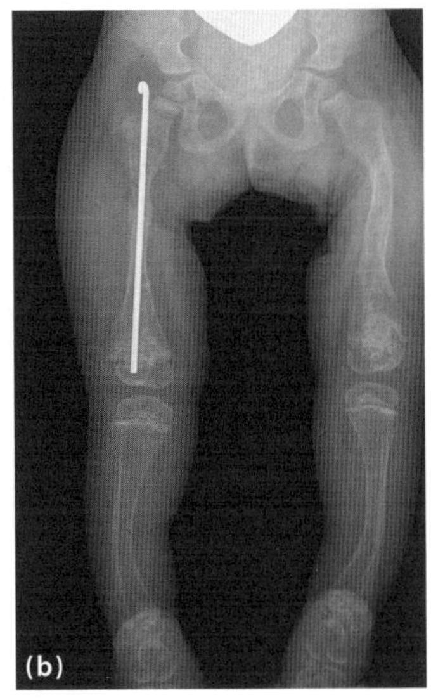

(a) 골 형성 부전증으로 인해 앞팔뼈에 발생한 다발 골절로, 치유된 후 뼈가 현저하게 변형되었다. (b) 골수강에 삽입된 금속제 막대. 골절의 위험을 감소시키며, 설사 골절이 발생하더라도 뼈의 가지런함을 유지해준다.

게 생성되어서 발생한다. 적절한 틀이 없다면 뼈는 분필과 유사해, 최소한의 힘만 가해도 똑 부러질 수 있다. 골 형성 부전증은 여러 가지 형태로 나타난다. 가장 심각한 형태는 출생 시에 두개골·갈비뼈·사지의 다발 골절multiple fracture로 나타나므로 치명적이다. 덜 심각한 형태는 생명을 위협하지는 않아도 문제를 일으킨다. 소아정형외과 의사들은 긴뼈의 골수강에 막대를 삽입함으로써 뼈를 강화한다. 그렇게 하면 골절을 예방할 수 있으며, 설사 부러지더라도 안정화할 수 있다. 어린이가 성장함에 따라 '더 긴 막대'로 교체해야 하지만, 외부에서 강력한 자석을 이용해 막대의 길이를 늘리는 기발한 장치가 새로 개발되었다.

뼈의 강도에는 문제가 없지만 길이가 짧은 유전 질환도 있다. 이름하여 저신장증인데, 200가지 이상의 형태로 나타난다. 가장 흔한 유형의 원인은 성장기 동안 뼈의 길이 성장이 제대로 이루어지지 않은 것이다. 구체적으로, 머리와 몸통의 크기는 거의 정상이지만 사지의 길이가 짧다. (웰시코기• 와 닥스훈트•• 의 체형과 유사하다.) 믿기지 않겠지만 정형외과 의사들은 이러한 유형의 저신장증 어린이들을 치료할 수 있는데, 자세한 내용은 나중에 기술할 예정이다.

선천성 질환이지만 유전에 기인한 것이 아니라 임신 중의 부적절한 행동(예컨대 알코올 섭취)에 대한 반응인 경우가 있다. 임신 중인 어머니가 섭취한 알코올은 태반을 쉽게 통과하여 태아에게 온갖 피해를 준다. 사지 뼈들이 융합할 수도 있지만, 지적 장애와 행동 문제에 비하면 약과라고 할 수 있다. 임신 중에는 그 밖에도 많은 골격 이상이 발생할 수 있는데(이를테면 물갈퀴 모양 손가락, 엄지손가락 결손, 휜 발), 원인을 알 수는 없지만 정형외과 치료를 받으면 도움이 된다.

두 번째 범주인 감염성 뼈 질환의 원인은 세균이다. 뼈는 감염에 특히 취약한데, 비교적 부족한 혈류량으로 인해 백혈구·항체·항생제의 전달이 제한적이기 때문이다. 그와 대조적으로 온전한 피부는 감염을 잘 방어한다. 극단적으로 단순화하면 인체는 '짭짤한 물이 가득 찬 봉

• 다리가 짧은 가축 몰이 개. 가축들의 다리 사이로 달릴 수 있게 개량되어 가축들의 뒷발에 차이는 위험을 피할 수 있었다.

•• 다리가 짧고 허리가 긴 특징을 가진 독일의 오소리 사냥개.

지'라고 할 수 있는데, 그 봉지(피부)는 수분 고갈과 그 밖의 환경적 위협(세균 포함)으로부터 우리를 지켜준다.

중학교 보건 교육 시간이나 보이스카우트에서 부러진 뼈의 말단이 피부 밖으로 튀어나온 그림을 본적이 있는가? 개방성 골절open fracture이라고 하는데, 의학적 응급 상황으로 분류된다. 개방성 골절을 긴급 사태로 여기는 이유는 뼈가 온갖 장점에도 불구하고 감염에 매우 취약하기 때문이다.

'뼈는 단단하고 압박에 잘 견딘다'라는 것이 이 책의 핵심 내용인 것은 분명하다. 그러나 이 경탄할 만한 특징은 '부족한 혈류량'이라는 대가를 치러야 한다. 영양분을 충분히 공급받으려면 동맥과 정맥이 통과해야 하므로 충분한 크기의 구멍이 많이 필요하다. 그러나 뼈에는 그런 구멍이 없으므로 혈류량이 부족할 수밖에 없다.

어떤 조직이든 다친 후에는 감염과 싸우기 위해 혈액을 통해 백혈구와 항체를 공급받는다. 혈류는 산소와 기타 영양분을 배달함으로써 상처 치유를 촉진한다. 항생제도 똑같은 방식으로 사고 현장에 도착한다. 따라서 양호한 혈액 공급은 모든 조직의 효율적인 치유를 촉진한다. 피부는 이 분야의 최고봉이다. 다량의 혈액뿐만 아니라 세균을 물리칠 수 있는 각종 무기를 공급받기 때문이다. 피부 열상•이 쉽게 치유되는 것은 바로 이 때문이다. 그러나 피부에 난 구멍 밖으로 뼈가 튀어나온다면, 세균은 '이게 웬 떡이냐' 하며 뼈에 달라붙어 별로 힘들이지 않고 감염시킬 것이다.

• 피부가 찢어져서 생긴 상처.

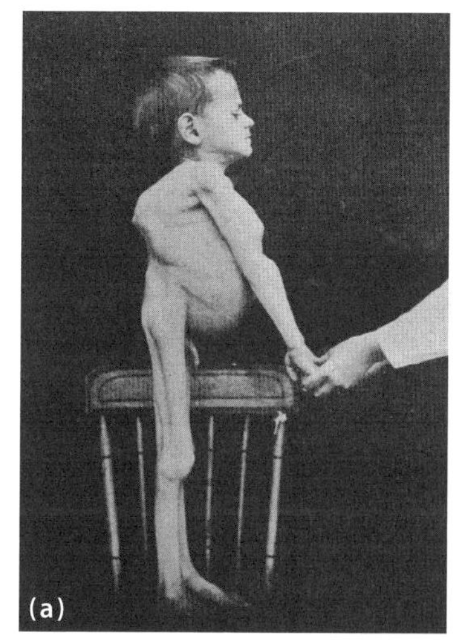

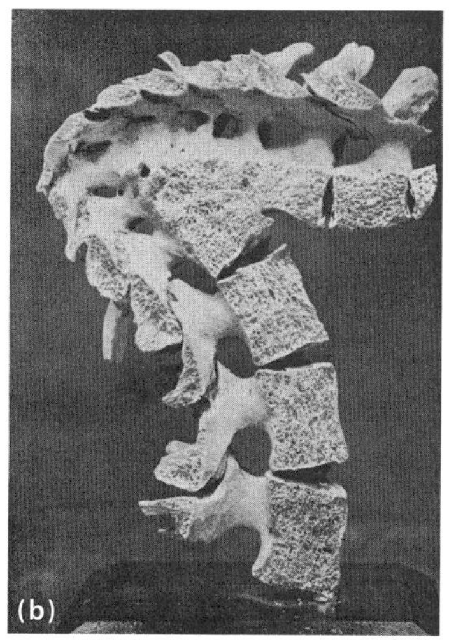

항생제가 보급되기 전, 결핵은 폐에서 전신으로 쉽게 확산해 뼈와 관절을 유린할 수 있었다. 1900년대 초에 촬영된 사진에서 보는 바와 같이, 척추에 정착한 세균은 뼈의 붕괴와 변형을 초래한다.

하지만 안타깝게도, 균이 찢어진 피부를 통해 외부 세계에 직접 노출되지 않아도 뼈는 세균의 공격을 받을 수 있다. 그 악랄한 약탈자는 멀리서 펌프질된 혈액을 경유하여 뼈에 도착할 수도 있기 때문이다. 예컨대 폐에 상주하는 결핵균은 폐정맥을 타고 심장으로 유입된 후 전신 순환을 통해 뼛속에 정착하여 번성한다. 심장은 부끄러운 줄 알아야 한다. 자신에게 최고의 서비스를 제공하는 '충성스러운 칼슘 은행'에 그런 몹쓸 짓을 하다니!

연골도 감염에 취약하다. 혈액을 전혀 공급받지 못하고 관절액joint fluid을 통해 영양분을 받기 때문이다. 관절 속의 세균은 피부의 상처를 통해 직접 침투하거나 혈류를 통해 간접적으로 침투한 것으로, 연골을 신속히 파괴해 그 밑에 있는 뼈끼리 서로 마찰해 닳게 만든다.

세 번째 범주인 신생물성 뼈 질환을 생각해보자. 지금쯤이면 독자들도 알고 있겠지만 뼈는 주로 조골세포·뼈세포·파골세포로 구성되어 있으며, 인체의 다른 부위에 존재하는 세포들과 마찬가지로 뼈를 구성하는 세포도 변이를 통해 종양을 형성할 수 있다. 그러나 뼈종양은 드물다. 뼈가 체중에서 차지하는 비중이 높음(1장에서 약 15퍼센트라고 했다)에도 불구하고, 장·유방·전립선·피부에 비해 세포의 교체율이 낮은 편이기 때문이다. 결과적으로 뼈세포는 분열할 기회가 별로 없으므로 잘못될 가능성이 작다. 그래도 뼈종양은 간혹 일어나며, 양성일 수도 악성일 수도 있다. 뼈 자체에서 발생하는 양성종양은 통증을 초래하거나, 뼈의 강도를 떨어뜨리거나, 불거져 나와 기능이나 외관에 악영향을 미칠 때만 치료를 요한다. 악성종양은 뼈세포에서 일어날 수도 있고 인체의 다른 부위에서 시작되어 뼈로 전이될 수도 있다. 뼈로 쉽게 전이되는 흔한 암의 이름을 기억하기 위해, 의대생들은 '코셔• 피클을 가미한 비엘티••BLT with a Kosher Pickle'(유방breast, 폐lung, 갑상선thyroid, 신장kidney, 전립선prostate)라는 연상 기호를 사용한다.

네 번째 범주는 퇴행성 뼈 질환이다. 연령이 늘수록 퇴행성 관절염degenerative arthritis 또는 골관절염osteoarthritis이라 불리는 마모성 관절 변화가 점점 더 주요해진다. 직립보행을 제외한 부적절한 도발이 없다면, 40세쯤부터 퇴행성 뼈 질환이 나타나 척추의 통증과 경직을 초래

• 전통적인 유대교의 율법에 따라 식재료를 선택하고 조리한 음식을 일컫는 말.

•• 샌드위치의 일종으로, 빵에 베이컨bacon·양상추lettuce·토마토tomato가 들어가기 때문에 각각의 머리글자를 따왔다.

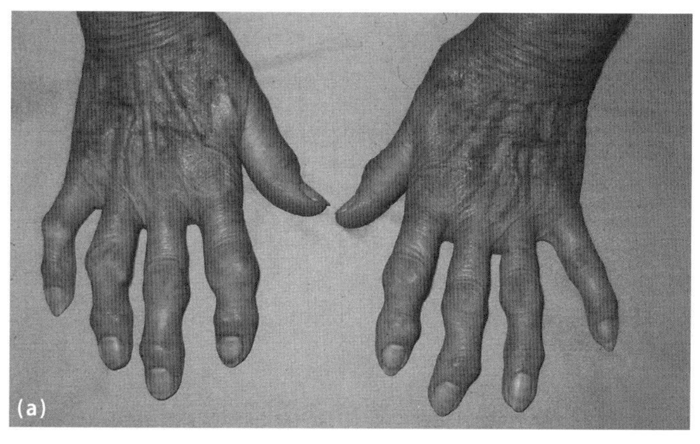

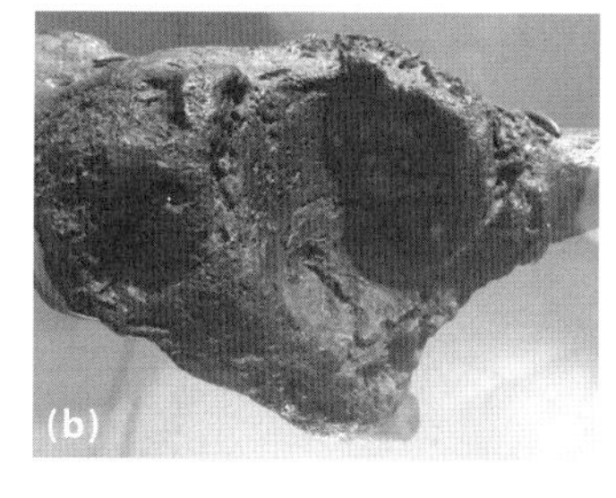

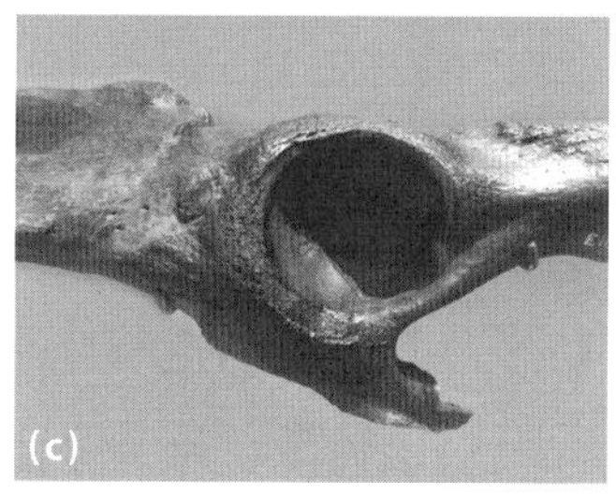

(a) 골관절염으로 인한 손가락 관절 주위의 뼈 돌기는 관절의 모양을 울퉁불퉁하게 만든다. (b) 골관절염은 인간 외의 동물에도 발생한다. 이 사진은 검치호랑이saber-toothed tiger의 관골구hip socket를 촬영한 것인데, 얇고 불규칙하며 가장자리가 두껍다. (c) 이 사진은 (b)와 동일한 종에 속하는 호랑이의 정상적인 관골구를 촬영한 것이다.

하기 시작한다. 퇴행성 뼈 질환이 진행되면 관절면을 뒤덮은 연골이 서서히 마모되어 궁극적으로 그 밑에 있는 뼈들이 서로 마찰하는 상황이 벌어진다. 그렇게 되면 관절의 가장자리에서 뼈 돌기bone spur가 형성되는데, 손가락 관절의 뼈 돌기는 금세 눈에 띄므로 미관상 좋지 않다. 그러나 더욱 나쁜 것은 뼈 돌기가 (목과 허리의 척수에서 나오는) 신경을 눌러 통증을 유발한다는 것이다. 관절의 오정렬(어긋남)과 울퉁불퉁한 표면은 골관절염의 시작 및 진행을 앞당길 수 있다.

관절이 생애 초기에 부적절하게 형성된 경우에도 간혹 오정렬이 발생할 수 있다. 엉덩관절의 공이ball가 절구socket 속에 완벽하게 자리 잡지 않은 유아기에 그런 문제가 발생했다가 서른 살이 되었을 때 고통스러운 절뚝거림을 초래하기도 한다. 원래 정상이었던 관절이 느슨한 인대로 인해 어긋날 수도 있는데, 그러면 연골이 과도하게 마모된다. 무릎에서 흔히 일어나는 일로 '앞바퀴의 정렬이 불량한 승용차'를 생각하면 쉽게 이해될 것이다. 승용차의 작동에는 문제가 없지만 타이어의 트레드가 빨리 마모되리라.

다섯 번째 범주는 혈관성 뼈 질환이다. 앞에서도 말한 바와 같이 뼈에는 혈관이 부족하기 때문에 혈액 공급이 부족한데, 정상적인 상태에서는 혈액의 수요가 적으므로 별문제가 없다. 그러나 때로는 많은 피가 필요하다. 심장도 우리와 마찬가지로 뼈를 사랑하지만, 동맥과 정맥이 부족하다면 아무리 피를 많이 보내주고 싶어도 그럴 재간이 없다. 많은 피가 필요한 상황에서 필수적인 혈관을 상실하는 경우는 크게 두 가지가 있다. 하나는 명백하며 다른 하나는 아직 이해가 어렵다.

먼저, 골절은 인접한 혈관을 파열시켜 뼈의 말단으로부터 멀리 떼어놓기 마련이다. 설상가상으로 큰 부상으로 인해 골절된 뼈가 많이 어긋났을 경우, 혈액 공급이 극단적으로 감소하기도 한다. 때로는 뼈가 여러 개의 조각으로 부서진 후 그중 일부에 혈액이 전혀 공급되지 않을 수도 있다. 정형외과 의사들은 이미 부족한 혈액 공급을 악화시키지 않으면서 뼈를 안정화하는 골절 치료 기술을 쓰기도 한다.

그런데 때로는 뚜렷한 이유 없이 전적으로 혹은 부분적으로 혈액 공급이 중단된다. 이것을 전문용어로 무혈성 괴사avascular necrosis라 한다. 영양분이 상실되면 커팅콘이 부족하게 되는데, 그로 인해 뼈가 약해져 붕괴와 변형이 생기고, 궁극적으로 관절염에 이를 수 있다. 무혈성 괴사에 특히 취약한 부위는 엉덩이다. 엉덩관절은 체중을 지탱하는 절구와 공이 모양의 커다란 관절(일명 절구관절)인데, 머리 부분이 붕괴하면 통증을 수반하는 절뚝거림을 초래하므로 이를 해소하려면 엉덩관절 전체를 교체해야 한다. 엉덩이보다는 덜 빈번하지만 무혈성 괴사의 피해가 막심한 부위는 팔목, 어깨, 발목이다. 무혈성 괴사는 갑작스럽게 찾아올 수 있다. 그 밖에도 심각한 천식을 치료하기 위해 투여한 고용량 스테로이드제가 무혈성 괴사를 일으킬 수 있지만, 정확한 메커니즘은 알려지지 않았다.

여섯 번째 범주인 대사성 뼈 질환을 이해하려면 골격이 '심장의 칼슘 은행'이라는 점을 기억해야 한다. 심장의 펌프질에 약간의 문제가 생길 때마다 뼈에서 많은 칼슘이 인출되기 때문이다. 특히 폐경 후 여성들의 경우 에스트로겐 수치 저하에 따라 칼슘 흡수가 감소하므로, 뼈가 더욱 약해져 엉덩관절과 척추의 골절 위험이 증가한다.

우주 비행사의 경우, 지금껏 모든 이가 남성이거나 폐경 전 여성이었음에도 불구하고 뼈에서 빠져나가는 칼슘의 양이 가장 많다. 수개월 동안 국제우주정거장에 머무르는 우주 비행사들은 무중력 상태에 떠 있느라 중력을 감당할 기회가 없다. 몇 달 동안 압전력의 자극이 없으면 커팅콘은 장기 휴가를 떠난다. 따라서 지구 궤도에 머무는 사람들은 땅 위에 머무는 폐경 후 여성보다 10배나 많은 칼슘을 상실한다. 지구상에서든 궤도상에서든, 칼슘의 상실은 골다공증osteoporosis을

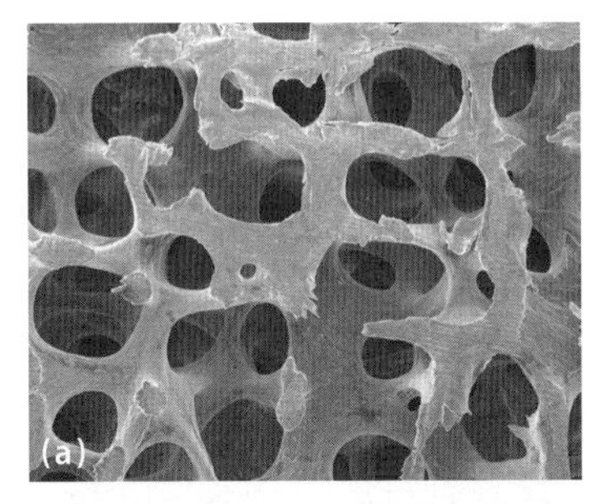

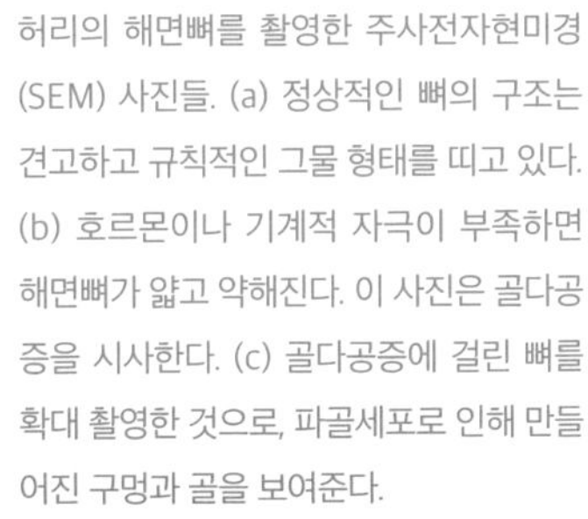

허리의 해면뼈를 촬영한 주사전자현미경(SEM) 사진들. (a) 정상적인 뼈의 구조는 견고하고 규칙적인 그물 형태를 띠고 있다. (b) 호르몬이나 기계적 자극이 부족하면 해면뼈가 얇고 약해진다. 이 사진은 골다공증을 시사한다. (c) 골다공증에 걸린 뼈를 확대 촬영한 것으로, 파골세포로 인해 만들어진 구멍과 골을 보여준다.

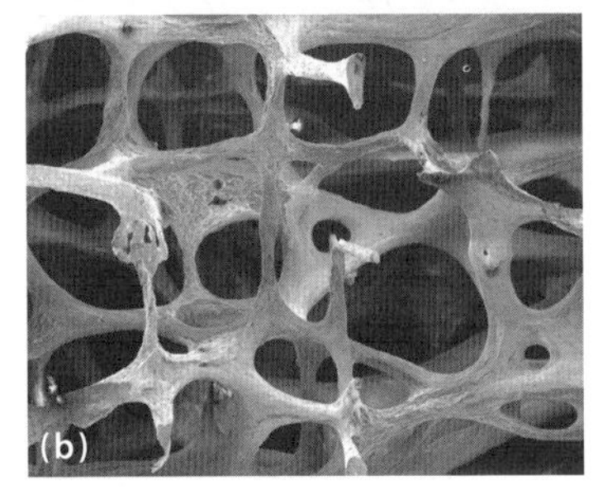

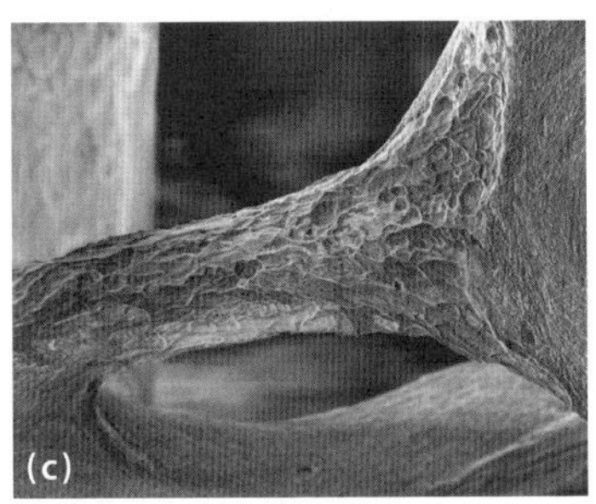

초래한다. 골다공증이란 '뼈에 구멍이 많다'라는 것을 의미하는데, 칼슘이 고갈되어 구멍이 숭숭 뚫린 뼈는 푸석푸석하며 골절되기 쉽다. 이렇게 어려운 상황에도 아랑곳하지 않고 심장은 100퍼센트 뼈로 구성된 흉곽에서 소중한 칼슘을 꼬박꼬박 인출해간다.

지구상에서는 빈번한 보행으로 생성된 압전력이 커팅콘을 자극하기에, 전체적인 골밀도, 혹은 적어도 척추와 엉덩관절의 골밀도 정도는 그대로 유지된다. 지구 궤도에서 우주 비행사들은 신축성 있는 저항 밴드를 이용해 규칙적으로 부하를 가함으로써 압전력에 반응하는 커팅콘을 자극한다. 지구상이나 지구 궤도에서 자전거를 타는 것은 심폐기능을 강화하지만 골밀도에는 아무런 도움이 되지 않는다. 뼈를 구성하는 수산화인회석 결정은 약간의 충격을 감지해야 자극받기 때문이다.

기계적 자극 외에 비타민 D와 부갑상선호르몬도 칼슘 균형과 뼈 건강을 유지하는 데 필수적이다. 비타민 D 결핍은 대사성 뼈 질환의 한 가지 유형인데, 일조량 부족에 따른 피부에서의 생산량 감소나 비타민 D 섭취 부족으로 인해 발생한다. 호르몬 불균형도 뼈를 망가뜨릴 수 있다. 예컨대 갑상선 절제술thyroidectomy을 시행하는 도중 실수로 부갑상선을 절제하는 경우, (칼슘의 혈중농도를 조절하는) 부갑상선호르몬 결핍증을 초래할 수 있다. 흡연(그리고 아마도 공기 오염)도 뼈를 약화한다.

다른 장에서 선천성·외상성·감염성·신생물성·퇴행성·혈관성 뼈 질환 중 일부의 치료법을 소개할 예정이므로, 여기서는 골다공증을 예방·치료하는 약물을 몇 가지 소개하려고 한다. 골다공증은 대사성 뼈 질환 중 가장 흔하기 때문이다. 지금부터 설명하는 것은 '뼈의 생성 및 교체'의 복잡한 화학적 균형을 겨냥하는 약물인데, 하루가 다르게 성능이 향상되고 있기에 전반적인 내용을 일별하는 수준이 될 것이다. 나의 간단한 개관이 뼈에 대한 독자들의 이해를 증진하기를 바라지만, 특정한 치료제를 권장하려는 의도는 추호도 없다. 치료제의 선택은 당신의 주치의의 철저한 평가와 상담을 통해서만 이루어질 수 있다.

골다공증 치료제는 두 가지 전략 중 하나를 추구한다. 첫째, 파골세포의 활성과 뼈 흡수를 억제하는 약물군이 있는데, 그중에서 가장 큰 그룹은 비스포스포네이트bisphosphonate 제제다. 긴 이름에 기죽지 마라. 접두사인 '비스bis'는 숫자 '2'를 의미하며, 이 비교적 단순한 화합물은 2개의 인(P) 원자를 포함하고 있다. 흔히 마주치는 상품명으로는 악토넬Actonel, 보니바Boniva, 포사맥스Fosamax, 레클라스트Reclast가 있다. 앞의 세 가지 약물은 일주일 또는 한 달에 한 번씩 경구로 투여되며, 레클라스트는 1년에 한 번씩 정맥주사로 투여된다. 비스포스포네이트 제제는 (입으로 삼킨 후 장에서 흡수되든 정맥으로 주입되든) 수산화인회석에 대한 친화성이 강하다. 수산화인회석과 결합한 비스포스포네이트는 파골세포가 뼈를 녹이지 못하도록 방해한다. 파골세포의 활성이 감소한다는 것은 골밀도가 향상된다는 것을 의미한다. 또 하나의 약물인 프롤리아Prolia도 비슷한 방법으로 파골세포의 활성을 감소시키지만, 비스포스포네이트와 전혀 다르며 훨씬 더 복잡한 분자다. 이쪽은 단백질로 구성된 항체이므로 가격이 더 비싸다.

나이 든 여성의 경우에는 에스트로겐 대체요법으로 폐경 전 생활을 모방함으로써 뼈 교체를 줄일 수 있지만, 유방암과 자궁암의 위험을 증가시키기 때문에 골다공증의 치료제로 적당하지 않다. 에비스타Evista는 에스트로겐의 인공적인 사촌으로, 에스트로겐과 동일한 방식으로 골밀도를 유지해주지만 암 위험을 증가시키지는 않는 것으로 보인다. 그러나 에비스타는 다른 문제(예컨대 혈전, 안면 홍조)를 초래할 수 있다.

골다공증을 예방·치료하는 두 번째 전략은 뼈 생성을 촉진하는 것이다. 포르테오Forteo와 팀로스Tymlos는 합성된 부갑상선호르몬인데, 매일 피부밑에 주사하면 식이 칼슘의 흡수를 촉진함으로써 뼈의 품질을 향상시키고 심장을 행복하게 해줄 수 있다.

골다공증을 물리치는 흥미로운 접근 방법은 동굴 속을 들여다보는 것이다. 곰은 겨우내 잠을 자는데, 사람이 그렇게 오랫동안 활동을 안 한다면 뼈가 흐물흐물해지겠지만 곰의 뼈는 멀쩡하다. 용감한 연구자들은 회색곰 및 그 친척종들에 접근하여 동면 직전/도중/이후에 그들의 뼈와 혈액 표본을 채취해 분석했다. 그 결과 곰은 겨울잠을 자는 동안 다른 신체 기능과 함께 뼈 대사가 중단되는 것으로 밝혀졌다. 새로운 뼈가 만들어지는 동안, 조골세포는 통상적으로 파골세포에게 신호를 보내 리모델링을 요청한다. 그런데 조골세포가 활동을 중단하면 파골세포도 활동을 중단한다. 요컨대 동면은 고도의 다중 시스템 과정으로, 뇌·심장·신장·근육·뼈에 두루 영향을 미친다. 연구자들은 그 과정을 아직 완벽하게 이해하지 못했으므로, 곰이 인간의 골다공증을 예방하는 데 보탬이 되는지를 알려면 시간이 필요하다.

우리의 구강을 습관적으로 들여다보는 전문가들은, 동굴을 들여다보는 대신 '저용량의 불소 치료로 골다공증을 치료할 수 있는지'를 알아내려고 노력해왔다. 식수에 첨가된 불소(1피피엠[ppm])는 치아를 단단하게 하고 충치를 예방하는 것으로 알려져 있다. 동일한 농도의 불소는 어떤 뼈는 강화하지만 어떤 뼈는 약간 약화하는 것으로 보인다. 고농도의 불소(4ppm)는 골밀도를 증가시키지만 강도와 탄력성을 감소시킨다. 어떤 지역, 특히 화산 지대의 지하수에는 무려 50피피엠의 불소가 함유되어 있는데, 그런 물을 마시는 것은 일반적으로 권장되지 않는다. 치아를 얼룩지게 하고, 뼈 돌기 형성과 척추의 경직화를 초래하기 때문이다. 이러한 사실은 뼈 대사의 복잡성을 일깨워주며, 비화산nonvolcanic 수돗물을 마시는 것이 좋고 불소가 함유된 치약(1000ppm)을 삼키는 것은 나쁘다는 것을 시사한다.

유전자 변이에서부터 '너무 많거나 적은 불소'에 이르기까지 뼈에 해로운 요인이 다양하다는 점을 감안할 때, 모든 분야에 통달한 전문의가 존재하지 않는다는 사실은 전혀 놀랍지 않다. 우리 정형외과 전문의들은 '뼈 의사'임을 자부하지만, 다른 전문의들은 신체 부위나 질병의 유형별로 나름의 전문성을 자부한다. 비늘, 털가죽, 깃털을 가진 친구들에게 경의를 표하기 위해, 수의학에도 인간 의학과 동일한 전문성이 존재한다는 점을 명심하기 바란다.

내과 전문의, 가정의학 전문의, 부인과 전문의로 구성된 일차 진료의primary care physician, PCP들은 골다공증의 예방과 치료에서 1차 방어선 역할을 수행한다. 뼈 질환의 비수술적 치료를 담당하는 다른 전문의로는 류머티즘 전문의, 내분비 전문의, 물리치료 전문의가 있다.

류머티즘 전문의들은 내과에서 훈련받은 후 2년 동안의 펠로십 과정을 통해 (머리에서 발가락까지의) 관절에 영향을 미치는 질병의 진단 및 비수술적 치료법을 배운다. 만약 당신이 지속적인 열감, 뚜렷한 원인이 없는 관절 부종swollen joint을 호소한다면 가정의학 전문의는 당신을 류머티즘 전문의에게 보낼 것이다.

내분비학은 내과의 또 다른 하위 전문 분야로, 다년간의 펠로십 과정을 통해 모든 내분비선(난소와 정소를 비롯하여 뇌하수체, 갑상선, 부갑상선, 췌장, 부신) 질환의 진단 및 치료법을 배운다. 정도의 차이는 있지만, 이 모든 분비선은 뼈의 성장 및 유지에 일익을 담당한다. 내분비 전문의를 찾아갈 가능성이 가장 큰 질환으로는 칼슘 불균형과 관련된 질병, 특히 골다공증과 부갑상선 장애가 있다.

물리치료 전문의(PM)와 재활 치료 전문의(R)(이 둘을 통틀어 재활의학 전문의라고 한다)는 근육, 뼈, 관절의 기계적 문제를 비수술적으로 관리하기 위해 특별한 훈련을 받았다. 그들의 전문 영역에는 요통과 '뇌졸중 및 심각한 화상 후의 재활 치료'가 포함되어 있다. 류머티즘과 내분비 전문의는 주로 의약품(알약과 주사)에 의존하여 신체의 정상화를 돕는 반면, 재활의학 전문의는 보조기, 지팡이, 보행기 등의 물리적 지지대를 추가함으로써 신체 기능을 원활히 한다. 그들은 종종 재활 치료 프로그램을 감독하는데, 그 프로그램은 물리치료사, 심리 치료사, 사회복지사 등의 테크니션들이 일상적으로 운영한다.

종양 전문의는 암 전문가로서 세 가지 부류로 나뉜다. 첫 번째는 혈액학(혈액 장애) 분야의 특별훈련을 받은 내과 전문의로, 그들의 강점은 화학요법chemotherapy이다. 그들은 약물요법으로만 혈액암(예컨대 백혈병)을 치료하며 골수 이식을 총괄하기도 한다. 또한 혈액-종양 전문의는 영상의학-종양 전문의, 외과-종양 전문의들과 함께 뼈암을 협공한다. 영상의학-종양 전문의는 엑스선 촬영과 방사성 화합물을 이용하여 암을 치료한다. 정형외과-종양 전문의는 뼈종양을 수술한다.

병리학pathology이라는 단어는 그리스어에서 온 것으로, '고통'이라는 뜻의 패소patho와 '~에 대한 연구'라는 뜻의 로지logy의 합성어다. 따라서 병리학자들은 질병을 연구한다. 질병을 직접 치료하는 것은 아니지만 병리학자들은 치료팀의 핵심 멤버다. 현미경 및 화학분석에 기반하여 질병을 진단하기 때문이다. 어떤 병리학자들은 뼈 질환을 전문적으로 진단하는데, 여기에는 특별한 인내가 필요하다. 뼈의 생검biopsy과 외과적 표본은 즉각적으로 얇게 썰고, 염색하고, 현미경으로 검사하기가 어렵기 때문이다. 따라서 수일에서 수 주에 이르는 준비 과정을 거친 후 평가가 시작된다.

진단영상의학 전문의는 엑스선 검사, 초음파 검사, 방사성동위원소 검사radioisotope scanning, 컴퓨터단층촬영computed tomographic, CT, 자기공명영상을 통해 뼈를 간접적으로 관찰한다. 중재영상의학 전문의는 5년간의 진단영상의학 레지던트를 마친 다음, 1~2년 동안 펠로십 과정을 거친다. 그들은 형광투시경fluoroscope을 이용하여 문제의 소지가 있는 뼈 부위(이를테면 골다공증으로 인한 고통스러운 척추 붕괴vertebra collapse)에 주삿바늘을 꽂을 수 있다. 그들은 붕괴된 부위에 액상 아크릴을 주입할 수 있는데, 이 물질은 굳어서 통증을 완화하고 더 이상의 뼈 붕괴를 예방한다. 주사를 놓기 전에 작은 풍선을 척추 속에서 부풀리면 붕괴를 줄이거나 교정하고, 심각한 척추 골다공증 환자의 특징인 구부정한 자세를 개선할 수 있다. 특정한 뼈암의 경우, 중재영상의학 전문의는 특별한 바늘을 이용해 열, 냉기, 전파, 레이저광, 방사선을 발사함으로써 뼈를 직접 들여다보는 전문가의 도움 없이 악성 암을 제거할 수 있다.

살아 있는 뼈를 들여다보고 만질 수 있는 특권을 가진 의사들은 얼마나 많을까? 당신이 추측하는 것 이상으로 많은 전문가가 이 분야에 관여하고 있다. 먼저 머리부터 생각해보면, 성형외과와 이비인후과는 신경외과와 두개골을 공유한다. 최초의 뼈 수술은 선사시대의 신경외과 의사가 수행했을 가능성이 크다. 8500년 전으로 거슬러 올라가는 두개골 중 상당수에서 지름 2.5~5센티미터의 구멍이 발견되기 때문이다. 주목할 만한 것은, 그 구멍들의 모서리가 매끄럽고 둥근 것으로 보아 그 환자들이 천공에서 살아남았고 그들의 조골세포와 파골세포가 구멍을 치유하기 위해 노력했다는 것을 알 수 있다는 점이다. 그런 관행은 문서화된 사전 동의가 존재하기 전부터 많은 문화권에 광범위하게 퍼져 있었으므로 두개골에 구멍을 뚫은 목적을 둘러싸고 많은 논란이 벌어지고 있다. 두개골 천공은 의식儀式의 일환이었을 수도 있고, 두개골 골절의 압박(그대로 방치하면 발작이나 혼수상태를 초래할 수 있다)을 완화하기 위해서였을 수도 있다. 선사시대의 의사(남자였을 수도 있고 여자였을 수도 있다)는 두개골 골절의 후유증을 염려한 나머지 날카로운 돌로 두개골에 구멍을 뚫기 시작했을지도 모른다. 오늘날 신경외과 전문의들도 두개골에 구멍을 뚫거나 창窓을 내지만, 날카로운 도구는 사용하지 않는다.

중이에 있는 3개의 귓속뼈ossicle는 이비인후과 전문의(귀ear와 코nose와 목구멍throat을 진료한다고 해서 ENT 전문의라고 한다)만의 고유 영역이다. 이 뼈들은 206개의 뼈에 포함되어 있어 인지도가 높지만, ENT 전문의의 소관 사항으로 당연시되는 경향이 있으므로 외과 전문의들 사이에서 영역권 다툼이 거의 일어나지 않는다.

안면 골격(뺨, 눈확, 코, 턱)에는 성형외과와 이비인후과 전문의가 모두 관여한다. 전문적인 치과 의사로 훈련받은 구강외과 전문의들은 치아뿐만 아니라 치조골alveolar bone에도 관여한다.

심장외과와 흉부외과 전문의는 가슴뼈와 갈비뼈를 공유하지만 심장 질환과 폐 질환은 그들의 소관 사항이 아니다. 만약 운이 없어서(심각한 낙상이나 자동차 사고를 통해) 갈비뼈나 가슴뼈가 부러졌다면, 일반외과나 흉부외과 전문의의 도움을 받아야 한다. 그런 부상은 치료하기가 어려운데, 골절 자체가 복잡해서가 아니라 흉강 속에 인접해 있는 섬세하고 촉촉한 기관들이 상처를 입었을 수 있기 때문이다.

척추 수술은 신경외과 전문의와 정형외과 전문의 모두의 소관 사항이다. 두 전문의 그룹의 관심 범위는 '병원이 위치한 지역'과 '레지던트 훈련을 어디서 받았느냐'에 따라 다르다. 만약 두 분야의 전문의 중 한 명에게 물어본다면, "신경 눌림과 관절 문제를 모두 다룰 수 있습니다"라고 주장할 수도 있다. 만약 내가 (재활의학 전문의의 철저한 비수술적 치료가 실패하여) 척추 수술을 받게 된다면, 정형외과 전문의와 신경외과 전문의 모두와 상담할 것이다. 나의 이상적 모델은 두 전문의가 공동으로 신경 눌림을 완화하고 뼈를 안정화함으로써 더 이상의 자극을 예방해주는 것이다.

일부 성형외과 전문의는 정형외과 전문의와 손과 손목 문제를 공유하며, 족부 전문의podiatrist는 발과 발목 문제를 정형외과 의사와 공유한다. 그러나 팔, 다리, 골반은 정형외과 전문의의 독보적인 영역이다. 혹자는 "정형외과 의사들은 '너무 길어서 삼킬 수 없는 뼈'를 다룬다"라고 말한다. 그런 말을 들으면 정형외과 의사가 짐승처럼 느껴질지 모르지만, 뼈 수술의 역사를 생각해보면 그런 고정관념은 나름 일리가 있다. 다음 장에서 알게 되겠지만 말이다.

5장

뼈 수술의 역사

오해 방지 차원에서 나의 신원을 분명히 밝힌다. 내 이름은 로이Roy이고, 직업은 정형외과 의사다. 이 일을 40년 동안 해왔다. 나는 '뼈 다루기'와 '뼈에 대한 스토리텔링'을 좋아한다. 나의 선배들이 그래왔듯, 내 동료들도 그렇다. 선배들은 글쓰기가 발명된 직후부터 뼈 질환과 치료법에 대해 끼적이기 시작했다. 뼈 질환과 그 치료법의 역사는 풍부하고 흥미롭다. 그중 몇 가지 하이라이트를 소개하는 것이 적절해 보인다.

선사시대의 열띤 야구 경기를 상상해보자. 두 팀의 이름은 각각 스킨스Skins와 퍼스Furs이고 공은 매머드의 방광에 바람을 넣은 것이라고 하자. 한 선수가 손가락을 다쳐, 90도 각도로 꺾였다. 그는 꺾인 손가락을 본능적으로 홱 잡아당겨 어긋남을 바로잡는 데 성공했다. 다음 주에 다른 팀원이 똑같은 부상을 입자, 유경험자가 동일한 복구 작

기원전 2450년, 이집트인들은 아래팔 골절(화살표)에 나무껍질로 만든 부목을 댔다. 피로 얼룩진 식물성 물질(*)은 뼈의 말단이 피부를 꿰뚫어 약간의 국소 출혈을 초래했음을 시사한다.

업을 수행했다. 비슷한 일이 반복되자 최초의 부상자는 경험으로부터 노하우를 익혀, 그 지역에서 '신기한 접골사'라는 명성을 얻었다. 그 기술은 접골사의 자녀에게 대물림되었다. 접골사들은 샤먼, 산파, 약초의와 함께 많은 문화권에서 발생했는데, 고대 이집트와 초기 하와이에도 있었다. 고고학자들은 이집트 미라에서 골절 치료의 흔적을 발견했다. 내용인즉 접골사들이 부러진 팔에 나무껍질로 만든 부목을 댄 후 리넨•으로 둘러싼 것이었다. 기원전 약 2900년의 파피루스 기록에 따르면, 부목에 소석고와 꿀을 칠해 강화했다. 기원전 약 500년, 인도의 수스루타Susruta와 그리스의 히포크라테스Hippocrates는 "골절 부위를 나무·대나무·납판 조각으로 고정하고, 실이나 리넨 조각으로 둘

• 아마사絲로 짠 직물의 총칭.

러싼 후, 돼지비계·밀랍·피치·달걀흰자로 강화한다"라고 기술했다. 붕대를 감은 후 피가 엉겨 굳어지도록 방치하는 것도 한 방법이었다.

기원전 250년, 이집트의 도시 알렉산드리아는 문명의 과학 지식 중심지로 부상했다. 까마득히 먼 곳의 학자들이 배움을 위해 알렉산드리아에 찾아오자, 약삭빠른 알렉산드리아 시민들은 우월한 지식 기반을 유지하기 위해 방문자들의 저술을 압수했다. 공무원들은 두루마리를 필사한 후 원본은 도서관에 보관하고 사본만을 저자에게 돌려줬다. 알렉산드리아 시민들은 인간의 시신을 사상 최초로 체계적으로 해부했을 뿐만 아니라, (오늘날 흔히 볼 수 있는 것처럼) 철사를 이용해 인간의 골격을 적절히 엮은 후 수직으로 매달아놓아 방문객들을 놀라게 했다.

고대부터 시작된 전상combat trauma은 의사들에게 단기간에 수많은 부상 사례를 제공했다. 이렇게 축적된 경험은 부상 치유의 이해에 크게 공헌하여, 기원후 150년 그리스의 의사 갈레노스의 등장으로 이어졌다. 그는 로마에서 일했는데, 오늘날로 치면 검투사들의 팀 닥터 역할이었다. 혈액을 다뤄봤고 부상의 치유 및 관리 사례를 수도 없이 관찰한 그의 이론은 일견 독창적이었지만, 그중 일부는 궁극적으로 새빨간 거짓으로 드러났다(그는 뼈가 정자로 구성되어 있다고 생각했다). 그럼에도 그의 저술은 향후 1000년 동안 유럽을 지배하는 도그마였으니, 그 시기는 의학 발전의 암흑기라고 불려야 마땅할 것이다.

그 후 의학 발전의 계몽기가 찾아왔다. 16세기의 의사이자 르네상스 예술가들과 동시대를 산 앙브루아즈 파레Ambroise Paré는 프랑스의 여러 왕과 부상당한 근위병을 돌봤다. 그 당시의 외과 의사들은 뜨거운 부지깽이나 끓는 기름을 이용해 피가 철철 흐르는 절단된 상처를 밀봉하려 했다. 두 가지 방법 모두 참을 수 없을 만큼 고통스러웠으며, 출혈을 막거나 감염을 예방하는 효과도 없었다. 뜨거운 기름이 떨어진 어느 날, 파레는 상의 뒷자락의 실을 풀어 혈관의 말단을 동여맨 후 흔한 테레빈유와 거즈로 상처를 드레싱했다. 상처는 신속히 치유되었고, 전장의 불가피한 수술에서 회복한 병사들은 그에게 두고두고 감사의 뜻을 표했다. 파레가 현대 외과 수술의 아버지로 알려진 것은 당연하다.

르네상스기 동안 대학에서 훈련받은 의사들은 외과 수술을 얕잡아 봤다. 그들은 (주로 사혈bloodletting과 절단으로 구성된) 수술을 이발사들에게 떠넘겼다. 이발사들도 엄격한 도제 훈련을 받았지만, '가장 예리한 칼을 쓰는 칼잡이'에 불과하다고 여겨졌다. 파레는 그런 '이발사 겸 외과 의사' 길드에 소속되어 있었다. 사정이 이러하다 보니 16세기에는 한 명의 전문직 종사자에게 면도와 사지 절단을 동시에 받는 해프닝이 일어날 수도 있었다. 그 후 외과 의사는 이발사와 갈라져 별도의 면허를 취득했다. 그럼에도 그들이 하는 일은 천시되었다.

'이발사 겸 외과 의사' 시대의 잔재 중 두 가지가 오늘날까지 남아 있다. 하나는 이발소의 상징인 빨간색과 하얀색 띠 기둥인데, 여기서 빨간색은 피를, 하얀색은 붕대를 의미한다. 다른 하나는 호칭인데, 오늘날 영국에서 외과 의사는 미스터Mister라고 불리는 데 반해 내과 의사는 닥터Doctor라고 불린다. 수 세기 동안 의과대학에서 똑같은 알짜배기 의학 교육을 받았는데도 말이다. 영국의 외과 의사들은 그런 차이를 자랑스럽게 여기며, 자신들의 파란만장한 역사를 약간 즐기는 것처럼 보인다. 전 세계적으로 볼 때, 다른 분야의 전문의들은 외과 의사를 가리켜 간혹 '충동적'이라고 한다. 그러나 외과 의사들은 '과감한 결단성'을 긍지로 여긴다. 외과 의사를 비판하는 사람들은 우리의 잘잘못을 이야기할망정 우리를 불신한 적은 단 한 번도 없었다.

정형외과학orthopedic이라는 단어는 1741년 프랑스의 내과 의사 니콜라스 앙드리Nicholas Andry가 자신의 저서 『소아정형술*Orthopédie*』에서 처음 사용한 말이다. 오소ortho는 '곧다' 또는 '바르다'라는 뜻의 그리스어에서 유래한 말로, 오소독시orthodoxy(정설)와 오소돈틱스orthodontics(치과교정학)에서 그 용례를 찾아볼 수 있다. 페디pédie는 '어린이'라는 뜻의 그리스어에서 유래했다. 앙드리는 그 책에서 가족과 의사가 어린이의 골격 변형을 예방하고 교정하는 방법을 설명했다. 물론 그 당시에는 변형된 골격을 완전히 비수술적인 방법으로 교정했고, 전신마취와 예정 수술elective surgery•이라는 개념이 나온 것은 그로부터 100년이 더 흐른 뒤였다. 앙드리가 '어린이의 골격을 바로잡는다'라는 자기 생각을 설명하기 위해 권두 삽화로 사용한 그림은 해당 분야의 상징이 되었다.

거의 90년 후인 1828년 대서양 건너편의 미국에서는, 노아 웹스터Noah Webster가 『웹스터 사전*An American Dictionary of the English Language*』이라는 기념비적인 사전을 출판했다. 그의 목적은 'colour', 'cheque', 'encyclopaedia'와 같은 옛날식 스펠링을 단순화하는 것이었다. 그 박식한 사전 편찬자의 노력에도 불구하고, 우리는 아직까지도 '뼈 수술'

• 당장 해야 할 응급수술이 아니라, 차근차근 계획을 세워 미리 정한 날짜에 하는 수술.

이 상징적인 그림은 프랑스의 내과 의사 니콜라스 앙드리가 1741년에 출간한 『소아정형술』의 권두 삽화로 사용되었다. "구부러진 나무의 오정렬이 성장하는 동안 개선될 수 있는 것처럼, 어린이의 골격 변형도 보조기를 통해 예방·교정될 수 있다"라는 것이 앙드리의 지론이었다.

을 뜻하는 오소페딕의 스펠링으로 'orthopedic'과 'orthopaedic'을 모두 사용하고 있다. 어떤 고지식한 사람들은 "'orthopaedic'에서 'a'를 빼면 안 된다"라고 강력히 주장한다. 'pedo'는 라틴어로 '발'을 의미하기 때문이다. 그 순수파들에 따르면 'orthopaedic'은 (앙드리의 의도대로) '곧은 어린이'를 뜻하지만 'orthopedic'은 '곧은 발'을 의미할 수 있다고 한다. 그런데 어찌 된 일인지, 미국의 소아과 의사paediatrician들은 오래전 'a'를 버리고 'pediatrician'을 선택했음에도 불구하고 전문적인 지위를 전혀 잃지 않았다. 내 생각에는, 위키피디아가 '발' 논쟁에 종지부를 찍을 것 같다. 위키피디아에서 'pedo-'를 검색하면 다음과 같이 나오기 때문이다. (1)어린이, (2)발, (3)토양, (4)복부팽만. 아이구!

이러다가 '발' 논쟁이 '복부팽만' 논쟁으로 비화할지도 모르겠다.

니콜라스 앙드리가 『소아정형술』을 출판하면서 정형외과학이 독특한 전문 분야로 발돋움하게 되었다. 18세기 후반에는 장앙드레 베넬Jean-André Venel이 나타나, '어린이의 발 및 척추 변형'의 비수술적 치료와 관련된 앙드리의 가르침 중 상당 부분에 대한 실질적인 응용법을 제시했다.

앙드리와 베넬이 득세하던 시기에 외과의는 전문의로 인정받지 못했다. 그도 그럴 것이 다른 분야의 의사들보다 잘할 수 있는 주특기를 가진 외과의가 한 명도 없기 때문이었다. 19세기에 들어와 전신마취가 발견되고 '세균이 감염의 원천'이라는 루이 파스퇴르Louis Pasteur의 제안이 점차 받아들여지면서 상황은 극적으로 바뀌었다. 그 이전까지만 해도 외과의는 수술하기 전에 손을 씻을 이유가 없다고 생각했고, 수술 도구를 도구 상자 속의 다른 도구와 교체하기 전에 웃옷 자락에 쓱 문지르기 예사였다. 19세기 중반, 외과의들은 전신마취 덕분에 보다 체계적인 수술을 하고 더욱 복잡한 질병을 치료할 수 있게 되었다. (전신마취가 시행되기 전에는 속도가 최우선적 과제였으므로, 환자의 다리를 절단하다가 조수의 손가락이 잘려나가는 경우도 있었다.)

네덜란드의 군의관 안토니우스 마테이선Antonius Mathijsen은 19세기의 획기적인 업적을 또 하나 달성했으니, 부러진 다리에 깁스하는 부담을 덜어준 것이었다. 그는 석고붕대• 분말을 축축한 거즈에 뿌린 후 둘둘 말아놓았다. 나중에 깁스가 필요하면 한 두루마리를 물에 잠

• 석회석을 잘게 분쇄하여 장시간 가열 소성하며 만든 소석고를 말한다.

시 담가 소석고를 활성화한 다음, 부러진 사지에 대고 붕대와 함께 여러 겹 감았다. 사지에 감긴 석고붕대는 신속히 단단해졌는데, 그 냄새가 종전의 '돼지기름+달걀흰자+핏덩이'보다 훨씬 나은 것은 불문가지였다. 여러 해가 지난 후 마테이선의 발명품은 크림전쟁에서 대히트를 쳤다. 전해지는 이야기에 따르면, 참전한 군의관들은 물이 부족할 때 소변으로 석고붕대를 적셨다고 한다. 크림전쟁 때 플로렌스 나이팅게일Florence Nightingale은 '부상당한 병사를 돌보는 간호사들을 조직화'한 업적으로 유명해졌는데, 모르긴 몰라도 그녀의 업적에는 '지린내 나는 깁스'도 포함되어 있을 것이다.

석고붕대의 등장과 비슷한 시기에, 질병의 배종설germ theory•에 대한 인식이 점차 고조되어 멸균 기술이 발달하고 고무장갑과 수술용 드레이프가 사용되기에 이르렀다. 그 덕분에 수술은 수 시간 동안 계속될 수 있었고, 환자가 수술을 견뎌낼 가능성은 물론 궁극적으로 감염 없이 치유될 가능성도 커졌다.

지금까지 기술한 선구자들은 모두 의사medical doctor, MD였다. 의학의 기원은 약 2500년 전 히포크라테스까지 거슬러 올라가는데, 의학의 한 하위 분야는 그보다 훨씬 최근에 미국에서 생겨났다. 이름하여 정골의학osteopathic medicine(오스테오osteo는 '뼈'를 뜻하고, 퍼시pathy는 '질병'을 뜻한다)인데, 정골의학 의사의 약칭은 DOdoctor of osteopathic medicine다. 미주리 출신의 의학 박사인 앤드루 스틸Andrew Still은 1800년대 후반에 정골의학을 처음 도입했다. 연구와 관찰을 통해, 그는 근골격계

• 모든 질병의 원인이 세균 감염이라는 이론.

가 전신의 건강 및 질병의 핵심이라는 점을 깨달았다. 그는 '도수 치료manual technique(오늘날에는 정골조작의학으로 알려져 있다)를 통해 신체 구조를 개선하면 다양한 기관계(소화계와 호흡계 포함)의 정상적인 기능과 자가 치유를 촉진할 수 있다'라고 믿었다. 그 당시 전통적 의학 치료의 상당 부분은 별로 효과가 없었으므로, 정골요법은 신속히 추종 세력을 규합했다. 스틸 박사는 1892년 최초의 정골의학 학교를 설립했다.

DO들은 스틸 박사의 전체론적 철학을 반영하여, 전통적으로 일차 의료•(가정의학••, 일반내과, 소아과)에 치중해왔다. 하지만 오늘날의 정골의대 졸업생은 정골의학 전문의로 활동하는 대신 MD 레지던트 훈련 과정을 이수하여 MD로 전향할 수도 있다. 대부분의 지역사회에는 DO보다 MD가 훨씬 더 많지만, 양쪽 모두가 레지던트와 개업의로서 어깨를 나란히 하고 뼈에 대한 의학적 관할권을 공유하는 경우가 많다.

스틸 박사가 정골의학 보급에 박차를 가하던 시절 MD 외과의들은 이미 뇌, 눈 등의 다른 신체 부위를 전문적으로 치료하기 시작했지만, 골절 치료는 도시에서 개업한 일반의generalist의 독차지였고, 때로 시골과 낙후 지역의 접골사들에게 떠넘겨지기도 했다. 그러나 산업혁명, 특히 전 세계에서 가장 긴(56킬로미터) 영국의 맨체스터십운하 건설을 계기로 상황이 급반전되었다. 외상 치료가 급속히 발달하기 마

• 응급치료 등 주거지에서 행하는 초기 의료.

•• 연령·성별·질병에 구애받지 않고, 가족을 대상으로 지속적이고 포괄적인 의료를 제공하는 학문.

련인 전시戰時 프로젝트와 달리, 그것은 수백 대의 크레인과 기관차와 굴착기, 수천 대의 트럭과 마차, 그리고 1만 7000명의 건설 노동자가 동원된 거대한 평시 프로젝트였다. 이러한 상황에서 6년에 걸친 공사 동안 수많은 골격계 부상이 일어날 수밖에 없었다.

공사가 시작되기 몇 년 전, 런던에서 불우한 10대 시절을 보냈던 로버트 존스Robert Jones는 그즈음 리버풀로 이사하여 삼촌인 휴 오언 토머스Hugh Owen Thomas와 함께 살았다. 토머스는 (앞에서 설명한) 전통적인 정형외과 의사였고, 그의 아버지·할아버지·증조할아버지는 대대로 접골사였다. 토머스는 뼈 질환 치료에 여러 차례 이바지했는데, 결핵과 넙다리뼈 골절에 대한 논문을 쓰기도 했다. 로버트는 삼촌의 권유에 따라 의대에 진학했고, 의사 면허를 취득한 후에는 삼촌과 함께 정형외과 의사로 일했다. 그 당시의 정형외과 의사 중 대부분은 어린이의 골격 변형을 주로 다뤘지만 토머스와 존스는 골절 치료에 특별한 관심을 보였다.

1888년에 '행운의 반전'이라고 불릴 만한 사건이 일어났으니, 존스가 맨체스터십운하 공사 프로젝트의 수석 외과 의사로 임명된 것이었다. 그는 그 기회를 이용하여 세계 최초의 포괄적 안전사고 서비스 체계를 구축했다. 그는 운하를 따라 일정한 간격으로 응급 진료 시설을 갖춘 3개의 병원을 지었다. 그러고는 병원마다 숙련된 골절 치료 인력을 배치하고 많은 부상자의 수술을 직접 집도했다. 이처럼 강도 높은 수술적·비수술적 골절 치료 경험은 향상된 치료 기법의 개발에 크게 이바지했다. 뒤이은 제2차세계대전 기간에 군의감으로 임명된 존스는, 3만 병상을 갖춘 조직을 지휘하며 공사 프로젝트에서 습득한 지식을 긴요하게 활용했다.

토머스는 골절된 다리를 일시적으로 부동화하기 위한 부목을 발명했고, 존스는 무릎 수술 후 사용되는 대형 붕대를 고안해냈다. 두 가지 발명품은 혁신가들의 이름이 붙은 채 오늘날까지 사용되고 있다. 그러나 두 명의 정형외과 의사가 의학계에 남긴 업적 중에서 가장 주목할 만하고 영원한 것은 정형외과라는 전문 분야를 규정한 것이다. 그들이 운하 공사와 전쟁에서 숱하게 다룬 골격계 부상 사례들은 (강도에 있어서나 범위에 있어서나) 정형외과의 성격을 둘러싼 10년간의 논쟁("어린이의 변형된 골격을 깁스와 부목으로 바로잡는 데만 집중할 것인가, 외과 수술까지도 포함할 것인가?")에 종지부를 찍었다. 1920년 이후, 모든 사람은 정형외과 의사가 수술하는 것을 당연시하게 되었다.

20세기 초에만 해도 정형외과 의사들은 모두 남자였을 뿐만 아니라, 키 크고 손 큰 사람들이 주종을 이루었다. 어긋난 엉덩관절을 바로잡고 단단한 뼈를 망치질·톱질·송곳질하는 것이 육체적으로 여간 힘든 일이 아니기 때문이었다. 어떤 사람들은(아마도 초기 정형외과 의사들의 덩치에 겁먹은 경험이 있는 듯한) 우리의 특징을 이런 식으로 묘사했다. "그 사람들과 황소를 비교하면, 힘은 비슷하고 머리는 두 배 좋다."

이처럼 엽기적인 영역에 이끌리는 의대생들은 과연 어떤 부류일까? 의료계의 모든 영역에 대해 특정한 고정관념이 존재하기 마련이지만, 정형외과를 선택한 의대생 중 상당수는 운동장에서 많은 시간을 보냈거나 스포츠와 관련된 부상을 입은 경험이 있다. 정형외과 의사의 치료를 받고 운동에 복귀한 선수 중에서 '나도 이런 치료를 할 수 있겠다'라고 생각하는 경우가 종종 있는데, 그중 일부가 실제로 정형외과 의사가 된다. 올림픽 출전이나 프로 운동선수로 명성을 날렸던 정형외과 의사들도 있는데, 미식축구의 마크 애디키스Mark Adickes, 스피드스케이팅의 에릭 헤이든Eric Heiden, 야구의 앨릭 케슬러Alec Kessler, 소프트볼의 닷 리처드슨Dot Richardson, 하키의 제이슨 스미스Jason Smith가 있다.

나를 포함한 정형외과 의사 중에는 작업장이나 창고에서 도구를 사용하며 성장한 사람들이 많다. 그러다 어찌어찌하여 수술실에 들렀다 동일한 도구의 '멸균 버전'을 발견하고는, 반가운 생각에 그 길에 들어섰다.

의대생들도 알고 있겠지만, 근골격계 질환으로 사망하는 환자들은 매우 드물다. 더욱이 정형외과 의사들은 전형적으로 '생과 사'의 문제보다는 '삶의 질'의 문제를 다룬다. 그러나 그렇지 않은 외과의들도 있다. 예컨대 신경외과나 심장외과 의사는 종종 생과 사의 문제를 다룬다. 정형외과 의사들은 환자들이 경기장으로 돌아가거나 노인들이 의자에서 다시 일어나는 것을 보고 행복해한다.

그런데 의대생들이 의식하든 말든, 뭔가 다른 일이 일어난다. 3학년이 되면 모든 학생은 다양한 치료팀의 신출내기 구성원이 된다. 그러고는 소아과, 정신과, 내과, 외과, 산부인과 의사의 일상적인 삶을 차례차례 돌아가며 영위한다. 외과 순서가 오면 그들은 일반외과를 비롯하여 여러 가지 외과(예컨대 정형외과, 성형외과, 비뇨기과, 신경외과)의 맛을 본다. 일찍 회진을 돌고, 늦게까지 병원에 머물고, 한밤중에 수술실에 서 있는 동안 그들은 호불호의 감정을 느낀다. 의대생들은 자신이 어떤 분야에 종사하게 될지를 직감적으로 알게 된다. 생각하는 방식, 직면하는 문제들, 사용하는 치료법, 다른 팀원들과의 상호작용 방법, 희로애락, 자유 시간에 하는 일이 분야마다 제각기 다르기 때문이다. 무의식적으로 의대생들은 '성공할 수 있고, 기여할 수 있고, 즐거움을 느낄 수 있는 분야'를 선택할 것이다.

일반화가 한 푼의 가치도 없다는 점을 잘 알지만, 독자들에게 익숙한 정형외과 의사의 특징을 열거하겠다. 행복하고, 낙천적이고, 성과지향적이고, 에너지가 넘치고, 효율적이고, 근면하고, 결단력 있고, 사교적인 사람. 이 정도 아닐까? 하지만 그에 더하여, 정형외과 의사들은 3차원적 관계를 파악하는 과제에 탁월한 능력을 보인다. 예컨대 엉덩관절 골절을 치료할 때, 우리는 수술실의 형광투시경으로 골절된 엉덩관절의 전후좌우를 살펴본다. 다음으로 작은 절개부를 통해 넙다리뼈의 바깥쪽 가장자리를 들여다보고, 동그란 모양의 넙다리뼈 머리에 10센티미터 깊이 구멍을 뚫은 후 긴 나사를 삽입한다. 마치 현관에 버티고 서서 평면도 하나에 의존해 2층 욕실의 조명기구에 화살을 쏘는 것이나 마찬가지다. 내 생각에 이런 특성은 선천적이다. '평면 이미지'를 '3차원 현실'로 해석하는 데 능한 사람은 정형외과학, 중재심장학, 중재영상학에 호감을 느낄 것이다. 지도를 읽지 못하거나, 밤길에 안전한 귀가가 불가능한 사람은 공간 관계 파악을 덜 요구하는 분야(예컨대 소아과나 내과)에서 더 많은 행복을 느낄 것이다. (다른 전문의들을 폄하하려는 건 아니다. 그들은 내가 보유하지 않은 특성을 갖고 있다.) 더욱이 많은 연구에 따르면, 왼손잡이는 오른손잡이보다 공간지각력이 뛰어나다고 한다. 국민 전체에서 왼손잡이의 비율은 약 10퍼센트인

걸로 알고 있는데, 나의 (전혀 검증되지 않은) 느낌에 따르면 정형외과 의사 중 약 20퍼센트는 왼손잡이인 것 같다. 요컨대 공간지각력이 뛰어난 사람과 왼손잡이는 정형외과에 이끌릴 것이라는 이야기다.

정형외과 의사 삶의 또 다른 측면은, 정서적인 보람이 크지만 스트레스가 심하다는 것이다. 몸 한쪽의 관절운동·사지 정렬·길이는 다른 쪽과 쉽게 비교된다. 수술이 잘되면 환자들에게 '기능과 외관이 회복되어 고맙다'라는 말을 듣는다. 그러나 조금이라도 잘못되면 누가 봐도 대번에 티 날 수 있다. 치료가 끝난 후 기능이 100퍼센트 회복되지 않은 폐나 방광의 경우와 비교해보라. 담당 의사는 환자에게 큰 칭찬은 받지 못할지언정, 겉으로 드러나지만 않는다면 큰 비난은 모면할 수 있을 것이다.

여성에 대해 말하자면, 오늘날 정형외과에는 육체노동이 요구되는 측면이 전혀 없기 때문에 여성의 정형외과 진출에 아무런 문제가 없다. 조수가 딸린 전동 드릴과 톱, 환자의 자세를 바로잡는 장치가 정형외과 실무에서 '무지막지한 완력'을 몰아냄에 따라, 정형외과 의사가 훈족의 후예인 아틸라Attila로 묘사되던 시절은 지나간 지 오래다. 그러나 '응급 상황으로 인한 불규칙한 근무시간'이라는 새로운 변수가 등장하여, 남녀를 불문하고 일부 의대생으로 하여금 정형외과행을 꺼리게 한다. 현역 정형외과 의사 중에서 여성이 차지하는 비중은 현재 약 7퍼센트이지만, 최근 들어 상황이 서서히 바뀌어가고 있다. 정형외과 전임 교수의 경우 18퍼센트, 정형외과 레지던트 중 14퍼센트를 여성이 차지하고 있으니 말이다.

모든 전문 분야에는 약간의 스트레스 해소용 유머가 존재하기 마련이며, 의사들도 간혹 자기들끼리 흉을 보며 배꼽을 잡는다. 그런 우스갯소리의 소재는 광범위하다. "인턴은 다 아는 것 같지만 사실은 아무것도 모른다", "외과 의사는 아무것도 모르면서 뭐든 한다", "정신과 의사는 아무것도 모르고 아무것도 하지 않는다", "병리학자는 모든 것을 알고 모든 것을 하지만, 일주일 늦다." 외과의들은 자신들에 대한 세평을 전적으로 부정하지 않으며, 다음과 같은 격언을 덧붙일지도 모르겠다. "일단 째야 답이 나온다." 한술 더 떠서, 정형외과 의사들이 수술실에서 뼈를 치료하며 다음과 같은 말을 하는 걸 들었다는 사람들도 있다(아마도 '엄청나게 큰 뼈'를 치료한 의사들을 기억하는 것 같다). "그 정도의 출혈은 새 발의 피야." "잘 안 되면 힘으로 밀어붙여."

진부한 유머에 나오는 것처럼 정형외과 의사들이 정말로 단순 무식할까? 아니면 다른 전문의들이 시기심 때문에 저격한 것에 불과할까? 만약 저격한 사람들이 외과의라면, 그들의 시기심은 '뼈는 흉터 없이 치유되는 반면 뇌·간·폐·방광 등의 조직은 영구적인 흉터가 남는다'라는 사실에서 비롯되었을 가능성이 크다. 만약 저격수들이 외과의가 아니라면, 그들의 시기심은 아마도 '근골격계 환자들은 통상적으로 회복되어 하던 일을 계속한다'라는 사실에서 비롯된 것으로 보인다. 정형외과 치료는 환자의 삶의 질을 완전히 회복시키는 경향이 있기 때문이다. 예컨대 당뇨병, 폐기종emphysema, 건선psoriasis의 경우에는 그렇지 않다. 그런 질병들에 대해 내과의들은 문제를 완화할 수 있을 뿐이다. 물론 나는 그런 만성질환을 다룰 수 있는 실력과 인품을 겸비한 전문의들이 있다는 사실에 안도한다. 그러나 나의 경우에는 증상 완화보다 완치를 선호한다.

정형외과 의사가 더 이상 '포수용 글러브를 낀 헐크'가 아니라면, 오늘날 그들의 클럽에 어떻게 가입할 수 있을까? 초보자의 경우, '학사 학위 더하기 9년 이상'•과 일정 수준의 지능이 필요하다. 미국의 모든 의대생은 의과대학(의학전문대학원)에 입학하고 2년 후 1차 미국 의사면허시험United States Medical Licensing Examination, USMLE을 치른다. 1차 USMLE는 해부학·행동과학·생화학·미생물학·병리학·약학·생리학 분야의 지식을 평가하며, 영양학·유전학·노화 분야의 지식도 약간 짚고 넘어간다. 독자들은 USMLE를 '유 스마일'이라고 발음할 수도 있지만, 의대 2년생들에게는 심각한 장애물일 수 있다. 성적에 따라 특정 전문 분야를 선택할 수 있는 기회의 문이 열릴 수도 닫힐 수도 있기 때문이다.

레지던트 훈련 책임자는 USMLE 점수를 선별 도구로 이용하여 눈여겨볼 지원자나 최종 면접에 진출시킬 지원자를 결정한다. 어중간한 점수를 받은 학생들은 본의 아니게 경쟁이 덜 치열한 분야를 지망하게 된다. 총 21가지 분야 중에서 요즘 가장 경쟁이 치열한 분야로는 이비인후과, 피부과, 정형외과, 성형외과가 있다. 물론 USMLE에서 최고점을 받은 학생 중 경쟁이 덜 치열한 분야를 선택하는 예도 있다. 그러나 그것은 그들의 소신에 관한 문제이고, 평균적인 점수를 받은 학생들은 피부·목구멍·뼈를 들여다볼 꿈도 꾸지 말아야 한다.

학생들은 의대를 졸업한 직후 2차 USMLE를 치르게 되는데, 내과·

• 곧 설명하겠지만, 여기서 9년이란 '의과대학(의학전문대학원) 과정 4년'+'레지던트 훈련 과정 5년'을 말한다.

외과·소아과 등의 전문 분야에 대한 임상 지식을 평가한다. 3차 시험은 레지던트 훈련 과정 1년 차에 치르며, 1차와 2차 시험 때 공부했던 교과서 지식의 임상적 응용을 현장에서 평가한다. 훈련생이 3차 시험을 통과하고 1년 차 과정(이 부분을 인턴 과정이라고 한다)을 수료하면, 주州 면허를 받아 자신만의 간판을 걸 수 있다. 옛날에는 그런 식으로 많은 의사가 탄생하여 문자 그대로 개업의로서 의사의 길에 들어섰다.

그러나 요즘에는 대부분의 의대 졸업생이 (인턴 과정에 만족하지 않고) 레지던트 훈련 과정을 끝까지 수료하며 특별한 전문 지식을 습득한다. 정규 레지던트 프로그램은 19세기 말에 시작되었다. 실전 경험을 쌓고 자신과 의료 기관 모두의 재정적 부담을 최소화하기 위해, 훈련생들은 수도승 같은 조건으로 병원에 입주한다. 그들은 문자 그대로 레지던트(상주자)이며, 때로는 그 상태에서 (우두머리가 "충분히 훈련받았다"라고 선언하고 전권全權을 부여할 때까지) 무한정 기다리기도 한다.

오늘날 정형외과의 레지던트 훈련 기간은 5년이다. 훈련생들은 그동안 정형외과의 모든 하위 전문 분야에 노출되며, 지식·기술·판단력이 늘수록 환자 관리에 대한 책임도 는다. 그들은 자기 무능을 모르는 상태("야, 해본 적 없지만 쉬워 보여.")에서 첫걸음을 내디딘다. 약간의 어쭙잖은 경험이 쌓이면, 무능한 것을 아는 상태("이거 보이는 것만큼 쉽지 않아.")로 발전한다. 뒤이어 주의를 기울이면 할 수 있는 상태("신중히 한 단계씩 밟으면 할 수 있어.")가 찾아온다. 그 후 다년간의 실습으로 점차 의식하지 않아도 할 수 있는 상태("이거 쉽군, 나 방금 해냈어.")로 진화한다.

레지던트들은 서로서로, 특히 1년 선배에게 많은 것을 배운다. 1년 선배는 '주의를 기울이면 할 수 있는 상태'로, 머릿속에 신기술을 습득하는 데 필요한 단계가 선명히 새겨져 있기 때문이다. 우리는 간혹 재미 삼아 (지나친 단순화의 위험을 감수하고) 레지던트 경험을 다음과 같이 기술한다. "한 가지를 볼 때마다, 직접 해보고, 후배에게 가르친다."

모든 탐색·실행·가르침이 수술실에서만 이루어지는 것이 아니라는 사실을 알면 마음이 한결 가벼워질 것이다. 레지던트들은 외과 실습실에서 (실생활 조건을 근사하게 모사한) 플라스틱 골격 모형을 이용해 각종 기법을 갈고닦을 수 있다. 또한 모든 수술의 요체는 해부학을 철저히 이해하는 것이므로, 훈련생들은 근골격계 해부학 지식을 공고히 하고 해부 기술을 향상시키기 위해 시신 해부에 많은 시간을 할애한다. 우리 모두는 자신의 시신을 의과대학에 기증한 분들께 감사드려야 한다.

첨언하면, 레지던트 프로그램은 모든 훈련생에게 약간의 연구활동을 요구한다. 연구활동은 전문 분야를 발전시키는 데 도움이 되며 실험적 방법과 엄밀한 비판적 사고에 훈련생들을 노출시킨다. 설사 나중에 새로운 논문을 발표하거나 출판하지 않더라도, 직접적인 연구활동 경험은 다른 연구에서 알짜 정보를 쉽게 얻어내는 능력을 배양하도록 한다.

정형외과 레지던트 훈련생들은 1년에 한 번씩 정형외과훈련중시험Orthopaedic In-Training Examination, OITE이라는 표준 시험을 치른다. 포괄적인 객관식 시험으로, 그 결과는 모든 훈련생에게 백분위(같은 해에 미국 전체에서 훈련을 받는 총 700명의 정형외과 레지던트 중에서 몇 퍼센트에 해당하는지)로 통보된다. 레지던트 훈련 책임자는 OITE 결과를 이용하여 각 훈련생의 진척도를 파악하고, 만족스럽지 않은 훈련생들을 대상으로 개선 조치를 취하는데, 드물지만 퇴출도 포함된다.

최근에는 거의 모든 정형외과 레지던트 훈련 과정 이수자들이 1년을 더 투자하여 하위 분야 펠로십 과정을 이수한다. 펠로십 과정은 종종 다른 의료 기관에서 시행되는데, 구체적인 분야로는 손, 어깨와 팔꿈치, 발과 발목, 척추, 종양학, 소아과, 스포츠의학, 외상, 관절 전치환술total joint reconstruction이 있다. 펠로십 훈련생은 이 기간에 해당 분야의 '숙달된 조교' 1명 이상과 함께, 하위 분야에서 다루는 가장 복잡한 질환을 치료하는 데 필요한 지식과 기술을 습득한다.

대부분 병원에서 요구하는 자격증인 전문의 면허를 취득하기 위해 풋내기 정형외과 의사는 미국정형외과위원회American Board of Orthopaedic Surgery가 시행하는 2단계 시험을 치러야 한다. 1단계 시험은 객관식 시험이고, 2단계 시험은 2년간의 실무 경험을 쌓은 후 치르는 4개의 25분짜리 구두시험이다. 각각의 구두시험은 2명의 시험관 앞에서 치르게 되는데, 그들은 지원자들이 치료한 환자 12명의 진료 기록의 세부 내용을 철저히 파헤친다. 정밀 검토를 위해 지원자들은 시험관들에게 모든 의료 및 청구 기록과 영상의학 자료를 제출해야 한다. 2차 시험을 통과한다면, 사면초가에 몰렸던 젊은 정형외과 의사는 최소한 12년(의과대학 4년, 레지던트 5년, 펠로십 1년, 실무 경험 2년)의 교육과 10번의 시험을 통과한 셈이 된다.

그렇다면 이제 시험에서 해방된 것일까? 천만의 말씀. 면허를 보유한 정형외과 전문의(그리고 대부분의 다른 전문의)는 10년마다 인증위원회에 출석하여 능력 유지를 증명해야 한다. 뼈 의사가 자기 일을 즐기고, 최신 동향을 습득하며 능력을 기꺼이 유지한다는 것은 바람직한 일이다. 인증위원회의 검사를 통과한다면 대중에게 그것을 증명한 셈이 된다.

레지던트들은 훈련을 마친 후 늘 '간판을 어디에 걸 것인지'를 곰곰이 생각한다. 다양한 연구에 따르면, 1명의 정형외과 의사는 1만 7000~2만 명의 근골격계 질환을 관리할 수 있으며, 보조 의사physician assistant[•]와 간호사의 도움을 받는다면 더 많은 환자를 돌볼 수 있다고 한다. 다른 식으로 생각하면 2만 명으로 구성된 진료권[••]이 한 명의 뼈 의사를 먹여 살릴 수 있다는 것이다. 다른 분야의 전문의와 비교하면, 그만한 규모의 진료권은 10명의 일차 진료의를 필요로 한다. 모든 젊은 개업의가 "당신을 필요로 하는 곳으로 가라"라는 격언을 따르는 것은 아니다. 샌디에이고를 비롯한 대도시는 모든 종류의 전문의가 포화 상태인 데 반해, 그보다 열악한 중소 도시는 종종 의사가 부족하다. 그러나 의사의 분포는 시행착오를 거쳐 평준화되는 경향이 있다.

모든 것은 자기 하기 나름이다. 젊은 정형외과 의사 중 절반은 2년간의 실무 경험을 쌓는 동안 신분이 달라진다. 다음 장에서 살펴보겠지만, 설사 벽지에 자리 잡더라도 세계적으로 두각을 나타내며 '정형외과계 거인'으로 등극할 수 있다.

• 소정의 훈련과 교육을 받고 시험을 거쳐, 의사의 감독하에 병력 작성, 각종 검사, 진찰, 치료 및 간단한 수술 등 의사가 행하는 업무 중 일부를 수행할 수 있는 사람. P. A.라고 약기한다.

•• 어떤 의료 시설 또는 의료 시설군의 진료 행위가 미치는 지역의 범위, 또는 의료 시설 이용자의 현주소의 분포 범위.

6장

정형외과계의 여섯 거인들

이 장에서는 6명의 정형외과 의사들을 소개하려 한다. 그들은 "당신을 필요로 하는 곳으로 가라"라는 충고를 받아들여 독특한 환경에 자리 잡은 다음, 뼈 질환 치료법의 발전에 창의적이고 기념비적으로 공헌한 사람들이다. 앞에서 이미 휴 오언 토머스와 그의 조카 로버트 존스를 강조한 바 있다. 그들이 1800년대 후반에 이룬 업적은 정형외과학을 '손상되고 감염된 사지 절단'과 '구루병과 폴리오로 인해 변형되고 약화된 사지 치료'라는 전통적인 범위 너머로 확장했다. 존스는 그 공로를 인정받아 영국 왕실로부터 기사 작위를 수여받았다.

또 한 명의 영국 출신 의사로 기사 작위를 받은 사람이 있었으니, 20세기 중반에 엉덩관절 전치환술total hip replacement을 개척한 존 찬리John Charnley다. 20세기 초반까지만 해도 60대와 70대까지 생존한 사람 중 상당수는 마모성 퇴행관절증wear-and-tear degenerative joint disease(골관절염)으로 모진 고생을 했다. 손가락 하나에만 골관절염이 생겨도 관절이 뻣뻣해지고 울퉁불퉁해지며 고통스럽다. 손가락 여러 개에 골관절염이 오면 다른 손가락에 일을 넘김으로써 그럭저럭 버틸 수는 있다. 그러나 염증이 엉덩관절을 침범해 부드럽고 미끌미끌한 연골을 마모시킨다면 상황이 완전히 달라진다. 뼈의 표면끼리 서로 마찰하므로 길을 걸을 때도 통증을 느끼고, 계단을 오르거나 의자에서 일어날 때는 통증이 악화되기 때문이다. 수천 년 동안 수술을 제외하면 지팡이·목발·휠체어가 유일한 해결책이었는데, 수술조차 원시적일 뿐만 아니라 효과도 미미했다.

외과적 치료의 원조는 골반과 마찰되는 넙다리뼈 말단의 울퉁불퉁한 부분을 잘라내는 것이었다. 그렇게 하면 통증을 줄일 수 있지만 사지가 짧아지고 불안정해진다는 것이 문제였다. 오늘날 수의사들은 엉덩관절염에 걸린 반려견에게 그와 동일한 수술을 시행하지만, 반려견들은 두 다리가 아니라 네 다리로 체중을 지탱하고 걷기 때문에 우리보다 사정이 낫다.

1840년 전신마취가 발견되고 나서 외과 의사들은 엉덩관절의 마모된 표면 사이에 다양한 물질을 삽입하기 시작했다. 그들의 독창성에는 한계가 없었고, 20세기에야 비로소 자리 잡기 시작한 사전 동의를 받을 필요도 없었다. 장담하건대 그들은 히포크라테스의 "첫째로, 환자에게 해를 끼치지 말라"라는 가르침을 따랐겠지만, 염증에 걸린 관절 표면 사이에 삽입된 다양한 물질이 얼마나 해로울지는 해보지 않고서 알아낼 방법이 없었다. 그래서 그들은 지방, 근육, 돼지 방광, 셀룰로이드, 왁스, 유리, 고무, 얇은 아연·마그네슘·은 판을 닥치는 대로 삽입해봤다. 맨체스터십운하 공사로 이름을 날린 로버트 존스는 심지어 금박을 삽입했다.

그런데 맞닿은 관절 표면 사이에 삽입했을 때 문제가 발생하는 물질도 있었다. 우선 인체가 삽입된 이물질에 관용을 베풀지 않고 거부반응을 보인다면 낭패였다. 다음으로, 최소한 일부 운동을 회복하고 통증을 줄이기 위한 절차가 필요했다. 초기의 덧씌우기 노력이 번번이 실패하자, 연구자들은 덧씌우기를 포기하고 치환에 눈을 돌렸다. 그들은 고무, 상아, 다양한 금속제 절구관절 요소 등을 차례로 시도했지만, 완벽한 관절 치환술은 새로운 문제를 불러왔다. 이식물과 (이식물이 자리 잡은) 골격 부위 사이의 흔들림이나 피스톤 현상을 방지하려면 인공관절 요소들이 환자의 골반과 넙다리뼈에 안전하게 고정되어야 했다. 1891년, 베를린의 테미스토클레스 글루크Themistocles Gluck는 금속제 나사에 이어 석고붕대, 부석• 분말, 수지의 혼합물을 이용해 상아 이식물의 고정을 시도했지만 모두 실패했다.

20세기의 전반부에 유럽과 미국의 혁신적인 정형외과 의사들은 다양한 고정 기법과 다양한 합금으로 만든 여러 가지 형태의 엉덩관절 전치환술 요소를 실험했다. 엉덩관절 전치환술을 실용화하여 널리 보급한 사람은 영국의 존 찬리였다. 그는 (로버트 존스가 훈련받은) 맨체스터 지역 정형외과 의사들의 영향력하에서 초기 의사 경력을 쌓았다. 그 당시 정형외과는 여전히 하잘것없는 분야로 여겨졌으므로 왕성하고 혁신적인 정신의 소유자인 찬리의 관심을 끌지 못했다. 그는

• 화산분출물 중에서 지름 4밀리미터 이상의 다공질 암괴. 속돌, 경석輕石이라고도 한다.

제2차세계대전 때 왕립육군의무부대Royal Army Medical Corps의 일원으로 이집트에 배치되어, 다양한 정형외과 보조기와 수술기구를 개발하는 엔지니어들과 함께 작업했다. 병역을 마친 후에는 뼈 이식과 골절 치료를 집중적으로 연구하다, 궁극적으로 엉덩관절 전치환술이라는 굵직한 문제에 몰두했다. 그러던 중 1950년대에 한 환자의 통명스러운 불평이 그에게 발동을 걸었다. 인공관절 치환술을 시술받은 환자가 그를 향해, "식탁에 기댈 때마다 엉덩관절이 크게 삐걱대는 바람에 아내가 신경질을 내며 방을 뛰쳐나가요"라고 투덜댄 것이었다. 그 사건을 계기로 찬리는 저마찰 엉덩관절 치환술을 완성하는 데 평생을 바쳤다. '저마찰'이란 삐걱대지 않을 뿐 아니라, 부드럽게 미끄러지기 때문에 마모되지 않는다는 것을 암묵적으로 의미했다.

호기심과 혁신 정신에 이끌려 찬리는 두 번이나 자가 실험에 몸을 내던졌다. 첫 번째 실험은 한 동료에게 부탁하여 자기의 다리에 실험적인 뼈를 이식한 것이었다. 그는 후유증으로 세균에 감염되어 여러 번에 걸친 수술을 통해 간신히 회복했다. 두 번째 실험은 자신이 설계한 엉덩관절 전치환 시제품의 '마모된 찌꺼기'를 자신의 허벅지에 주입한 후 염증 반응을 관찰한 것이었다.

찬리는 초기 부분품 중 일부를 자신의 집에서 선반lathe을 이용해 직접 제작했는데, 그 선반은 자신의 발명품에 대한 로열티로 구입한 것이었다. 1950년대 후반, 그는 다양한 경질硬質 플라스틱을 실험하다 삐걱대지 않는 테플론(PTFE)이 관절의 소켓(절구) 부분에 안성맞춤이라는 결론에 도달했다. 신이 난 찬리는 그 단점이 명백해지기 전까지 300명의 환자에게 PTFE를 이식했다. 300명이 이식을 받을 때까지 단점을 발견하지 못한 이유가 뭐였을까? PTFE는 1년 동안 끄떡없었지만, 2년째에 들어 내구성이 감소했고, 3년째에는 내구성을 완전히 상실하여 찌꺼기가 문제를 일으켰기 때문이었다. 인체는 엉덩관절의 움직임으로 인해 발생한 찌꺼기 입자를 외래 물질로 간주, 염증 반응으로 대항함으로써 통증, 발열, 부기, 발적redness을 초래했다. 유일한 해결책은 인공관절을 제거하는 것이었다. 찬리는 심란했지만, 환자들은 그렇지 않았다. 그들은 이구동성으로 수술 덕분에 여러 해 동안 통증에서 해방되었던 것을 고마워했다.

방직업에서 플라스틱을 사용하기 시작한 1962년, 한 외판원이 병원을 방문하여 독일제 플라스틱 의류를 판매했다. 그는 거의 알려지지 않은 특수 폴리에틸렌 제품을 잔뜩 선보였는데, 매우 단단하고 치밀하다는 점이 인상적이었다. 흥미가 동한 병원의 구매 담당자는 찬리의 연구실 책임자에게 그것을 건네줬다. 찬리는 엄지손가락으로 찔러본 후 '시간 낭비하지 말라'라며 시큰둥한 반응을 보였지만, 그 연구자는 즉시 내마모성을 테스트하기 시작했다. 3주 동안 불철주야 테스트한 결과, 그 소재는 PTFE가 하루 동안 마모된 것보다도 덜 마모된 것으로 나타났다. 찬리는 나중에 이렇게 술회했다. "우리는 한순간도 눈을 떼지 않았다."

그러나 두 가지 난제가 남아 있었다. 하나는 글루크가 수십 년 전 해결하지 못했던 것으로, 인공적 요소를 뼈에 고정함으로써 이식물이 느슨해지지 않도록 하는 것이었다. 아교는 습한 표면에 달라붙지 않았다. 그러나 치과 의사들은 아크릴수지 시멘트로 치과 임플란트를 턱뼈에 고정하는 식으로 그와 비슷한 문제를 해결한 적이 있었으므로, 찬리는 엉덩관절 전치환술에 대해서도 그 방법의 잠재력을 인정했다. 수술실에서 스크럽 테크니션scrub technician•이 분말 및 액상의 아크릴수지를 혼합하여 크림상 반죽으로 만들면, 찬리가 그것을 넘겨받아 '준비된 뼈 표면'에 바른 후 엉덩관절 전치환술 요소를 배치했다. 아크릴수지는 뼈와 이식물 사이의 불규칙한 부분을 메운 후, 수 분 내에 단단해졌다. 그 덕분에 엉덩관절 전치환술 요소와 뼈 사이에서 앞뒤로 작용하는 힘이 넓고 균일하게 분산될 수 있었다. 그 소재는 잘 작동했으며, 오늘날에도 사용되고 있다. 말이 나온 김에 말인데, 동일한 아크릴수지가 '플렉시글라스 앤 루사이트Plexiglas and Lucite'라는 제품으로 출시되어 있다.

찬리를 괴롭혔던 또 한 가지 문제는 세균이었다. 커다란 금속 및 폴리에틸렌 요소를 커다란 절개 부위에 이식하려면 상처 감염의 위험을 감수해야 했다. 상처가 감염되면 구성 요소를 제거하는 수밖에 없었는데, 그건 원조 수술에서 넙다리뼈의 울퉁불퉁한 부분을 잘라내는 것이나 마찬가지였다. 세균은 수술실의 공기 중에 떠다니기 마련이었으므로, 그중 일부가 상처로 흘러 들어가거나 수술기구에 정착한 후 상처로 이동할 가능성이 컸다. 찬리는 고심 끝에 3단 공격법을 개발했다. 그는 일종의 '우주복'을 고안해내어 수술진 전원에게 착용하게 했다. 다음으로 각각의 우주복에 환기 시스템을 장착하여, 그들을 (머리부터 발가락까지 수술실의 공기에서 격리되어 있음에도) 편안하게 해줬

• 집도의가 들어오기 전에 멸균 영역을 세팅하는 기술자. 이후에 집도의를 비롯한 수술팀이 들어오면, 스크럽 테크니션이 가운을 입혀주고 장갑을 끼워준다.

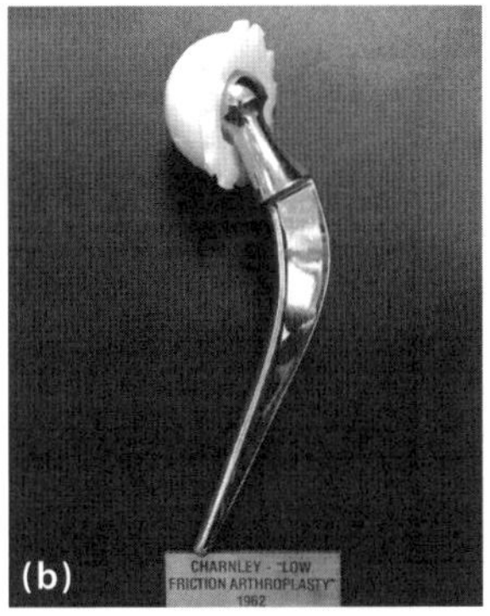

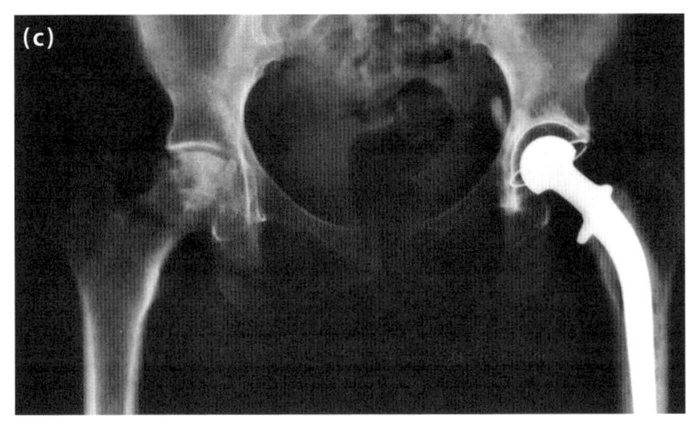

(a) 존 찬리 경은 수술진 전원에게 감염 위험을 감소시키는 '우주복'을 착용하게 했다. (b) 인공 엉덩관절은 폴리에틸렌 컵과 금속제 절구관절 요소로 구성되어 있다. 폴리에틸렌 컵은 골반에 고정되고, 절구관절 요소는 넙다리뼈에 삽입된다. (c) 새로운 엉덩관절 요소와 폴리에틸렌 컵이 배치된 모습을 보여주는 엑스선 사진. 찬리의 오리지널 디자인이 성공을 거둔 후 수많은 아류가 쏟아져 나왔는데, 이 사진은 그러한 아류 중 하나다.

다. 마지막으로, 찬리는 수술실의 환기 시스템에 고효율 필터를 추가해 수술실로 유입되는 대부분의 세균과 먼지 입자를 걸러냈다. 나아가 여과된 공기의 흐름을 층류laminar flow 방식으로 전환함으로써 여과된 공기가 절개 부위 주변에 늘 머물도록 했다.

1960년대 후반, 찬리는 방금 언급한 두 가지 문제를 완전히 해결함으로써 엉덩관절 전치환술의 실용성과 안전성을 확립했다. 전 세계의 정형외과 의사들은 엉덩관절 전치환술을 배우기 위해 그의 진료실 문턱이 닳도록 드나들었다. 그들이 찬리의 도구 일체를 들고 고향으로 돌아가기 전에, 찬리는 2시간 30분 동안의 저자 특강을 통해 두 가지 사항을 당부했다. 하나는 자신의 수술 기법과 결과를 충실히 재현하라는 것이었고, 다른 하나는 (자신을 본받아) 미래의 분석에 사용하기 위해 모든 사항을 늘 꼼꼼히 메모하라는 것이었다.

모든 외과적 이식 기법이 그렇듯, 엉덩관절 전치환술의 구성 요소와 형태는 세련화를 거듭했다. 그리하여 오늘날 미국에서만 매년 30만 명의 사람들이 엉덩관절 전치환술을 시술받아, 거의 1퍼센트의 미국인이 한 번 이상 그 혜택을 누리게 되었다. 삶의 질 향상이라는 측면에서 볼 때, 엉덩관절 전치환술의 공로는 약물을 이용한 고혈압 치료, 투석을 이용한 만성 신부전 치료, 스텐트stent와 우회로 조성술bypass graft을 통한 관상동맥 질환 치료에 버금간다.

찬리의 성과를 바탕으로, 다른 정형외과 의사들은 관절염에 걸린 무릎과 어깨에 대한 유사한 치환술을 개발하여 성공을 거뒀다. 다른 부위는 멀쩡한 사람들이 심각한 관절염과 부풀어 오른 관절 때문에 고통을 겪는다고 생각해보라. 그들은 몸을 움직일 때마다 좌절감을 느끼게 될 것이다. 찬리는 현대 의학에 기념비적인 업적을 남겨 영국 왕실로부터 기사 작위를 받았다.

살아생전에 공로를 인정받아 포상을 받은 존 찬리와 달리 다른 정형외과 선구자들은 그다지 빛을 보지 못했다. 이는 정형외과에만 국한된 현상이 아니다. 역사를 통틀어 동시대인들은 독창적인 사상가들을 무시하고 깎아내리고 비하하는 습관이 있다. 갈릴레오는 '지구가 우주의 중심이 아니다'라고 주장한 죄로 가택 연금을 당했다. 내가 아는 범위에서 가택 연금을 당한 정형외과 의사는 없지만, 살아생전에 (철저하게 무시당한 것까지는 아니더라도) 명성과 영예를 누릴 때까지 험하고 먼 길을 걸었던 선구자들을 몇 명 소개하고자 한다.

첫 번째 인물은 폴란드 출신의 가브릴 일리자로프Gavriil Ilizarov다. 그는 제2차세계대전 동안 크림반도와 카자흐스탄의 의과대학을 다닌 다음, 아무런 실무 경험 없이 시베리아의 쿠르간에 있는 병원에 일자리를 얻었다. 전쟁으로 갈가리 찢긴 그곳은 모스크바에서 동쪽으로 2000킬로미터 떨어진 오지였으므로, '시대를 앞서가는 의학의 중심지'와는 전혀 동떨어져 있었고 (여간해서 낫지 않는) 감염된 골절상으로 신음하는 참전 용사들이 넘쳐났다. 수요는 많지만 자원이 턱없이 부족한 상태에서 그는 (아무런 선입견이나 사심 없이) 치유 중인 정강뼈나 넙다리뼈를 지지할 외부 고정 틀을 개발했다. 먼저 (다른 사람들이 전에 그랬던 것처럼) 골절 부위의 양쪽 뼈에 수직으로 핀을 박은 다음, 박히지 않은 부분을 피부 밖으로 넉넉히 노출시켰다. 다음으로 노출된 핀을 (환부를 빙 둘러싼) 금속제 고리와 연결했다. 마지막으로 환부의 위아래에 여러 개의 금속제 고리를 끼운 다음, 모든 고리에 (수직으로 배열된) 금속 막대를 끼워 고정함으로써 외부 고정 틀을 완성했다. 그의 발명품은 나삿니가 있는 금속 막대를 수직 버팀대로 사용했다는 점에서 기존의 것과 달랐다.

1955년, 일리자로프는 시베리아 오지 병원의 외상 및 정형외과 치료 책임자로 임명되었다. 자원이 부족해 임기응변을 발휘해야 했던 그는 뼈를 관통하는 핀 대용으로 자전거 바큇살을 사용했다. 그의 아이디어는 멋지게 적중했다. 자전거 바퀴에서 허브hub와 림rim을 연결해주는 것처럼, 바큇살은 외부 고정 틀에서 뼈와 금속제 고리를 안정적으로 연결해주었다.

고정 틀이 '맞닿은 뼈 말단'들을 꽉 잡아준다면 조골세포가 활동을 개시하여 궁극적으로 골절이 치유된다. 그러나 뼈 말단 사이의 간격이 문제가 될 수 있다. 조골세포의 점프력에는 한계가 있어 '배수로'를 건널 수는 있어도 '협곡'을 건널 수는 없기 때문이다. 그 간격을 메우기 위해, 일리자로프는 렌치를 이용해 (나삿니가 새겨진) 금속 막대를 매일 조금씩 돌려 고리 사이의 간격을 매일 미세하게 줄여나갔다.

간격이 넓은 환자들의 경우, 일리자로프는 '연속 조정법'을 시범 보임으로써 가정에서 스스로 간격을 줄이게 했다. 간격이 줄어들려면 수 주의 시간이 필요했는데, 한 환자는 헷갈린 나머지 렌치를 반대 방향으로 돌리는 바람에 골절의 간격이 줄어들기는커녕 더 벌어졌다. 그런데 놀라운 것은 간격이 벌어지는 속도가 매우 느렸기 때문에 골절이 어떻게든 치유되었다는 것이다. 그것은 조골세포가 만든 콜라겐과 수산화인회석 덕분이었는데, 그 '미세한 일꾼'들은 할 일이 점점 많아지는 줄도 모르고 투덜대지 않고 맡은 바 임무를 다한 것이었다.

종전에 다른 외과 의사들은 외부 견인external distraction으로 사지를 연장했는데, 그로 인해 발생한 틈은 늘 환자의 다른 부위에서 떼어낸 뼈로 메워졌다. 그런 경우 자가이식용 뼈 수확을 위한 추가 수술이 불가피했으며, 공여 부위에 통증·변형·불구가 발생할 위험이 있었다. 그

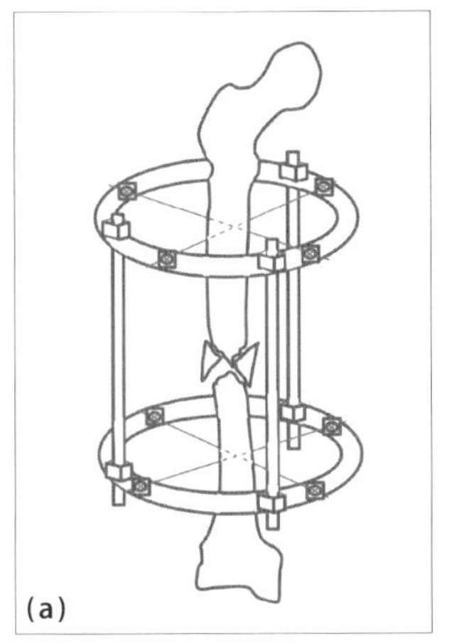

(a) 외부 고정 틀은 (전통적인 치료법으로는 불가능했던) 복합 골절의 치료에 혁명을 가져왔다. 심각하게 손상된 뼈를 지지하는 데 사용된 이 외부 고정 틀에서, 뼈를 관통한 핀은 자전거 바퀴살에서 가져온 것이었다. (b) 외부 고정 틀의 발명가인 가브릴 일리자로프 박사(왼쪽)가 유명한 환자인 올림픽 높이뛰기 금메달리스트 발레리 브루멜과 함께 걷고 있다. 브루멜은 오른쪽 다리에 일리자로프의 고정 틀을 착용하고 있다.

런데 어떤 특별한 순간, 일리자로프는 '뼈의 말단을 양쪽에서 아주 서서히(하루에 6번씩 총 0.16센티미터) 당길 경우, 그 사이에 새로운 뼈가 들어 찬다'라는 사실을 발견했다. (막대 과자를 세게 잡아당기면 끊어지지만, 천천히 당기면 늘어나는 것처럼 말이다.) 더욱이 일리자로프는 단축하기·비틀기·돌리기의 조합으로 치유 중인 뼈를 교정할 수 있다는 사실도 깨달았다. (막대 과자를 서서히 비틀면서 구부리면, 원하는 모양으로 된다.)

일리자로프는 이 치료법을 널리 보급했고, 환자들은 그를 '쿠르간의 마법사'라고 불렀다. 그럼에도 모스크바의 의료계는 그를 돌팔이로 간주하며 그의 빛나는 업적과 명성을 깎아내렸다. 하지만 러시아의 높이뛰기 선수인 발레리 브루멜Valeriy Brumel이 (올림픽에서 금메달을 딴 다음 해인) 1965년 오토바이 사고로 다리가 부러진 후 상황이 바뀌기 시작했다. 러시아에서 3년 동안 치료를 받았지만 별무소용이었던 그는, 일리자로프의 명성을 듣고 쿠르간으로 찾아와 그에게 치료를 맡겼다. 그 결과 브루멜은 205.74센티미터를 뛰어넘어 재기에 성공했다. 그 기록은 자신이 종전에 세운 세계기록에 17.78센티미터 못 미쳤지만, 수년간 부상 때문에 절뚝거렸던 사람으로서는 대단한 기록이었다.

브루멜을 치료하는 데 성공했음에도 일리자로프가 정형외과의 발전에 기여한 바는 그에 걸맞은 인정을 받지 못했다. 1970년대에 그는 24개의 수술실, 168명의 의사, 약 1000개의 병상을 보유한 세계 최대의 정형외과 센터를 이끌었지만 의료계의 평가는 인색하기 짝이 없었다.

그러던 1980년, 유럽의 의사들에게 '가망이 없다'라는 판정을 받은 이탈리아의 한 탐험가가 일리자로프에게 도움을 요청했다. 그 등반가는 10년 전 다리가 부러졌는데, 어긋난 채로 아무는 바람에 2.5센티미터가 짧아져 있었다. 일리자로프에게 치료와 연장술을 받은 후 크게 감동한 그는 일리자로프를 '정형외과의 미켈란젤로'라고 불렀다. 환자가 유럽으로 돌아간 후, 그의 치료 결과를 보고 화들짝 놀란 이탈리아 의사들이 일리자로프를 1981년 열린 유럽골절학회European fracture conference에 초청했다. 일리자로프는 세 차례 강연을 했는데, 소비에트연방 밖에서 자신의 치료 도구를 선보인 것은 그것이 처음이었다. 그는 강연이 끝난 후 10분 동안 기립 박수를 받았다.

뒤이어 많은 사람이 일리자로프의 외부 고정 하드웨어와 기법을 잇따라 개선했다. 오늘날 '치유되지 않은 골절', '불충분한 길이', '비틀리거나 돌아간 변형'이 수반된 사지는 렌치를 반대 방향으로 돌렸던 한 환자 덕분에 불구를 면할 수 있게 되었다. 누구나 할 수 있는 실수였지만, "역경은 '변장한 기회'에 불과하다"라는 것을 간파하고 실행에 옮기는 데는 천재가 필요하다.

정형외과계의 세 번째 거인인 와타나베 마사키渡辺正毅로 넘어가기 전에, 약간의 배경 정보가 필요하다. 직립보행을 시작한 직후 원시인의 호기심은 훨씬 커졌을 것이다. 전보다 더 멀리 볼 수 있기 때문이다. 소음에 이끌린 그들은 동굴 속을 들여다보거나, 네발 보행으로 자세를 바꾸곤 오소리 굴속으로 기어들었을 것이다. 가족의 입과 귓속도 들여다봤으리라. 그로부터 수많은 세대가 지난 후, 그들의 자손들은 금속제 관을 발명하여 모든 '자연적 구멍'을 통해 인간의 내부를 들여다봤다. 그러나 조명은 처음부터 신통치 않았으며, 특히 대장 항문 클리닉에서 동굴 속을 비춰주는 손전등은 만족스럽지 않았다.

1879년 토머스 에디슨Thomas Edison이 백열전구를 발명하면서 상황이 달라졌다. 그로부터 불과 7년 후, 2명의 독일인 의사가 강철제 관 말단에 장착한 미세한 전구를 이용하여 방광 속을 비추며 뭔가를 들여다보고 있었다. 전구의 열과 파손 위험이 문제였지만, 진취적인 의사들은 피부에 구멍을 뚫고 '전구 달린 관'으로 복부와 흉부를 관찰하기 시작했다. 1912년, 네덜란드의 의사 세베린 노르덴토프트Severin Nordentoft는 이러한 개념을 관절에까지 확장하여 관절경 검사법arthroscopy이라는 말을 만들어냈다. 그 후 전 세계에서 여러 명의 연구자가 (특히 문제점 많은 무릎에 대한) 관절경 검사법의 하드웨어와 기법을 지속적으로 개선했다.

항생제가 발견되기 전, 정형외과 의사의 시간을 거의 차지했던 질병은 결핵이었다. 웅크림과 무릎 꿇기가 오랜 문화적 전통인 일본의 경우에는 특히 그러했다. 1918년 다카기 켄지高木憲次는 방광경bladder scope을 이용하여 결핵성 무릎tuberculous knee을 검사하기 시작했다. 그의 목적은 (악성 무릎 경직stiff knee이 큰 불편을 초래하는 것을 방지할 수 있는) 초기 치료법을 발전시키는 것이었다. 그는 향후 20년 동안 12가지 버전의 관절경을 설계하고 테스트함으로써 지름을 점차 줄이고 더욱 우수한 광학 시스템을 적용했지만, 그중에서 궁극적으로 실용화된 것은 하나도 없었다.

제2차세계대전이 끝난 후, 다카기의 제자인 와타나베 마사키는 바통을 이어받아 관절경의 설계를 지속적으로 개선했다. 1957년, 와타나베는 자신의 연구 장면을 영상에 담아 에스파냐에서 열린 정형외과학 모임에서 상영한 후, 귀국하는 길에 유럽과 북아메리카의 주요 정형외과학 모임에서도 상영했다. 반응은 신통치 않았다.

와타나베는 흔들리지 않고 정진했다. 자신의 손으로 직접 렌즈를 연마한 끝에, 그의 스물한 번째 버전은 충분한 시야와 양호한 초점을 제공했다. 1958년 그는 세계 최초의 관절경을 탄생시켰지만, 끝부분의 백열전구가 파손되는 문제는 해결되지 않았다. 와타나베는 전 세계의 방문객들에게 자신의 기법을 가르쳤지만 그들이 고향에 돌아가 사용 결과를 보고하자 동료들의 비판(조롱은 아니었다)이 빗발치기 시작했다.

1967년 와타나베의 관절경에는 세계 최초로 광섬유 케이블이 도입되었다. 이제 '뜨겁고 연약한 전구'는 수술 부위에서 3미터 떨어진 곳에 머물며, 수천 다발의 미세한 광섬유 가닥을 통해 냉광cold light만을 무릎관절에 보낼 수 있게 되었다.

'더욱 양호한 조명 및 시각화'와 (작은 관절의 깊숙한 구석을 탐지할 수 있는) '더욱 작은 지름'이라는 상충하는 목표를 달성하기 위해, 와타나베는 최소한 3가지 이상의 업그레이드 버전을 출시했다. 최종 버전의 지름은 0.2센티미터 미만으로, 옷걸이 철사만 한 굵기였다. 나중에는 관절경에 미니 TV 카메라가 장착되어 레지던트·간호사·학생들이 TV 모니터를 통해 수술 장면을 지켜볼 수 있게 되었다. 이제 더 이상 (눈을 가늘게 뜨고 좁은 대롱에 부착된 접안렌즈를 들여다보는) 의사의 뒤통수를 응시할 필요가 없었다. 수술 후 마취에서 깨어난 환자들도 그 장면을 시청할 수 있었고, 가족들도 녹화된 비디오를 통해 (비록 몇 분 동안이지만) 말로 다 할 수 없는 기쁨을 누릴 수 있었다.

관절경 검사법의 하드웨어 및 설계가 더욱 발전하자 전 세계적으로 관심이 폭발하기 시작했다. 관절경 검사법의 당초 용도는 진단이었지만, 치료용으로 거듭나는 것은 시간문제였다. 병리 현상을 실시간으로 들여다보며 치료할 요량으로 의사들은 관절경에 나타난 관절을 면밀히 연구하기 시작했다. 처음에는 미세한 수동식 절삭기와 절단기가 도입되었다가, 나중에 전동식으로 진화하여 관절경을 이용한 진단 및 치료를 가능케 했다. 오늘날의 외과의들은 최신 기법과 도구를 이용해 관절 속의 특정 부위를 봉합할 수도 있는데, 그런 최소 침습 수술minimally invasive surgery, MIS 덕분에 더욱 신속하고 성공적인 재활이 가

와타나베 마사키가 선구적인 관절경을 개발한 이후 추가적인 발전이 꼬리에 꼬리를 물었다. 이 현대적인 버전은 지름이 0.3센티미터 미만으로, 손과 발의 작은 관절 속까지 들어갈 수 있다.

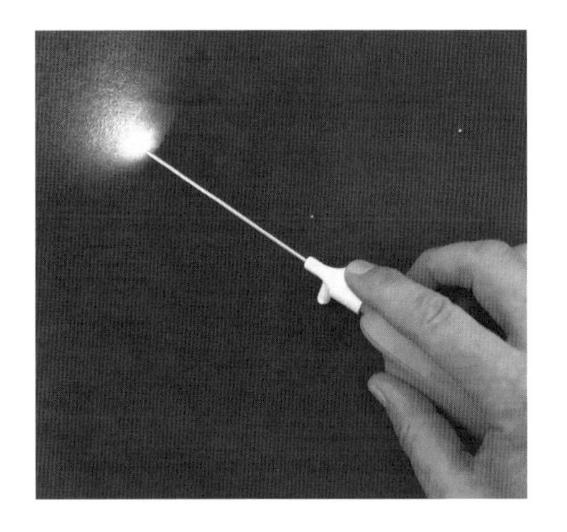

능하게 되었다. 무릎관절은 커다랗다는 장점 때문에 혁신의 출발점이 되었지만, 오늘날 정형외과 의사들은 어깨, 팔꿈치, 손목, 엉덩이, 발목의 관절에 관절경 검사법을 일상적으로 적용한다. 장담하건대, 횃불과 몽둥이를 손에 들었던 우리의 혈거인 조상들은 후손들의 약진을 흡족해하리라.

1950년대에 영국에서 존 찬리가 엉덩관절 전치환술을 완성했을 즈음, 미국에서는 폴 해링턴Paul Harrington이 나타나 골치 아픈 척추 문제를 해결했다. 참고로, 뱀의 경우에는 몸을 좌우로 흔들며 전진하기를 무수히 반복하다 보니 척추가 자연히 휘게 되었다. 그와 대조적으로 인간의 척추는 뱀만큼 유연하지 않다. 물론 좌우로 약간 구부러질 수는 있지만, 똑바로 서 있을 때는 통상적으로 꼿꼿하다. 만약 인간이 차려 자세로 섰을 때 척추가 엉뚱한 방향으로 구부러져 있다면, 그러한 불균형은 시간이 갈수록 악화되어 저신장증과 척추옆굽음증scoliosis

을 초래하며, 흉곽을 비틀어 그 속의 심장과 폐를 압박하게 된다.

심장과 폐가 눌리면 혈류와 호흡이 억제되어 죽음의 그림자가 서서히 드리우게 된다. 20세기 중반에는 폴리오로 인한 근육 불균형이 (심신을 약화시키는) 변형의 주요 원인이었으며, 정형외과 의사들은 다양한 척추 스트레칭 운동과 보조기를 이용하여 변형을 교정하거나 최소한 진행을 늦추려 노력했다. 독자들도 상상하겠지만, 골반 윗부분의 정렬 상태를 금속 버팀대, 가죽끈, 말총 패드로 유지하는 것은 불가능한 일로 판명되었다. 환자의 쾌적함 따위는 고려 사항이 아니었음이 분명하며, 외과적 교정을 위한 노력도 고문에 가까웠을 것이다.

자진해서 그런 것은 아니었지만, 폴 해링턴은 변화를 일으키기에 적절한 시간과 장소에 있었다. 그는 캔자스에서 성장하여 캔자스대학교 야구팀이 3번 연속 우승하는 데 기여했다. 대학교를 졸업한 후에는 의대에 진학하여 캔자스시티에서 정형외과 레지던트 과정을 마쳤다. 제2차세계대전 때 해외에서 근무한 후 돌아왔을 때 일자리가 별로 없었다. 그는 아무도 원하지 않는 휴스턴의 병원에 지원하여, 폴리오 클리닉의 외과 의사로 취직했다.

폴리오는 그 당시 유행하던 전염병으로, 병원체는 아직 밝혀지지 않았으며 조너스 소크Jonas Salk의 예방 백신이 나오려면 10년을 더 기다려야 했다. 폴리오 후 척추옆굽음증으로 고생하는 수많은 어린이 및 청소년과 맞닥뜨린 해링턴은, 병원에 보조기를 납품하는 업체와 손을 잡았다. 해링턴은 그들에게서 스테인리스강 갈고리를 납품받아 척추의 휘어진 부위 위아래에 외과적으로 부착했다. 그런 다음 그 갈고리를 특수 지지대(톱니바퀴가 새겨진 쇠막대)에 연결하고, 구부러진 척추를 (자동차를 잭•으로 들어 올리는 것과 똑같은 원리로) 단계적으로 폈다. 마지막으로 척추의 재정렬된 부위가 융합될 때까지 기다렸다.

수술이 끝난 후 환자는 융합이 견고해질 때까지 움직이지 말아야 했다. 그러려면 수개월 동안 침상에서 안정을 취한 후, 턱에서부터 엉덩이까지 깁스를 한 채 몇 달 동안 더 버텨야 했다. 간혹 갈고리가 빠지거나, 지지대가 부러지거나, 감염이 일어나거나, 척추가 융합되지 않는 일이 벌어지기도 했다. 그럼에도 해링턴은 동요하지 않고 모든 환자의 상태를 꼼꼼히 메모하며 기구와 수술 기법과 수술 후 요법post-operative regimen의 완성도를 점차 높였다. 이처럼 세심한 주의를 기울인 덕분에, 수백 명의 환자를 치료하는 동안 합병증 발병률은 77퍼센트에서 0퍼센트로 감소했다.

1958년, 해링턴은 자신의 성과를 미국정형외과학회American Academy of Orthopaedic Surgeons 연례 회의에서 발표했다. 대부분의 참석자는 그의 우상 파괴적 발표 내용에 경악, 회의, 조롱으로 대응했다. 그러나 몇 명의 정형외과 의사들은 그의 기법을 시도하는 쪽을 선택했다. 해링턴은 "일단 나의 진료실을 방문하여 수술 과정을 지켜보시오"라고 맞대응했다. 그를 지지하는 세력이 점차 늘어났다. 1960년, 《타임*Time*》 잡지는 이렇게 보도했다. "어떤 질병은 차라리 치료하지 않는 것이 나은데 척추옆굽음증이 바로 그런 예다. (…) 치료가 형벌과 진배없다 보니, '자녀를 영구적인 기형으로부터 구원하려면 치료해야 한다'라고 부모를 납득시킬 수가 없었다. 그런데 지난주 휴스턴의 외과 의사 폴

• 기어·나사·유압 등을 이용하여 무거운 것을 수직으로 들어 올리는 기구.

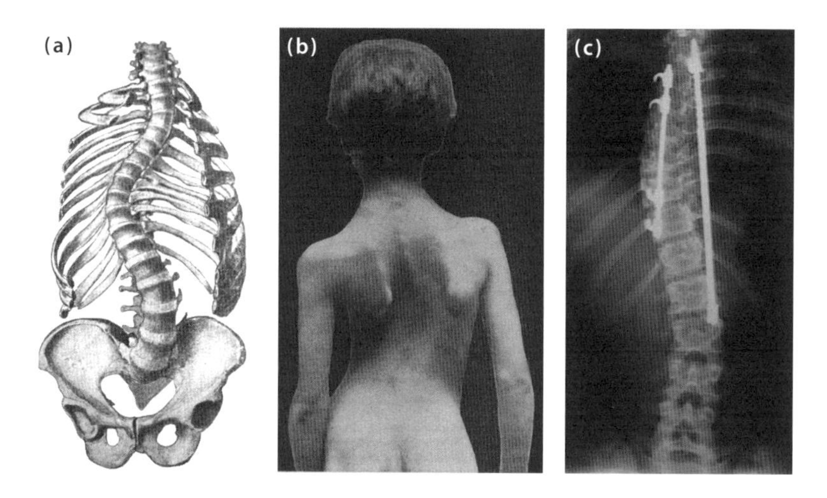

(a, b) 척추가 좌우로 구부러지면 미관을 해치고, 갈비뼈를 비틀며, 심장과 폐를 압박한다. (c) 해링턴지지대Harrington's rod는 오목면을 잡아당김과 동시에 볼록면을 눌러 척추를 안정화함으로써, 척추의 배열을 기능적·미적으로 개선한다.

해링턴 박사가 환자들을 고통에서 해방하는 치료법을 개발했다."

대부분의 혁신이 그렇듯, 더욱 진보된 기구가 등장하여 해링턴의 시스템을 대체했다. 이 기구는 즉각적인 안정화를 제공해 수술 후의 침상 안정 및 보조기 착용 필요성을 제거했다. 또한 새로운 기구들은 끔찍한 옆굽음증을 교정하는 동시에 자연스러운 앞뒤 곡선의 보존을 허용했다. 폴리오는 선진국에서 거의 사라졌지만, 해링턴의 선구적인 발명품은 아직도 척추 부상과 (다른 원인으로 인한) 척추옆굽음증에 요긴하게 사용된다. 알았든 몰랐든 해링턴은 '자신을 필요로 하는 곳'으로 갔으며, 특유의 근면 성실함으로 큰 결실을 보았다. 그러나 그는 개인적으로 이득을 취하지 않았다. 담대하고 기발한 시스템에 대한 특허를 출원하지 않아 세상을 널리 이롭게 한 것이다.

찬리, 일리자로프, 와타나베, 해링턴은 작업장에서 기구를 완성함과 동시에 수술실에서 수술 기법을 향상시키려 꾸준히 노력해 정형외과학을 발전시켰다. 그러나 다른 2명의 선구자들은 연구실에서 연구에 전념함으로써 명성을 얻었다.

제2차세계대전에서 병역을 마치고 보스턴에서 정형외과 레지던트 생활을 한 후, 마셜 우리스트Marshall Urist는 고향 일리노이로 돌아와 시카고대학교에서 교편을 잡았다. 그는 거기서 한 생리학자와 팀을 이루어 뼈의 성장과 이식을 집중적으로 연구했다. 우리스트는, 새로운 뼈가 이식된 뼈 주변뿐만 아니라 간혹 약간 멀리 떨어진 근조직에서도 형성된다는 데 주목했다. 그는 어떤 화학 전령이 국지적인 세포들을 자극하여 뼈를 생성하게 할 것이라는 가설을 세우고, 그 화학 전령을 분리·동정同定하는 쪽으로 연구의 방향을 잡았다. 1950년대 중반 우리스트는 LA로 이주하여 나머지 경력을 UCLA에서 쌓았다.

우리스트의 조수들은 정기적으로 도살장을 방문하여 수백 킬로그램에 달하는 소뼈를 갖고 돌아왔다. 그들은 우리스트의 지도하에 뼈를 분쇄하고 처리한 다음, 칼슘을 제거하고 단백질을 분리해냈다. 이러한 과정을 무수히 반복한 끝에 '한 무더기의 뼈'는 (시험관 밑바닥에 가라앉은) '한 점의 뼈 자극 단백질bone-stimulating protein'로 귀결되었다. 우리스트는 그 '아미노산 사슬'을 힘줄, 뇌, 지방에 주입했다. 그랬더니 국지적인 세포들(예컨대 파골세포)로 하여금 뼈를 생성하도록 유도하는 것이 아닌가!

우리스트는 그 성장인자를 뼈 형성 단백질bone morphogenetic protein이라고 불렀는데, 오늘날 전 세계에 BMP라고 알려진 바로 그것이다. 그러나 BMP의 특징을 파악하고 효능을 테스트하는 과정은 느리기 짝이 없었는데, 워낙 미량으로 존재하는 데다 분리·정제하는 데 여러 주가 걸리기 때문이었다. 때마침 한 동료가 뜻하지 않게 지름길을 발견했다. 그 이전까지만 해도 분리 작업은 실온에서 수행되었는데, 한 조수가 (처리가 완료되지 않은) 뼈의 혼합물을 냉장고에 넣은 채 주말에 캠핑 여행을 떠나버린 것이었다. 다음 주에 돌아와 냉장고를 열어본 그 조수는 전보다 훨씬 더 많은 양의 BMP를 수확할 수 있었다.

우리스트를 비롯한 연구자들은 얼마 후 BMP의 화학적 특성을 분석했다. 그것은 매우 밀접하게 관련된 성장인자들의 집합체였고, 모든 구성 요소가 뼈의 형성을 자극하는 것으로 밝혀졌다. 이윽고 연구자들은 세균의 유전자를 조작하여 BMP를 만들게 하는 데 성공했는데, 그것은 오늘날 상업적으로 생산되며 특정한 임상적 용도로 승인받았다. BMP는 난치성 골절의 치유를 촉진하고, (허리와 목의 통증을 치료하는 동안) 척수 분절의 완벽한 융합을 촉진한다. 오늘날의 외과의들은 '특별히 설계된 하드웨어(하나의 척추뼈를 다음 척추뼈에 단단히 고정함)'와 'BMP가 다량 함유된 시신의 뼈'를 결합하여 척추의 융합을 시도한다. 이러한 발전으로 인해 위험이 수반되는 수술의 성공률이 극적으로 높아졌다. 나는 가끔 이런 생각을 한다. '만약 우리스트의 조수가 주말여행을 떠나지 않았다면, 정형외과의 현주소는 어떻게 달라졌을까?'

지금까지 언급한 정형외과의 거인들이 혁신을 거듭하던 20세기 중반, 재클린 페리Jacquelin Perry는 다른 외과의들이 '경력에 종지부를 찍는 장애'로 간주할 만한 질병에 걸렸다. 그러나 그녀는 어떤 역경에도 굴하지 않고 수많은 파행증 환자limper들을 도왔고, 그 과정에서 많은 여성에게 '나도 정형외과 의사나 물리치료사가 될 수 있다'는 자신감을 심어줬다.

그녀는 열 살 때부터 의사가 되고 싶어 했지만 우회로를 선택하여 UCLA에서 체육학을 공부했다. 제2차세계대전이 발발하자 그녀는 육군에 자원입대하여 물리치료사로 훈련받은 후 재활 병원에서 일했다. 그녀는 자신의 보직에 만족하지 않았다. 의사의 치료 지시 중 일부가 부정확하다는 생각이 들어 자신만의 의사 결정을 내릴 수 있기를 원했기 때문이었다. 그런 의욕이 의대 진학으로 이어졌고, 그녀는 1950년 의대를 졸업한 후 정형외과에서 레지던트 훈련을 받았다. 그리하여 미국정형외과위원회가 주관하는 전문의 면허 시험에서 10등 안에 들었다.

페리 박사는 서던캘리포니아 소재 란초로스아미고스재활병원에 들어가, 만년에 파킨슨병으로 휠체어 신세를 지면서도 94세의 나이에 작고하기 일주일 전까지 근무했다. 란초에 처음 부임했을 때는 폴리오가 창궐하여 (호흡이 힘들 정도로 증상이 심한) 어린이 환자들이 철의 폐iron lung• 속에 수용되었다. 어린이들은 매우 연약하므로 어떤 척추 안정화 수술(스스로 곧추앉게 함으로써 호흡의 불편함을 줄여주는 수술)도 받을 수 없었다. 어린이들의 취약한 목을 지지하기 위해, 페리 박사는

• 밀폐된 철제 용기에 머리부터 신체의 일부를 집어넣고, 음압으로 폐를 부풀게 하여 호흡시키는 일종의 인공호흡 장치다.

버넌 니켈Vernon Nickel 박사와 함께 특수한 장치('두개골에 나사로 박은 금속제 고리'와 '가슴에 꼭 끼는 조끼'를 잇는 막대로 목을 지지하는 외부 장치)를 개발했다. (통증과 상처를 예방하기 위해 [소름이 바짝 끼치겠지만] 국소 마취를 한 상태에서 두개골이 완전히 관통되지 않도록 조심스레 나사를 박았다.)

목이 안정화되자, 니켈과 페리는 안전한 수술을 통해 '불안정한 척추 분절'을 '이식된 뼈'로 연결할 수 있었다. 혁명적인 진보였지만 페리 박사 자신의 목에 이상이 생기는 바람에 그녀의 외과의 경력이 마감될 위기가 찾아왔다. 고개를 돌릴 때마다 극심한 현기증을 경험하기 시작했던 것이다.

그러나 그녀는 전혀 흔들리지 않고, 란초에 만연하는 또 다른 문제(폴리오, 뇌성마비cerebral palsy, 뇌졸중, 그 밖의 신경 근장애neuromuscular disorder로 인한 절뚝거림)에 집중했다. 그녀는 경력이 끝나는 날까지 연구실과 진료실 사이를 무수히 왕복하며 문제 해결에 몰두했다. 정상적/비정상적 보행을 연구하고, 그 주제에 대한 논문을 집필함으로써 보행 분야의 전문가가 되었다. 그녀의 끈질긴 노력 덕분에 영구적인 파행증을 과학적 증거에 기반하여 수술적·비수술적으로 해결할 수 있게 되었다. 그뿐만 아니라 재활 훈련을 받고 있는 관절 부상 환자들과 자세를 교정하고 싶어 하는 운동선수들도 그녀의 도움을 받을 수 있었다. 예컨대 페리 박사는 골프를 치지 않았지만, 물리치료사들의 스윙 자세를 관찰한 후 자세 교정을 제안했는데 효과가 있었다.

지식을 탐구하고 환자를 도와주려는 페리 박사의 열정에는 전염성이 있었다. 그녀의 동료와 학생들은 그녀를 가리켜 "직설적이다"라거나 "고집불통이다"라고 엇갈리게 평가했지만, 그녀는 '끈질긴 사랑'을 통해 여성 정형외과 의사와 물리치료사들에게 긍정적이고 확고한 영향력을 행사하며 롤 모델을 제시했다. 수많은 정형외과의/물리치료사 지망생들이 구름처럼 란초로 몰려들어, 그녀에게 '정형외과의 그랜드 데임Grand Dame of Orthopedics'이라는 존경 어린 호칭을 붙인 것은 지극히 당연한 일이었다.

◆◆◆◆

이 외에도 수천 명의 선구자가 (찬리, 일리자로프, 와타나베, 해링턴, 우리스트, 페리가 일찍이 발휘했던) 호기심·창의력·강인함으로 뼈 질환과 그 치료법의 이해 증진에 이바지했다. 한 사람의 성과가 다른 사람의 성과에 영향을 미치기도 했다. 다음 장에서는 그중 몇 가지 사례를 살펴보기로 하자.

7장
정형외과계의 혁신들

야구공을 던지거나, 펜을 잡거나, 단추를 채울 때를 떠올려보자. 그런 조작을 하는 동안, 엄지손가락의 접촉면과 다른 손가락들의 접촉면은 반대편에서 서로 마주 본다. 엄지손가락은 그 위치에서 다른 손가락들의 자유로운 움직임에 적절히 대응하여 스트라이크를 던지고, 수표에 서명하고, 옷을 입게 해준다. 이러한 요긴한 속성 때문에 우리는 엄지손가락을 가리켜 '마주 보는 엄지'라고 부른다. 인간은 이런 경이로운 움직임을 의식하는 경우가 거의 없다. 그러나 엄지손가락은 수십만 년 동안 뇌와 협동하여 찬란한 문화를 일궈냈다. 마주 보는 엄지 덕분에 인간은 동굴 벽에 그림을 그리는 것에서부터 트윗을 날리는 것까지, 굶주린 맹수에게 돌을 던지는 것에서부터 사냥감을 향해 총을 쏘는 것까지, 털가죽을 꿰매는 것에서부터 재봉틀을 작동하는 것까지 순식간에 진화할 수 있었다.

마주 보는 엄지는 궁극적으로 인간이 만든 모든 것에 관여했다. 다양한 언어들이 그러한 기능을 축하하는 단어를 갖고 있다. 이란어(현대 페르시아어)에서 샤스트Shast는 '60'과 '엄지손가락'이라는 의미를 모두 갖고 있는데, 이는 엄지손가락이 손의 기능 중에서 60퍼센트를 차지한다는 뜻이다. 튀르키예어에서 엄지손가락은 바스파르막bas parmak으로, '주된 손가락'이라는 의미다. 라틴어에서 엄지손가락은 폴렉스pollex인데, '강하다'라는 뜻의 폴레레pollere에서 파생되었다. 아이작 뉴턴Isaac Newton은 엄지손가락의 경이로움을 다음과 같이 표현했다. "신의 존재를 확신하는 데는 엄지손가락 하나로 족하다. 다른 어떤 증거도 필요 없다."

그런데 이 경이로운 손가락은 약간 어설프게 돌출해 있는 데다 대부분의 수작업에 관여하기 때문에 부상의 위험이 매우 크다. 엄지손가락을 심하게 다친 사람은 문명의 복잡성과 엄지 없는 상호작용의 어려움을 즉시 깨닫게 된다. 그와 대조적으로, 다른 4개의 손가락 중 하나를 잃는다면 나머지 3개의 손가락으로 그럭저럭 꾸려나갈 수 있다.

엄지손가락의 중요성을 감안하여, 수부외과 의사hand surgeon들은(만약 필요하다면) 손상된 엄지손가락을 복구하려고 밤새워 고민해왔다. 때로는 완전히 절단된 엄지손가락을 다시 붙이는 데 성공할 수도 있다. 다시 붙인 엄지손가락은 감각·움직임·힘이 예전 같지 않지만, 없는 것보다는 나은 것이 분명하다.

이 필수 불가결한 신체 부위를 복구하거나 다시 붙일 수 없을 때, 외과 의사들이 사용할 수 있는 주요 재건 기법이 세 가지가 있다. 나는 편의상 그것을 애원하기, 빌리기, 훔치기라고 부른다. 첫째로 애원하기부터 살펴보자. 외과 의사와 환자는 엄지손가락의 잘린 끝을 살살 구슬려 길이를 연장할 수 있다. 먼저 외과 의사는 남은 뼈의 양쪽 말단에 강철 핀을 끼운 후, 그 핀을 '확장용 강철 틀'에 부착한다. 다음으로, 환자는 6~8주 동안 1시간에 1번씩 (6장에서 언급한, 일리자로프의 외부 고정 틀과 똑같은 방법으로) 강철 틀의 길이를 아주 조금씩 늘인다. 이때 뼈와 그 주변의 근육·힘줄·신경·피부는 자신들이 당겨지고 있다는 사실을 거의 눈치채지 못한다. 그저 '신속한 성장이 진행 중인가 보다' 하고 보조를 맞출 뿐이다.

엄지손가락이 기능할 수 있는 크기로 늘어나면, 외과 의사는 양쪽 뼈 말단 사이의 틈에 뼈 이식편을 삽입한다. 이상과 같은 연장술의 장점은 뼈를 빌리거나 훔칠 필요가 없다는 것이다. 하지만 아쉽게도 상실된 엄지손톱과 관절이 복구되지는 않는다.

두 번째 방법은 '둘째·셋째·넷째·다섯째 손가락이 비슷하게 작동하므로, 그중 어느 것을 하나 잃어도 엄지손가락만큼 불편하지 않다'라는 사실을 이용한다. 필수 불가결한 엄지손가락이 사라졌는데 주변에 '덜 중요한 친구들' 4명이 어슬렁거리고 있다면, 어떤 방안을 모색해야 할까? 4명의 친구 중 1명을 데려오는 것이다. 가까운 거리 때문에 흔히 둘째 손가락이 낙찰된다. 외과 의사는 둘째 손가락을 절단하여 엄지손가락의 자리로 보낸다. 빌리기의 단점은 애원하기(잘린 끝 연장하기)보다 복잡하고 손가락이 4개로 남는다는 것이며, 장점은 손톱을 살릴 수 있고 회복 기간이 짧다는 것이다.

그러나 때로는 하나의 손에서 여러 개의 손가락을 잃을 수 있으며, 환자가 꼭 '다섯 손가락'을 필요로 하는 경우가 있다. 두 가지 경우 모

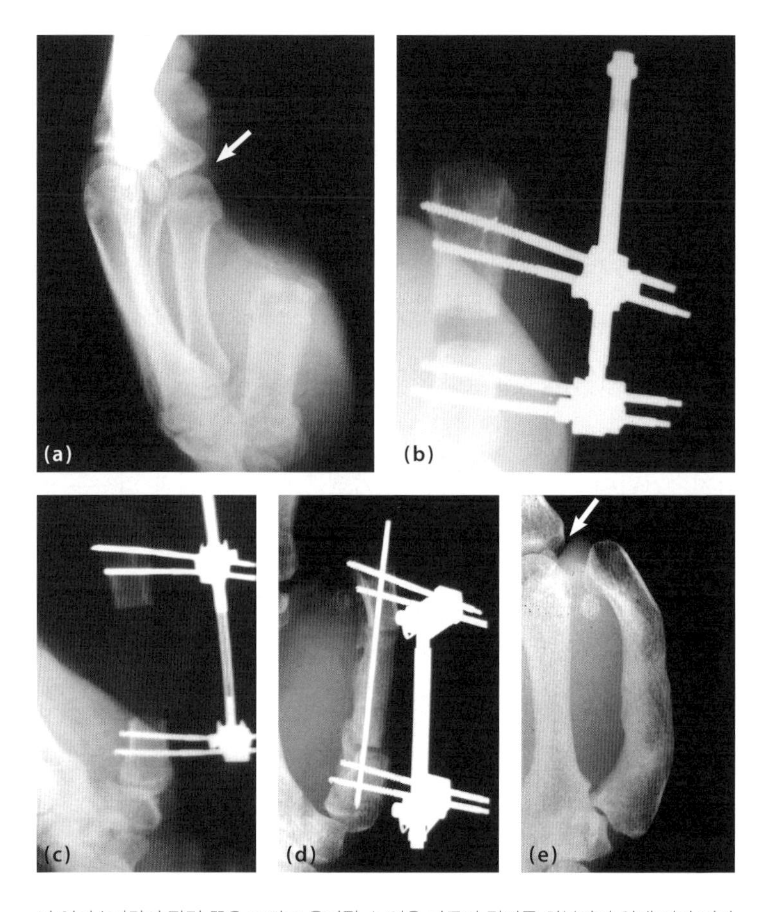

이 엄지손가락의 잘린 끝은 꼬집고 움켜쥘 수 있을 만큼의 길이를 회복하기 위해 점차 연장되고 있다. (a) 치료를 받기 전, 남아 있는 엄지손가락의 길이는 현저하게 짧다. 길이를 가늠하기 위해 둘째 손가락 첫 번째 마디의 높이를 화살표로 표시해놓았다. (b) 첫 번째 수술로 견인 장치를 뼈에 끼운다. 절단된 뼈의 양쪽 말단 사이가 약간 벌어져 있다. (c) 6~8주 동안 견인 장치의 나삿니 있는 부분을 조금씩 연장함으로써 뼈 사이의 공간을 늘린다. 그러는 동안 피부, 힘줄, 신경, 혈관이 함께 늘어난다. (d) 두 번째 수술로 엉덩뼈에서 떼어온 뼈 이식편을 연장된 뼈의 양쪽 말단 사이에 삽입한다. (e) 이식된 뼈가 치유되면 하드웨어를 제거하고 기능적인 활동을 시작할 수 있다. 화살표를 보면, 치료받기 전보다 엄지손가락의 길이가 길어졌음을 알 수 있다.

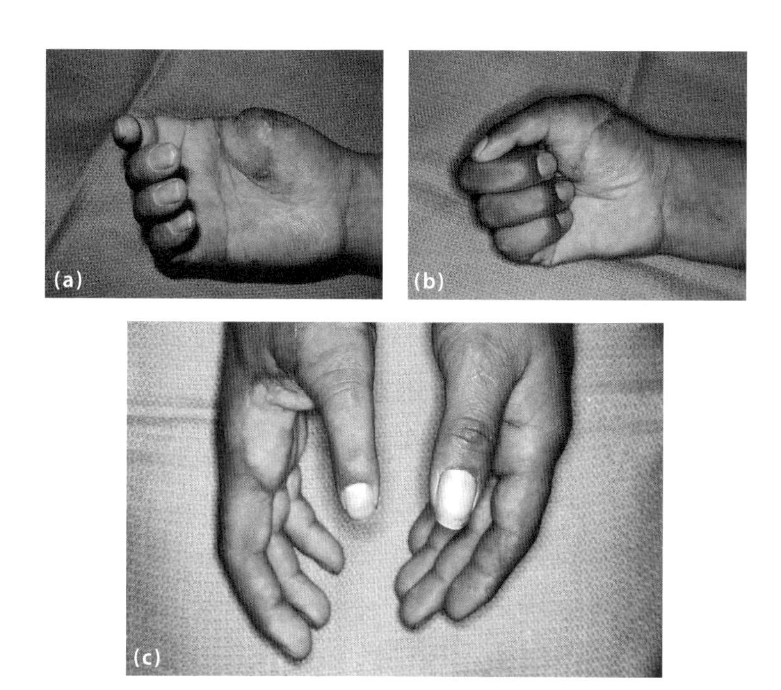

둘째 손가락을 절단하여 엄지손가락이 상실된 부분에 이식한 수술의 (a) 수술 전과 (b, c) 수술 후 모습.

두 빌리기는 불가능하다. 그럴 때 외과 의사가 택하는 방법이 바로 훔치기인데, 그 희생자는 엄지발가락이다. 엄지발가락은 엄지손가락과 형태가 거의 비슷하므로 선호되는 부위지만, 보기 흉한 증거를 남긴다는 단점이 있다. 차선책은 둘째 발가락을 훔치는 것인데, 약간 앙상하지만 발의 미관을 살릴 수 있으므로 특히 실내에서 신발을 벗고 생활하는 문화권에서 선호된다. 첫째 발가락이든 둘째 발가락이든, 환자의 걷고 달리는 능력에 미치는 영향을 최소화할 수 있다.

발가락 엄지 전이술toe-to-thumb transfer은 5~10시간이 소요되며, 숙

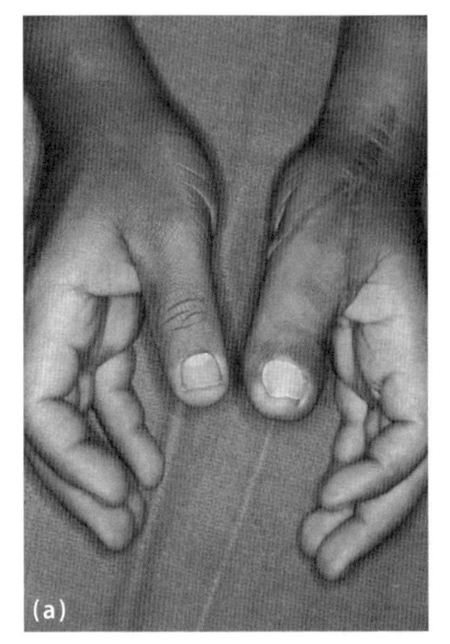

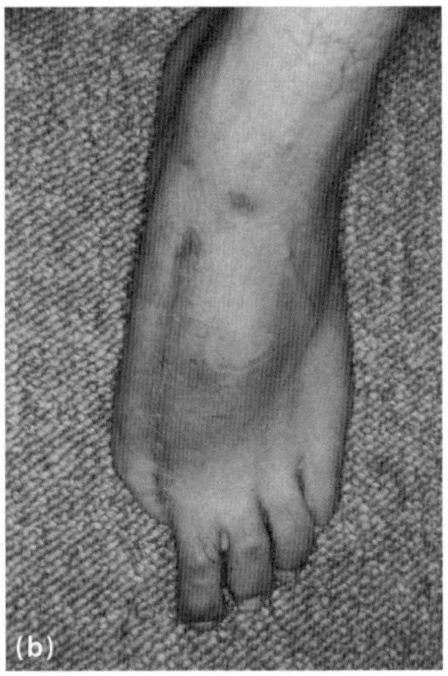

이 환자는 외상으로 인해 절단된 왼쪽 엄지손가락을 재건하기 위해 발가락 엄지 전이술을 받았다. 엄지발가락이 없어도 발은 완전히 정상적인 기능을 발휘한다.

련된 미세수술 microsurgery• 기술을 요한다. 발가락의 신경·동맥·정맥·힘줄을 찾아낸 후 분리해 뼈와 함께 절단해야 하기 때문이다. 세심하게 절단된 발가락과 절단부의 비슷한 조직을 서로 접합하면 이식이 완료된다. 외과 의사는 발가락뼈의 절단면을 잔존하는 엄지 손가락뼈에 고정하는데, 이때 통상적으로 강철 핀을 사용한다. 혈관의 지름은 3~4밀리미터이며, 거의 눈에 보이지 않는 봉합사를 이용하여 정밀하게 봉합된다. 신중히 꿰맨 혈관에서는 혈액이 누출되지 않고 제대로

• 현미경을 이용해 1밀리미터도 안 되는 미세한 조직에 메스를 대거나 봉합하는, 고도의 숙련이 필요한 수술법.

흐른다. 혈류가 복구되면 뼈의 말단들은 손과 발의 일부가 만난지도 모른 채 태평스럽게 치유된다. 몇 달이 지나면 새로운 신경섬유가 이식된 발가락 속으로 비집고 들어가 감각을 제공한다. 어떤 사람들은 '손에 이식된 발가락'을 엄지손 발가락 thoe, thumb + toe이라고 부른다.

◆◆◆◆

앞서 말했듯, 정형외과학이 처음 등장한 18세기에는 어린이가 정형외과학의 핵심이었다. 당시의 의사들은 결핵, 폴리오, 구루병이 골격에 미치는 영향을 완전히 비수술적으로 치료하는 데 집중했다. 그런 질병들이 사라지고 전신마취와 살균 기법 덕분에 수술이 더욱 안전해지자, 의사들은 더욱 복잡한 치료에 눈을 돌리게 되었다. 그중 하나는 일리자로프의 외부 고정 틀을 응용하여 키 작은 사람들의 고민을 해결해주는 것이었다.

이탈리아의 정형외과 의사들은 골절 관리를 위해 일리자로프의 기법을 서양에 도입했다가, 이윽고 극단적인 저신장증 환자들의 키를 늘이는 데 사용하기 시작했다. 일각에서는 그 치료법을 단순한 겉치레로 봤지만, 저신장증 환자의 전반적인 웰빙 향상의 일환으로 보는 이들도 있었다. 1단계로 의사는 환자의 양쪽 다리에 외부 고정 틀을 끼우고, 정강뼈의 가운데를 절단한 후 여러 달 동안 양쪽에서 서서히 당겨 5~8센티미터를 연장했다. 연장된 정강뼈가 체중을 지탱할 정도로 강해질 때까지 고정 틀은 몇 달 동안 제거하지 않고 그대로 두었다. 그런데 오늘날 어떤 환자들은 넙다리뼈까지도 동일한 방법으로 연장하는 2단계의 수술을 원한다. 이 수술의 좋은 점은 키가 1미터 50센티미터까지 커질 수 있다는 것이고 나쁜 점은 팔이 기형적으로 짧아 보인다는 것이다. 따라서 어떤 사람들은 3단계로 나아가 위팔뼈까지도 비슷한 방식으로 연장한다. 피부 감염이 핀을 타고 뼈로 전이될 가능성은 상시 존재한다. 따라서 핀이 피부를 관통한 부위를 신중히 세척해야 하며, 감염의 기미가 있을 때는 초기에 공격적으로 치료해야 한다. 그러지 않는다면 뼈 연장술은 하나의 난문제를 새로운 난문제로 바꿔놓는 것에 불과할 수 있다.

최근 수년 동안 외과 의사들은 연장되었지만 아직 취약한 뼈의 텅 빈 내부에 막대를 삽입해, 뼈를 안정화하고 일리자로프의 고정 틀이 사용되는 시간을 줄였다. 고정 틀의 사용 시간을 줄이면 편리할 뿐만 아니라 핀으로 인한 감염의 위험을 줄일 수 있다. 진보된 뼈 연장술은 외부 고정 틀을 아예 쓰지 않고 스스로 늘어나는 막대를 삽입한다. 막대 위의 피부에 주기적으로 자석을 갖다 대면 막대가 약간씩 늘어나 뼈의 절단된 말단들 사이의 간격을 벌린다.

독자들도 짐작하겠지만 저신장증 환자를 위한 뼈 연장술은 합병증을 초래할 수 있으므로, 전폭적으로 지지하는 가족이 있고 인내심이 강한 사람들에게 사용하는 것이 바람직하다. 연장 속도가 너무 느리면 뼈의 길이가 별로 늘어나지 않고, 연장 속도가 너무 빠르면 뼈의 틈이 채워지지 않기 때문이다. 게다가 근육·동맥·신경·피부가 연장된 뼈에 반응하려면 시간이 필요하므로, 관절의 유연성과 인접한 피부조직의 탄력성을 유지하려면 강도 높은 물리치료가 필수적이다. 뼈 연장술은 성질이 급하거나 마음이 약한 환자, 가족, 정형외과 의사들에게 부적합하다.

두 번째로 소개할 수술은 비위가 약한 사람에게 매력적이지 않을 수 있다. 주로 무릎 근처에 악성 뼈종양이 있는 어린이들을 위한 수술인데, 비록 드문 방법이지만 정형외과 의사들이 레몬으로 레모네이드를 만드는 전형적인 사례다.●

골격암은 통상적으로 빨리 성장하는 뼈에 생긴다. 그런 뼈에서 세포분열이 가장 많이 일어나는데, 세포분열이 잦을수록 DNA 복제 오류가 발생할 위험이 커지기 때문이다. 10대의 경우 무릎 근처의 뼈가 빨리 성장한다. 전통적으로 그 부위의 뼈암을 효과적으로 치료하는 유일한 방법은 무릎에서 엉덩이에 가까운 부분을 절단하는 것이었다. 짧은 넓적다리 밑동만 남은 이 10대는 절뚝거리게 될 테고 부정적인 자아상을 가지게 되기 쉽다. 무릎과 발목의 관절이 없으므로 인공사지를 사용해야 하는데, 미관상 좋지 않은 데다 아무리 천천히 걸어도 피곤하다. 10대의 경우 절름발이라는 오명은 특히 심신을 황폐화할 가능성이 크다.

내가 소개하는 해결책은 암에 걸린 뼈 부분을 무릎관절과 함께 제거하되, 주변의 근육·힘줄·신경·혈관·피부를 그대로 남겨놓는 것으로 시작한다. 이 상태에서 다리와 발은 아무렇게나 대롱대롱 매달려 있고, 다리는 무릎 위 절단술above-knee amputation을 받은 것과 마찬가지로 기능을 상실하게 된다. 물론 남은 뼈의 말단을 다른 뼈에 연결하여

● 시고 맛없는 레몬은 삶에서의 고통이나 역경을 뜻한다. 따라서 레몬으로 맛있는 레모네이드를 만든다는 것은 역경 속에서도 최선을 다한다는 의미다.

치유되게 하면 골격의 틈을 메울 수 있을 것이다. 그러나 아쉬움이 남는다. 다리의 안정성은 회복되겠지만 무릎이 없어져 극단적으로 짧은 다리가 탄생할 것이기 때문이다. 설상가상으로 발가락이 치맛단 밑으로 삐져나오거나 바짓가랑이 속에서 돌출할 텐데, 이는 10대가 받아들이기 쉽지 않은 모습이다.

그러나 정형외과 의사들은 기발한 방법을 생각해냈다. 남은 뼈의 말단을 연결하여 틈을 메우기 전에, 발과 발목을 180도 돌려 뒤꿈치가 앞을 바라보고 발가락이 뒤를 가리키게 하는 것이다. 피부·근육·신경·혈관은 이러한 반회전half turn을 견뎌낼 수 있다. 수부외과 의사가 둘째 손가락을 절단하여 엄지 자리로 보낼 때처럼 말이다. 다리를 180도 회전시키면 발목관절이 무릎관절 역할을 수행하고, 발은 인공사지 속으로 쏙 들어간다. 이 기법에 대한 설명을 들은 사람들의 첫 반응은 하나같이 '그로테스크'하고 '희한'하다는 것이다. 그러나 새로운 무릎관절은 올바른 방향으로 구부러지고, 발가락은 인공사지 속에서 아래를 향하므로 삐져나오거나 돌출하지 않는다. 환자는 별다른 제한 없이 달리기와 스케이팅을 할 수 있다. 유튜브 검색창에 반네스 회전성형술Van Nes rotationplasty을 입력해보라. 이 기법의 개념을 명쾌하게 설명하고 그 효과를 기가 막히게 증명하는 동영상을 볼 수 있다.

◆◆◆◆

지난 수 세기 동안 암에 걸릴 정도로 오래 사는 성인들은 드물었다. 그들은 일반적으로 (오늘날 선진국에서는 미미하거나 존재하지 않는) 결핵·콜레라·흑사병·장티푸스·인플루엔자 등의 감염병으로 요절했다. 그리고 역사적으로, 뼈암이 발생했을 때는 이미 필수 기관으로 전이된 상태라 원발 병터primary lesion를 찾아내거나 손을 써보기도 전에 환자의 목숨을 앗아가기 일쑤였다. 설사 조기에 발견하더라도, 유일한 치료법은 신속히 사지를 절단한 후 평생 목발을 사용하거나 휠체어 신세를 지는 것이었다.

오늘날에는 예후가 많이 좋아졌지만 뼈암은 여전히 두 가지 경로 중 하나를 밟아 발생한다. 첫째로, 뼈암은 뼈, 특히 10대의 무릎 근처에서 최초로 발생하는데 이것을 원발성 악성 뼈종양primary bone malignancy이라고 한다. 대부분의 원발성 뼈종양은 조골세포/파골세포나 해면뼈에 상주하는 혈액 형성 세포의 세포분열에 이상이 생겼을 때 발생한다. 둘째로, 2차 뼈암secondary bone cancer은 다른 조직에서 발생한 후 혈류를 통해 뼈로 전이된다.

뼈암이 초기에 발견된다면 사지 구제가 종종 가능한데, 수술·방사선요법·화학요법을 적절히 결합한 다분야적 접근법이 요구된다. 사지 구제에 성공하면 절단이나 인공사지를 훨씬 능가하는 기능을 보존할 수 있다. 조금 전에 언급한 반네스 회전성형술(정확히 말하면, 무릎 절제 후 발 회전술knee excision and foot rotation technique)도 그런 사지 보존술salvage procedure 중 하나다. 그러나 그 방법은 '어린이와 청소년의 무릎 근처 종양'에 한정된다. 오래된 혈관이 180도 회전에서 살아남기는 어렵기 때문이다. 다른 구제법은 없을까?

존 찬리와 그의 선구적인 엉덩관절 전치환술을 기억하는가? 그의 업적을 참고해 정형외과 종양학자들은 암성 넙다리뼈cancerous thighbone

를 시작으로 다른 뼈들도 완전히 치환하고 있다. 치환에 사용되는 임플란트들은 제거된 뼈의 길이에 맞도록 주문 제작한 것으로, 양쪽 말단이 관절 모양의 표면으로 되어 있는 것도 있다. 제거된 부분에 무릎 관절이 포함된 경우 대체용 경첩이 임플란트에 포함될 수도 있다.

이 같은 금속 뼈의 흔한 문제점은 감염, 헐거워짐, 파손으로 인한 금속피로●로, 활동량이 많은 사람에게 부적절하다. 무릎 근처에 뼈암이 생긴 어린이와 청소년 환자들에게는 회전성형술이 더 편리하고 오래 간다. 그럼에도 뼈암에 걸린 어린이 중 일부는 인공 골격skeletal prostheses을 이식받는데, 건강한 쪽이 정상적으로 성장함에 따라 양쪽의 길이를 맞추기 위해 여러 번 교체해야 한다. 이러한 문제점을 해결하기 위해 환자와 보조를 맞춰 성장하는 기발한 메커니즘(최소한의 작동으로 보철의 길이가 연장된다)의 인공 골격이 등장하고 있다.

인공 심장판막, 접안렌즈, 동맥, 관절의 예에서 보는 바와 같이, 생체공학자들은 살아 있는 구조와 양립하는 임플란트를 개발하려고 노력하고 있다. 그러나 생물학은 고지식한 심사 위원이어서, 아무리 최신식 생체 부품을 이식하더라도 궁극적으로 약점을 지적하기 마련이다. 하마터면 절단될 뻔했던 사지를 무수히 구제한 뼈 임플란트라 하더라도 진짜 뼈와 같을 수는 없기 때문이다.

지금까지 언급한 뼈암의 치료법들은 광범위한 수술을 수반하지만, 단 하나의 뼈만 연루된 경우였다. 그런데 질병이 확산된다면 무슨 일이 일어날까? 예컨대 암성 세포가 이미 여러 개의 뼈에 침범했거나

● 금속 재료에 응력이 반복적으로 가해져 그 강도가 저하되는 현상.

골수 속에 상주하는 혈액 형성 세포를 장악했다면 어떻게 될까?

한 가지 아이디어는 스트론튬strontium에 초점을 맞춘다. 스트론튬이란 세라믹 광택제, 자석, 폭죽에 사용되는 산업용 첨가제로, 짙은 빨강색이다. 일부 치약에 포함되어 있으며 유럽에서는 골다공증 치료에 사용되기도 한다. 칼슘과 화학적 성질이 유사해 치아와 뼈에 작용하기 때문이다.

스트론튬은 자연계에서 네 가지 형태(^{84}Sr, ^{86}Sr, ^{87}Sr, ^{88}Sr)로 존재하는데, 그들을 형제라고 생각하자. 네 형제는 모두 착실하고 예의 바른 지역사회의 일꾼이며, 서로 간에 약간씩만 다르다. 그런데 뼈는 칼슘과 스트론튬을 구별하지 못하므로 건축자재가 필요할 때는 둘 중 아무거나 수시로 사용한다. 칼슘이 심장의 수요에 따라 들락날락하는데 반해, 일단 뼈의 일부분이 된 스트론튬은 영구적이다. 우리의 뼈에 미량으로 존재하는 스트론튬의 '자연계 4형제'는 아무런 해가 없다. 그러나 세상에는 16가지 이상의 '행실 불량하고 불안정한 이복형제들'이 있다. 그중 하나인 ^{90}Sr는 핵폭발의 산물로, 핵 낙진 속에 존재하며 불행하게도 반감기가 길다. ^{90}Sr는 처음 29년 동안 절반만큼 방사성붕괴하고, 다음 29년 동안에는 4분의 1, 그다음 29년 동안에는 8분의 1만큼 붕괴한다. 체르노빌 참사Chernobyl disaster 후 ^{90}Sr의 낙진은 멀리 스웨덴과 스코틀랜드까지 날아가 목초지에 떨어졌다. ^{90}Sr는 오염된 풀을 뜯은 소의 우유 속에 함유되었고, 다음으로 우유를 먹은 사람의 몸속으로 들어가 뼈의 영구적인 부분이 되었다. 그 방사능은 수십 년 후 뼈암을 초래할 수 있다. 물론 나쁜 소식인데, 얼마나 나쁠지는 두고봐야 한다.

그와 정반대로, 또 다른 이복형제인 ^{89}Sr의 비행은 인체에 이로울 수 있다. 이 불안정한 친척도 방사능이 있지만 반감기가 그다지 길지 않다. 처음 7주 동안 반쯤 붕괴하므로 1년 후에는 99퍼센트 이상 붕괴한다. 방사선종양학자들은 뼈암 중 일부를 ^{89}Sr로 치료한다. ^{89}Sr는 신속히 성장하는 뼈세포(즉, 암성 뼈세포) 속에 진 치고 앉아 뼈 암세포를 죽인다. 이 치료법을 표적 지향 방사선요법targeted radiation therapy이라고 한다.

지금까지 기술한 뼈암들은 조골세포가 됐든 파골세포가 됐든 뼈세포 자체의 질병이다. 그런데 골수 속에 상주하는 혈액 형성 세포도 암(이를테면 백혈병)에 걸릴 수 있다. 그런 유형의 암들은 잘라낼 수가 없으므로 의사들은 화학요법과 방사선요법을 결합하여 골수세포를 모조리 죽여버린다. 그런 다음, 정맥을 통해 환자 자신의 건강한 세포(암 치료를 받기 전에 채취하여 보관해둔 것이다)를 재주입하거나 다른 사람의 건강한 세포(이게 바로 골수 이식물이다)를 수혈한다. 자가이식이든 골수이식이든, 주입된 세포들은 해면뼈 속으로 들어가 건강한 혈액세포 생성을 재개한다.

◆◆◆◆

1800년대 중반에서 후반까지, 세 가지 진보가 만나 골절 치료에 관한 모든 것을 바꾸는 괄목할 만한 쾌거를 이뤘다. 첫째로 전신마취의 발견과 응용이 더욱 꼼꼼하고 세심한 수술을 가능케 했다. 둘째로 세균에 대한 새로운 지식과 빈번한 수술실 감염을 줄이는 방법을 익힌

덕에 수술이 더 이상 치명적이지 않은 치료법이 되었다. 셋째로 엑스선 촬영 덕분에 골절의 형태와 어긋남을 정확히 파악하고 그에 따른 치료법을 계획할 수 있었다.

그러나 이상과 같은 진보에도 불구하고, 봉합용 철사·금속판·나사를 이용해 골절편을 직접 복구하려는 초기 시도는 번번이 실패했다. 이런 장비들은 주로 목공소나 철공소에서 직접 조달되었는데, 그것들이 체액(방수 처리된 피부 속에 포함된 다량의 생리식염수)과 함께 있어도 되는지는 전혀 고려 사항이 아니었다. 금속은 골절이 치유되기도 전에 부식될 수 있고, 인체가 금속에 격렬한 거부반응을 보일 수 있는데도 말이다. 나중에 그런 현상을 관찰한 연구자들은 못·판·나사의 재질을 부랴부랴 상아로 바꿨는데, 인체의 거부반응은 줄어들었지만 너무 취약해서 실용성이 떨어졌다. 사람에게는 불행이었지만, 코끼리에게는 천만다행이었다.

결국 스테인리스강이 적절한 대안으로 떠올랐다. 20세기 초반 야금학자들이 스테인리스강을 완성하자 정형외과 의사들은 그 강력하고 반응성 낮은 금속을 신속히 채용했다. 골절 부위를 내부에서 지탱하기 위해 뼈의 텅 빈 중심부에 스테인리스 막대를 집어넣기 시작한 것이다. 막대의 사이즈는 (손과 발의 골절을 안정화하는 데 유용한) 성냥개비만 한 것에서부터 (그보다 훨씬 더 긴 뼈의 골절을 안정화할 수 있는) 연필 한 개 반만 한 굵기와 크기에 이르기까지 다양했다.

그즈음, 독일의 게르하르트 퀸처Gerhard Küntscher는 넙다리뼈 골절을 내부적으로 고정하는 '못nail'을 고안해냈다. 세 잎 클로버 모양의 단면을 가진 임플란트였는데, 골절을 안전하게 잡아줄 만큼 견고하면서

(망치를 이용해 넙다리뼈에 박아 넣을 때) 약간 굽은 중심 경로를 통과할 만큼 탄력적이었다. 그의 작품이 세상에 알려진 것은 독일군에 생포됐던 미국의 전투기 조종사가 미국에 귀환한 후였다. 그는 부러진 넙다리뼈를 독일에서 치료받았는데, 병원에서 엑스선 촬영을 해보니 넙다리뼈 속에서 못이 발견된 것이었다. 그것은 골절 치료의 판도를 바꿔놓았다. 종전에 넙다리뼈가 부러진 '운 없는 사람'은 무릎 근처의 뼈를 관통하는 핀을 박는 수술을 받았다. 양쪽 피부를 통해 돌출된 핀은 '밧줄과 도르래 시스템'을 경유해 침대 끝에 매달린 추에 연결되었다. 이런 식의 견인은 맞닿은 뼈의 말단을 안정화했지만, 환자는 병원 침대에 6주 동안 꼼짝 않고 누워 있어야 했다. 6주 후에 골절 부위가 달라붙으면 견인을 풀고 (골절된 쪽의 겨드랑이에서 발가락에 이르는) 깁스로 대체했다. 그 후 환자는 깁스가 제거될 때까지 6주 동안 목발을 짚었다.

퀸처의 못 이후로, 부러진 뼈의 (골수강이 아니라) 표면에 '고정판과 나사'를 어떻게 더 잘 적용할 수 있을지 관심이 높아졌다. 뼈 치유에 대한 생물학적 이해도가 높아지면서(이를테면, 골절 부위를 고정함과 동시에 국지적인 혈액 공급을 꾸준히 유지하는 것이 좋다) 혁신이 일어났다. 현대적 장비에 반영된 독창성은 경이로웠다. 최초로 성공한 판과 나사의 재질은 스테인리스강이었고, 오늘날에는 티타늄도 일부 사용되고 있다.

티타늄은 스테인리스강과 마찬가지로 내식성이 있는 데다 스테인리스강보다 탄력성이 높아 뼈에 두르기에 유용하다. 만약 판이 (씹지 않은 껌처럼) 부드럽고 쉽게 구부러진다면 골절 부위를 안정화할 수가 없다. 그와 반대로, 만약에 판이 (칼날처럼) 완전히 빳빳해서 골절 부위를 꽉 잡아준다면 수산화인회석 결정이 기계적으로 변형되지 않으므로 칼슘 결정이 압전력을 생성하지 않을 것이다. 압전력이 없다면 커팅콘은 뼈를 리모델링하거나 강화할 수 없게 된다. 이러한 상황에서는 판이 부하를 감당하게 되는데, 나중에 판이 제거되기 전에는 별 문제가 없지만 판이 제거되었을 때 한동안 일손을 놨던 커팅콘이 제대로 일을 하지 못한다. 그러면 뼈가 약해져 다시 부러진다. 커팅콘을 오래 놀리는 것을 전문용어로 응력 차단●이라고 하는데, 티타늄은 스테인리스강보다 탄력성이 약간 높아 응력 차단 효과가 작다. 요컨대 골절 치료의 목표는 뼈의 말단을 안정화하는 것이지만, 그 정도가 지나쳐서는 안 된다. 골절 부위의 정렬을 유지할 정도로만 안정화하고 약간의 미세한 움직임을 허용하여, 커팅콘을 웬만하면 놀리지 말아야 한다.

최초의 판들은 재질이 스테인리스강이었을 뿐만 아니라 곧고(만들기 쉽다) 두꺼웠다(강하지만 부피가 크다). 이런 특징들은 곧은 뼈가 부러졌을 때만 적절하다. 더욱이 부피가 큰 판을 이식한 후에 절개 부위를 덮을 만한 근육과 피부가 충분해야 하는데, 늘 쉬운 일은 아니다. 오늘날 판은 다양한 형태·곡률·두께·너비로 출시되며, 용도에 맞도록 미리 윤곽이 잡혀 있다. S자형으로 구부러지고 약간 뒤틀린 판은 크기별로 나와 있어 오른쪽 빗장뼈에 완벽하게 들어맞힐 수 있다. 물론 왼

● 이식물로 인해 뼈에 가해지는 통상적인 압박이 제거됨으로써 발생하는 골감소증osteopenia(골밀도 감소)을 말한다.

쪽 빗장뼈를 위한 거울상 세트도 있다. 그러나 이런 판들은 다른 부위의 골절에는 사용될 수 없다. 그런 판들을 보고 당신은 '음식물 분쇄기에서 1시간 동안 굴러다니며 아무렇게나 구부러졌나 보다'라고 생각할지도 모른다.

나사 기술은 판 기술과 함께 발전해왔다(하지만 모든 나사는 여전히 곧다). 길이, 코어 지름core diameter, 나사 피치•, 드라이브의 종류drive type(예컨대 필립스Philips, 헥스hex, 스타star••)가 모두 중요하다. 어떤 나사는 머리가 없고 나삿니만 있으며, 뼛속에 완전히 묻히도록 설계되어 있다. 어떤 나사는 머리가 축 위에서 회전한다. 수술실에는 온갖 형태의 6~10가지 나사가 멸균된 상자에 담긴 채 수술 도구대에 놓여 있다. 숙련된 스크럽 테크니션은 각각의 나사가 있는 곳을 알고 있으며, 수술에 필요한 나사의 길이·지름·나삿니 형태가 결정되자마자 그 나사를 외과 의사에게 건넨다.

또 다른 흥미로운 기술은, 하나의 고정판에 다양한 구멍이 뚫려 있는 것이다. 외견상 단순한 이 구멍들은 '판과 나사'에 못지않은 정밀 조사와 설계를 거친 것이다. 최근의 혁신은 잠금 나사 기술로, 나사 머리가 (마치 나사 축이 뼛속으로 감겨 들어가는 것처럼) 판 속으로 감겨 들어간다. 상당히 견고하기에 뼈·판·나사 사이에서 일어나는 여하한 움직임도 불가능하다. 이 기술 덕분에 산산이 부서진 골다공증 뼈라 할지라도 '더 작은 판'과 '더 적은 수의 나사'들로 치료할 수 있게 되었

• 같은 간격으로 나열되어 있는 나사산(나삿니), 기어의 이 따위의 간격을 나타낸다.
•• 필립스는 십자, 헥스는 육각, 스타는 별 모양의 나사 머리(홈)를 말한다.

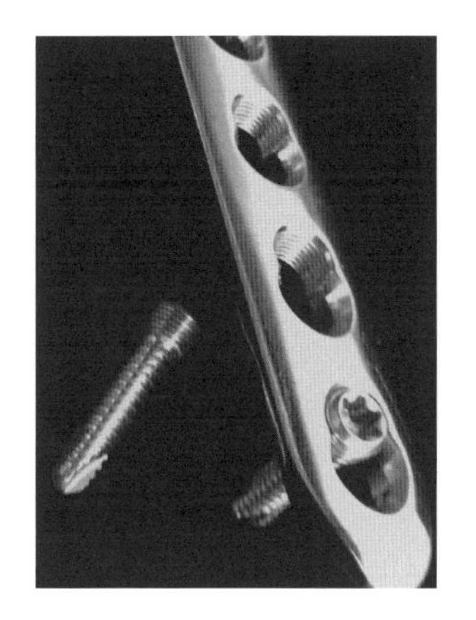

이 골절용 고정판에는 전통적인 구멍과 최신식 구멍이 모두 뚫려 있다. 전통적인 구멍은 지름이 크고 내벽이 반질반질하게 설계되어, 축에만 나삿니가 새겨진 나사가 들어간다. 최신식 구멍은 지름이 작고 내벽에 나삿니가 새겨져 있어, 머리와 축 모두에 나삿니가 새겨진 나사가 들어간다. 머리에 나삿니가 새겨진 나사를 이용하면 전통적인 장비로 안정화하기가 불가능했던 복합 골절을 고정할 수 있다.

고, 전통적으로 6주간의 깁스가 필요했던 손목 골절이 '판과 잠금 나사'로 해결된다. 뼈가 약한 노인이라 할지라도 깁스는 전혀 필요하지 않다.

◆◆◆◆

뼈의 단축과 회전에서부터 금속제 지지물 이식에 이르기까지, 지금까지 기술한 정형외과계의 혁신들은 하나같이 '뼈의 형태와 배열'에 대한 정밀한 인식 덕에 이루어졌다. 이제 치료가 끝났으니 치유 진행 과정을 모니터링해야 한다. 그러나 뼈는 몸속에 숨어 있으므로 직접 노출시켜 들여다보기가 주저된다. 적절한 해결책은 뭘까?

8장

몸속 뼈를 보는 법

초기의 해부학자와 의사 들은 뼈에 별로 관심이 없었으므로 뼈를 그리는 경우는 거의 없었고 설사 그리더라도 대충 끼적거릴 뿐이었다. 무관심에는 많은 이유가 있었다. 기원후 150년경인 갈레노스의 시대에서부터 1500년 후인 르네상스기에 이르기까지, 이성이 관찰을 뛰어넘는다는 관념이 지배했다. 그러니 실물을 들여다보거나 실물처럼 그리려고 애쓸 필요가 없었을 수밖에. 더욱이 중세에는 예정 수술이 사혈만큼이나 치료 효과가 없었으므로 해부학을 이해할 필요가 없었고, 교회에서는 거의 예외 없이 인체 해부를 금지했으므로 해부학을 이해할 기회가 드물었다. 따라서 중세의 인체 해부도는 스케치 수준이었고, 상상력에 기대거나 곰과 원숭이의 해부에 기반했다.

수백 년 동안 추론이 관찰을 대체했으므로, 중세의 해부학자들은 자신들의 발견과 갈레노스의 저술 간에 차이가 있으면 관찰 결과를 무시한 채 갈레노스의 편에 서거나 '갈레노스의 시대 이후 해부학이 바뀌었다'라고 주장했다. 예컨대 갈레노스는 "넙다리뼈가 곡선을 이룬다"라고 썼는데, 아마도 곰의 넙다리뼈를 보고 그런 듯하다. 나중에 인간의 넙다리뼈가 직선을 이룬다는 사실을 발견한 해부학자들은, 갈레노스를 존경한 나머지 자신들의 관찰을 무시하고 '갈레노스 이후 수 세기 동안 사람들이 원통형의 하의를 착용한 습관 때문에 곡선형이었던 것이 점차 직선형으로 변했다'라고 합리화했다.

다행히도 인쇄술의 발명이 암흑시대의 종지부를 찍는 데 이바지했다. 최초의 인체 해부도는 1493년에 등장했다. 그 후 수백 년 동안 유럽에서 학문이 융성했는데, 그 과정에서 관찰 과학observational science이 확립되고 최초의 의과대학이 설립되었다. 자주 하진 못했지만, 처형된 범죄자의 시신을 사용한 인체 해부는 의과대학 커리큘럼의 통상적인 부분이 되었다. 그와 동시에 레오나르도 다빈치, 미켈란젤로 등이 사상 최초로 원근법과 명암법의 개념을 이해했다. 다빈치는 메모장에 이렇게 썼다. "갈비뼈 안으로 들여다보이는 흉곽과, 갈비뼈를 들어낸 후 흉곽 안에서 바라본 흉추dorsal spine를 그린다. 위에서, 아래에서, 앞에서, 뒤에서, 앞을 향해 바라본 2개의 어깨뼈shoulder blade를 그린다." 세부 사항을 그토록 강조한 분위기는 인체해부학이 정확히 묘사된 해부학 책의 출판으로 이어져 해부학 지식이 널리 보급되었다. 1700년, 뼈는 모든 인체해부학의 시각적 상징으로 자리 잡았다. 1700년대의 한 해부학자는 특별한 주목을 받을 만한 값어치가 있는데, 그 이유는 오로지 뼈에 집중했기 때문이었다.

윌리엄 체슬던은 열다섯 살의 나이에 런던의 한 저명한 외과 의사

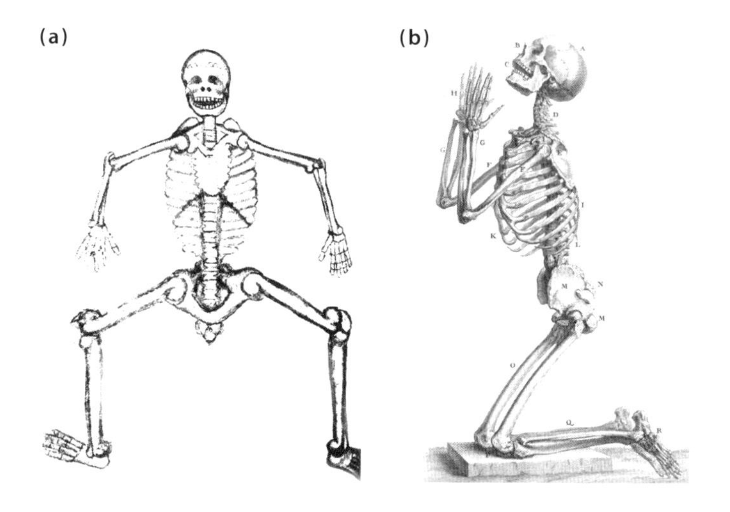

(a) 무명의 해부학자가 (인체 해부가 흔히 행해지기 한참 전인) 1323년에 그린 그림. 가슴뼈 breastbone는 대강 형식만 맞춰 그렸고, 빗장뼈와 어깨뼈는 단단한 고리 모양으로 잘못 묘사되었다. 골반도 마찬가지다. (b) 그로부터 410년 후, 윌리엄 체슬던이 정확하고 상세하게 그린 골격 해부도. 자신의 해부학 저서 『오스테오그라피아』의 한 페이지를 꽉 채우기 위해 기도하는 모습으로 그렸다.

의 도제로 들어갔다. 그는 7년간 정진한 후, 1709년 마침내 외과 의사가 되었다. 곧바로 개업할 수는 없었으므로 학생들에게 해부학을 가르치다가 자신의 강의 노트를 엮어 『인체해부학 *The Anatomy of the Human Body*』이라는 책으로 출판했다. 그 책은 큰 성공을 거뒀는데, 부분적으로는 (그 당시의 표준인) 라틴어가 아니라 영어로 쓰였기 때문이었다. 그 책은 100년 동안 13판을 거듭하며 외과해부학의 믿을 만한 참고서로 자리매김했다.

해부학에 대한 심오한 이해를 바탕으로 능숙한 외과 의사가 된 체슬던은 골절을 치료하고 백내장 cataract을 수술했으며, 특히 방광결석

bladder stone을 제거하는 데 일가견을 보였다. 그는 방광에 접근하는 새로운 방법을 고안해내어 절개를 시작한 지 불과 1분 이내에 결석을 제거할 수 있었다. 전신마취가 아직 발견되지 않았을 때였기에, 전광석화와 같은 수술은 환자의 고통을 감소시켰을 뿐만 아니라 수술의 치명률을 종전에 생각조차 할 수 없었던 10퍼센트로 떨어뜨렸다. 이름이 널리 알려진 그는 (세계까지는 아닐지라도) 영국의 내로라하는 외과 의사로 등극했다.

체슬던은 출세 가도를 달렸다. 왕비(안스바흐의 캐롤라인Caroline of Ansbach)의 주치의로 임명되었고, 조지 2세를 설득하여 이발외과의길드Company of Barber-Surgeons를 형성한 200년간의 특허를 폐지하는 데 결정적으로 이바지했다. 체슬던과 교분이 깊은 친구 중에는 알렉산더 포프Alexander Pope와 아이작 뉴턴이 있었다.

그러나 체슬던은 성공보다는 실패로 더 유명하다. 외과 기술은 해부학의 철저한 이해를 필요로 한다는 사실을 깨닫고, 그는 1733년 『오스테오그라피아』(또는 『뼈 해부학*The Anatomy of the Bones*』)를 출판했다. 오로지 뼈의 해부학만을 다룬 최초의 책으로, 여러 해 동안 거금 1만 7000파운드를 들여 제작했지만 판매 부수는 겨우 97권이었다. 그는 당초 해부학 도해집 3부작을 계획했지만 1권에 그치고 말았다. 그러나 『오스테오그라피아』는 해부학, 예술적 기교, 인류 문화의 보고로, 나는 그를 예우함과 동시에 널리 알리기 위해 이 책에 체슬던의 삽화 몇 점을 수록했다.

중세의 해부도는 상징적이고 조악했지만, 르네상스기 동안 미술가들은 3차원 물체를 종이에 정확히 옮기는 데 필수적인 기법인 원근법과 명암법을 이해하기 시작했다. 그렇지만 미술가의 머리가 약간 기울어지거나 그늘진 표면이 약간 밝게 칠해지기만 해도 결과가 왜곡될 수 있다는 한계는 여전했다. 체슬던은 그런 결과를 피하고 싶어 했다. 외과 의사에게는 섬세한 윤곽이 정확히 표현된 뼈 그림이 필요하기 때문이었다. 의학적 사진술이 발달하려면 100년을 더 기다려야 했으므로, 그때까지 해부학을 배우고 가르치는 유일한 방법은 해부와 해부도였다.

체슬던의 지휘에 따라, 두 명의 미술가들은 '절대적으로 정확한 묘사'라는 그의 목표를 달성했다. 그 당시의 의학적 삽화로서는 특이하게 그들은 (커다란 나무 상자 앞에 세워놓은) 삼각대에 뼈를 매달아놓음으로써 소기의 목적을 달성했다. 그 상자의 한쪽에는 조그만 구멍이 뚫려 있어, 그곳을 통해 빛과 상像이 상자 안으로 들어올 수 있었다. 미술가는 상자의 반대쪽에 앉아 유리판에 맺힌 뼈의 상을 자세하게 모사했고, 체슬던은 그 결과물을 판화로 제작했다. 체슬던의 동시대인들 사이에서 카메라오브스쿠라camera obscura로 알려져 있던 그 상자는 오늘날에 핀홀카메라pinhole camera로 더 잘 알려져 있다. 한 가지 차이가 있다면, 카메라오브스쿠라가 핀홀카메라보다 훨씬 더 크다는 것이다.

범위로 보나 우아함으로 보나, 『오스테오그라피아』는 시대를 초월하는 '위대한 해부학 도해집' 중 하나다. 책의 속표지에 그려진 카메라오브스쿠라는 삽화의 정확성을 암시한다. 에칭etching의 정교한 디테일, 페이지별 그림 배열, 중복되지 않은 라벨이나 지시선을 보면 체슬던이 얼마나 세련되고 예민한 사람인지 짐작하고도 남는다. 그는 인간의 전체 골격이 무릎 꿇고 두 손 모아 기도하는 자세를 취하게 했다. 뼈의 상대적 크기를 유지함과 동시에 한 페이지를 가능한 한 꽉 채우기 위해서였다. 이 책의 27쪽에 수록된 그림에서 알 수 있는 것처럼, 절단면을 묘사한 그림은 뼈의 내부 구조와 뼈가 길이 성장을 하는 방법을 설명해준다.

체슬던은 정상적인 뼈와 질병에 걸린 뼈 도판을 나란히 배치함으로써, 골절된 채 치유된 다리뼈(80쪽 참고), 매독에 걸린 두개골, 총상에 이어 만성적으로 감염된 팔뼈, 관절염에 걸린 엉덩관절을 알기 쉽게 설명했다. 이 정보들은 의사들에게 상당히 유익했다. 그림을 설명하는 글씨는 별로 찾아볼 수 없는데, 체슬던은 그림 속의 뼈가 스스로 모든 것을 설명한다고 믿었던 것 같다.

『오스테오그라피아』에는 다른 동물의 골격 그림이 비교를 위해 여러 점 포함되어 있다. 동물들은 자연스러운 포즈를 취하고 있다. 예컨대 개와 고양이는 서로 바라보며 으르렁거리고 있으며 곰은 앞발로 나무껍질을 벗기고 있다. 체슬던은 뼈를 사랑했던 것이 분명하며, 『오스테오그라피아』는 그가 남긴 불멸의 전설이다. 그럼에도 의학 삽화는 궁극적으로 사진술에 가려 빛을 잃었다. 어떤 의미에서, 체슬던은 변화를 예상하고 그림의 정확성을 확보하기 위해 카메라오브스쿠라를 사용했다고 볼 수 있다.

영국의 체슬던이 1700년대에 사진술을 예상하고 뼈를 정확하게 묘사한 것과 마찬가지로, 그로부터 한 세기 후 러시아의 니콜라이 피로고프Nikolai Pirogov는 (인체의 단면을 촬영해 해부학을 포착하는) 컴퓨터단층촬영과 자기공명 영상의 등장을 예상했다. 학습 속도가 빨랐던 피로고프는 열여덟 살의 나이에 의과대학을 졸업하고, 혁신적인 외과

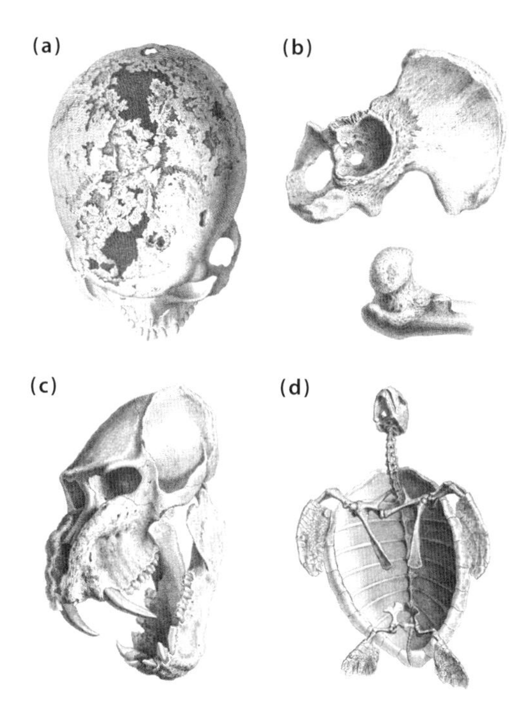

1733년에 윌리엄 체슬던이 발간한 도해집에는 인간의 정상적인 뼈 그림과 더불어 흔한 뼈 질환에 걸린 뼈 그림이 수록되었다. (a) 매독이 두개골을 황폐화했다. (b) 엉덩관절의 고름집abscess이 소켓에 구멍을 내 관절면을 파괴했다. 체슬던은 종 간의 유사점과 차이점을 보이기 위해 다른 동물들의 골격도 묘사했다. (c) 호랑이, (d) 바다거북.

의사로서 화려한 경력을 쌓았다. 또한 그는 해부학자로서 1850년대에 네 권짜리 책인 『냉동된 인체의 국소해부학 *Topographical Anatomy of the Frozen Human Body*』을 출판했다. 독특하게도, 그의 도해집에는 신중히 그려진 인체 단면도가 여러 점 포함되어 있었다. 인체의 단면도를 그리기 위해 피로고프는 시신을 냉동하여 다양한 규모로 다양한 면을 톱질했다. 그 원리는 오늘날 전자기적으로 작동하는 CT, MRI와 정확히

CT와 MRI가 발명되기 100여 년 전인 1850년대, 니콜라이 피로고프는 인체의 단면도를 그려 해부학의 3차원적 개념화를 촉진했다.

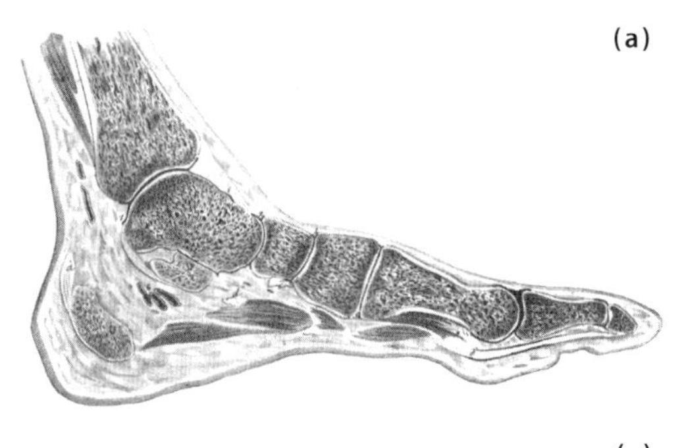

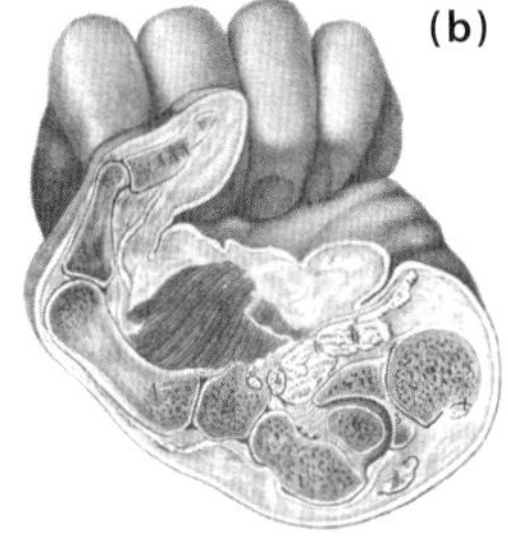

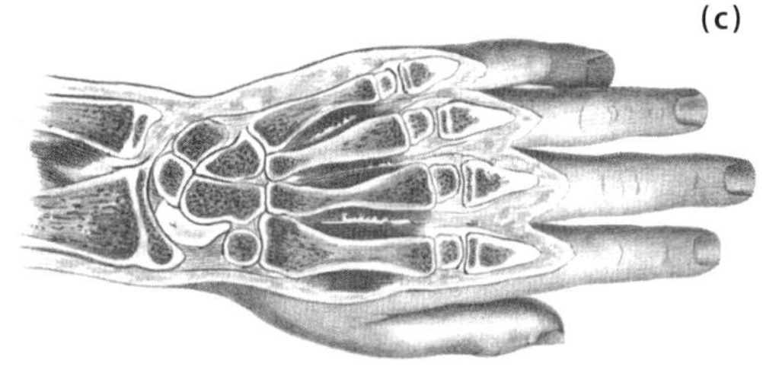

일치한다.

그러나 사진술의 등장은 해부도에 대한 체슬던과 피로고프의 혁신을 무용지물로 만들었다. 수많은 혁신가가 정형외과학 발전에 십시일반으로 이바지했지만 1820년대에 시작된 사진술도 그만큼의 역할을 했다. 한 여성의 커다란 갑상선종이 담긴 최초의 의학적 사진은 1847년에 촬영되었다. 19세기 후반 동안 촬영된 사진들은 수천 가지 의학적 상태를 정확히 기록했다.

뒤이어 컬러사진술이 등장했고, 전문화된 렌즈들이 표면 병터의 클로즈업 영상과 귀·눈·목구멍·결장 심지어 관절의 내부를 촬영했다. 현미경을 이용한 사진 촬영도 다반사가 되었지만, 살아 있는 뼈를 촬영하는 기술은 여전히 답보 상태였다. 그러나 1895년 11월 8일(금요일)에 상황이 갑자기 바뀌었다. 독일 뷔르츠부르크에서 빌헬름 콘라트 뢴트겐Wilhelm Conrad Röntgen이 엑스선을 발견하는 바람에 정형외과가 얼떨결에 현대로 도약한 것이다.

그즈음 토머스 에디슨, 니콜라 테슬라Nikola Tesla, 뢴트겐 등은 유리 진공관을 이용하여 하나의 판에서 다른 판으로 전기를 보내는 효과를 실험하고 있었다. 진공관에서 나오는 빛의 간섭을 완전히 배제하기 위해, 뢴트겐은 하나의 진공관을 판지로 밀봉하고 실험실의 불을 끈 다음 발전기의 스위치를 켰다. 그랬더니 놀랍게도 감광물질로 코팅된 판지 조각이 빛을 발하는 것이 아닌가! 뢴트겐이 전류를 차단했더니 그 빛은 사라졌다. 주말이 다가왔으므로, 그는 몇 가지 방법으로 실험을 반복한 후 예비 보고서를 작성했다. 그는 몇 주 동안 연구실에서 숙식하며 '미지의 광선'을 연구하다, 수학에서 미지수의 상징인 'X'를 이용해 '엑스선X-ray'이라고 명명했다. 연구 결과, 엑스선은 아무리 두꺼운 책도 통과하지만 동전과 그의 손뼈는 감광판에 그림자를 드리우는 것으로 밝혀졌다. 그로부터 6주 후, 뢴트겐은 자신의 아내와 그 비밀을 공유했다. 그는 그녀의 허락을 받아 15분 동안 손을 노출한 결과물을 얻었는데, 바로 세계 최초의 정형외과 엑스선 사진이다. 그녀는 자신의 손뼈 사진을 보고 "나의 죽은 모습을 보는 것 같아요"라며 심란해했다. 일주일 후 발표된 「새로운 종류의 광선에 대하여On a New Kind of Rays」라는 논문에, 아내의 손 사진을 포함한 뢴트겐의 발견 내용이 실렸다. 그 논문은 즉시 물리학자들의 관심을 끌었고, 일반 언론의 주의를 환기했다. 그리하여 뢴트겐의 공식 발표가 있은 지 일주일 내에 그의 발견은 뉴스의 헤드라인을 장식했다.

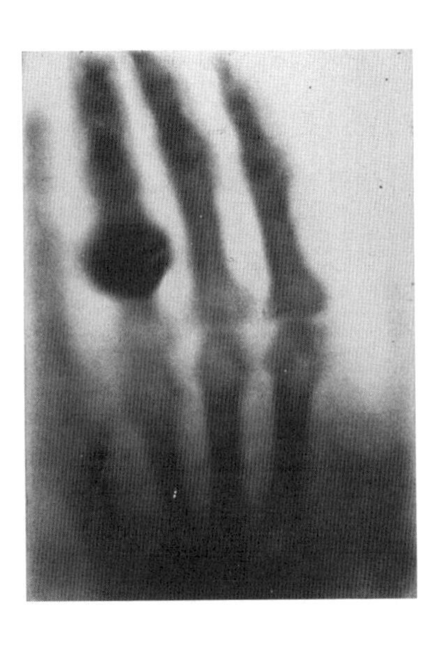

빌헬름 콘라트 뢴트겐이 1895년 아내의 왼손을 결혼반지와 함께 촬영한 엑스선 사진. 사상 최초로 촬영된, 한 사람의 영구적인 방사선 사진이다.

음극선관cathode-ray tube은 잘 알려져 있는 데다 만들기 쉬웠으므로, 많은 연구자가 엑스선의 이해와 응용을 도왔다. 열화와 같은 관심 속에서 발전은 빠르게 일어났다. 뢴트겐이 공식적으로 발표한 지 3개월도 채 지나지 않아, 한 진취적인 전기공사 도급자 겸 사진광이 연구실을 열어 진단 서비스를 제공했다. 한 달 후에는 최초의 방사선학 저널 창간호가 발간되었고, 나중에 《영국방사선학회지*British Journal of Radiology*》로 이름을 바꿨다. 엑스선을 이용한 성장판 촬영은 그때부터 시작되었다. 1898년에 발간된 한 도해집에 손과 손목의 성장판 사진이 실렸고, 오늘날의 정형외과 의사와 영상과학자들은 아직도 그런 사진을 이용하여 어린이나 10대의 뼈 나이를 결정하고 있다.

아마도, 난생처음 엑스선 사진을 들여다본 의사들은 원통해하면서도 무릎을 탁 쳤을 것이다. 그동안 '어긋남'이라고 불러왔던 것이 사실은 '골절'이었고, 조각나거나 으스러진 뼈를 재정렬하려던 조작들이 아무짝에도 쓸모없는 짓이었음을 깨닫게 되었으니 말이다.

1901년, 뢴트겐은 사상 최초의 노벨 물리학상을 받았다. 뢴트겐은 상금을 대학에 기부했을 뿐만 아니라 자신의 발견이 널리 응용될 수 있도록 특허 출원을 거부했다.

엑스선 촬영 초창기의 환자들은 의사에게 이렇게 물었으리라. "병력을 철저히 파악했고, 신중한 진찰을 거쳤고, 뭐가 잘못됐는지 확실히 안다고 내게 말했으니, 이제 엑스선 촬영 오더만 내리면 되겠네요. 안 그래요, 의사 선생?" 이런 부류의 질문은 (최첨단의 엑스선 검사를 시행하지 않는) 구닥다리 의사의 진단에 대한 불신을 암시했다. 그러나 20세기 동안 의사와 환자들은 엑스선 촬영이 진단에 도움이 되는 경우와 불필요한 경우를 잘 분간하게 되었다. 예컨대 치통은 엑스선 촬영을 해도 되지만, 인후통은 그럴 필요가 없다. 일반적으로 엑스선 사진은 고농도의 칼슘을 함유한 구조를 드러내는데, 누적된 칼슘이 엑스선의 진로를 가로막아 감광판에 영상을 남기기 때문이다. 이쯤 되면 웬만한 독자들은 뼈, 치아, 경화된 동맥, 신장결석이 떠오를 것이다.

의사들은 엑스선 촬영 오더를 신중히 내리게 되었는데, 방사선이 살아 있는 조직을 손상시킬 수 있기 때문이었다. 엑스선의 유해성이 발견되기 전, 초기 엑스선 촬영의 해로운 효과는 더디게 드러났다. 엑스선은 볼 수도 느낄 수도 없기 때문에 연구자들은 자연히 그것을 무해하다고 간주했다. 테슬라와 에디슨은 엑스선으로 실험을 하다가 자기 눈에 염증이 생긴 것을 발견했지만, 두 사람 모두 방사선과 증상 간의 상관관계를 도출해내지 못했다.

치아 엑스선 사진을 찍을 때, 과거의 치과 의사들은 편의상 손가락으로 필름을 잡았다. 수십 년 후, 그들의 손 피부는 건조해지고 갈라지다가 암에 걸리기도 했다. 나는 1950년대에 시어스백화점의 신발 매장에 설치된 엑스선 투시 장치로 내 발가락뼈가 꿈틀거리는 영상을 보며 즐거워했다. 내 발은 아직까지 멀쩡하지만, 그저 행운을 빌 뿐이다. 오늘날에는 '연간 및 평생 방사선 노출 허용량'이 설정되어 있으며, 사람들은 납 차폐물 뒤에 서서 엑스선 사진을 찍는다.

광선의 진행이 일부 차단될 때 엑스선은 그림자를 드리운다. 바닷가재 잡이용 통발의 나무 격자가 해저에 뚜렷한 그림자를 드리우는 것처럼 말이다. 통발에 관심이 없다면 그만이지만, 만약 그 속에 들어 있는 바닷가재를 촬영하는 데 관심이 있다면 이야기가 달라진다. 당신이라면 어떻게 할 것인가? 한 위치에서만 촬영하면 격자가 바닷가재의 일부 혹은 전부를 가리리라고 판단하고 통발 주위를 빙 돌며, 이를테면 30도 간격으로 돌며(한 시 방향, 두 시 방향 …) 셔터를 누를 것이다. 그렇게 촬영한 다음 사진들을 조합하면 바닷가재의 누락된 윤곽contour과 치수dimension를 정확히 추정할 수 있다. 일정한 간격으로 100장 이상의 사진을 찍는 경우를 상상할 수 있다면, 당신은 컴퓨터단층촬영(간단히 CT 스캐닝이라고 부르며, 일각에서는 컴퓨터축단층촬영computed axial tomography[CAT 스캐닝]이라고 부른다)의 개념을 이해하기 시작한 것이다.

1970년대에 개발된 이러한 영상화 기법은 영국의 고드프리 하운스필드Godfrey Hounsfield, 미국 매사추세츠의 앨런 코맥Allan Cormack에게 1979년 노벨 생리의학상을 안겨줬다. CT 스캔은 고속 컴퓨터가 등장하면서 실용화되었다. 모든 각도에서 촬영된 엑스선 영상을 처리하여 (앞에 가로놓인 구조들 때문에 애매했던) 관심 있는 부분의 영상을 재구성하려면 컴퓨터의 도움이 절실히 필요했다. 처음에는 컴퓨터가 미가공 데이터를 입력받아 영상을 창조하는 데 여러 시간이 걸렸다. 그러나 오늘날에는 영상을 입력하고 처리하는 시간을 다 합쳐도 불과 몇 초밖에 안 된다. 정형외과 의사의 경우, 두 가지 면에서 CT 스캐닝의 덕을 톡톡히 본다. 첫 번째 경우는 관심 있는 연조직 부분(이를테면 신경 뿌리가 척추에서 나오는 부분)이 뼈에 둘러싸여 있는 경우다. 두 번째 경우는 산산조각이 난 골절 부위에 관절이 포함되어 있거나, 골반과 같이 복잡한 해부학적 부위를 진찰하는 경우다. 컴퓨터가 만들어낸 3차원 렌더링rendering•은 외과 의사로 하여금 손상된 부분을 시각화하고 재건 계획을 세우도록 한다. 인상적이고 요긴한 영상이지만, CT 스캐닝은 '상당한 방사선 노출'이라는 비용을 치른다.

자신들의 단순 엑스선plain X-ray이나 CT 영상을 들여다보며 환자들은 의사에게 종종 이렇게 묻는다. "제 뼈가 어때 보여요? 골다공증인가요?" 그러나 두 가지 사실을 명심하기 바란다. 첫째, 골다공증이란 '다공성porous이고 취약해 골절되기 쉬운 뼈'를 의미한다. 여기서 '다공성이고 취약하다'라는 것은 칼슘이라는 내용물이 줄어들었다는 뜻인데, 나이가 들어감에 따라 자연히 발생하는 현상이며 특히 여성의 경우에는 폐경 이후 가속화된다. 여기까지는 골다공증에 관한 상식이

• 광원·위치·색상 등 외부의 정보를 고려하여, 2차원 화상을 3차원 화상으로 만드는 과정을 뜻하는 컴퓨터그래픽스 용어다.

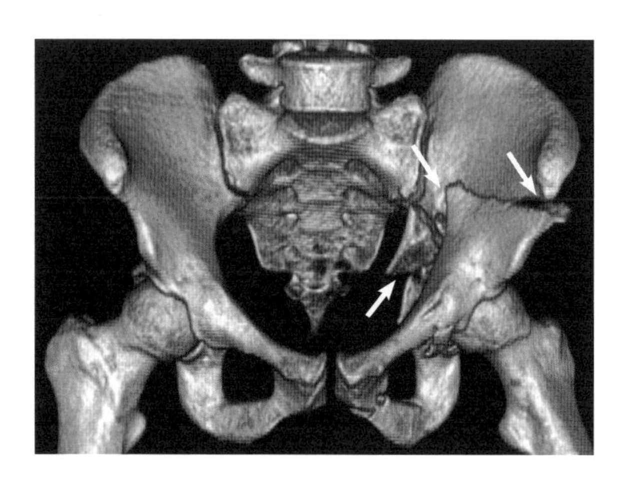

골절된 골반의 3차원 영상으로, 컴퓨터가 300개의 2차원 CT 영상을 포개 만들어낸 것이다. 화살표로 표시된 부분은 다발 골절로 인해 금이 간 것으로, 단순 엑스선만으로는 들여다보거나 해석하기 어려운 부분이다.

다. 우리 선조들처럼 동굴에서 생활하지 않는 요즘, 골다공증의 개념과 위험에 대해 모르는 사람은 거의 없을 것이다.

그러나 두 번째 사실을 아는 사람들은 의외로 드물다. 그 내용인즉, 통상적인 엑스선 사진만 갖고서는 골다공증의 유무를 알 수 없다는 것이다. 통상적인 엑스선 사진으로 골밀도를 판단할 수 없게 만드는 요인으로는 '주변의 연조직 양'과 '엑스선 조사照射의 지속 시간 및 강도'가 있다.

하지만 희소식이 있으니, '이중 에너지 엑스선 흡수 측정법dual-energy X-ray absorptiometry'(간단히 DXA 골밀도 측정법이라고 부른다)이라는 기술을 이용하면 골다공증의 존재와 중증도를 정확히 결정할 수 있다는 것이다. DXA 측정기는 두 가지 표준화된 엑스선(하나는 저에너지, 다른 하나는 고에너지)으로 똑같은 뼈 부위(주로 허리나 엉덩이)를 촬영한다. 허리나 엉덩관절이 측정 대상으로 선정된 이유는, 칼슘 불충분으로 인해 붕괴할 때 가장 큰 피해를 보는 부위이기 때문이다. 저강도 빔은 대체로 연조직에 의해 흡수되므로, 고강도 빔의 효과에서 저강도 빔의 효과를 빼면 '뼈가 흡수한 엑스선의 양'을 구할 수 있다.

필사적인 노력에도 불구하고 방사선 노출을 완전히 회피할 수는 없다. 어떤 방사선은 태양에서 오고, 어떤 방사선은 땅에서 나오기 때문이다. 비행기를 타면 더 많은 방사선에 노출되는데, 고도가 높은 곳에는 공기가 희박해 태양의 방사선이 덜 차단되기 때문이다. 태양 방사선은 성간 비행interplanetary flight에서 더욱 크고 해결할 수 없는 문제가 된다. 우주 공간에는 방사선을 차폐하는 공기가 없을뿐더러, 우주선을 납판으로 뒤덮는다는 것은 비현실적이기 때문이다. 이쯤 되면 낙담하는 독자들이 있을지도 모른다. 그렇다고 자포자기할 필요는 없다. 피할 수 없다면 꼼꼼히 따져보자.

당신의 허리를 CT로 한 번 촬영할 때 노출되는 방사선량은 흉부 엑스선 검사를 한 번 받을 때 노출되는 방사선량의 약 70배에 해당한다. 흉부 엑스선 사진을 한 번 찍을 때 노출되는 방사선량은, 지구상에서 12일 동안 그냥 빈둥거릴 때 노출되는 방사선량에 해당한다. 유방 촬영술mammogram의 위험은 흉부 엑스선 검사의 약 4배이고, DXA 골밀도 측정법의 위험은 엑스선 검사의 약 1퍼센트다.

대부분의 사람은 유방 촬영술, 흉부 엑스선 검사, DXA 골밀도 측정법의 이점이 방사선 노출의 위험을 훨씬 상회한다는 데 동의한다. 가끔 사려 깊게 촬영하는 CT 사진도 건강을 유지하고 회복하는 데 도움이 된다. 그러나 "어디가 잘못됐는지 모르니까, 일단 CT나 한번 찍어봅시다"라는 의사의 제안은 거절하는 것이 좋다. 초기 치과 의사들의 경우, 피부의 손상된 DNA가 암을 초래하는 데 수십 년이 걸렸다는 점을 상기하라. 그와 마찬가지로, 의사에게 다음과 같이 말하는 것은 어리석은 짓이다. "의사 선생님, CT 사진 한 장 찍으면 왠지 마음이 놓일 것 같아요."

여행자들이 공항에서 유리 부스를 통과하며 손을 위로 들 때 작동하는 엑스선 검사 장치는 어떨까? 몸에 해롭지 않을까? 안심해도 좋다. 공항 검색대에 설치된 것은 매우 약한 엑스선을 사용하는 후방산란backscatter 검사 장비여서, 방사선이 여행자의 표면에서 튀어 나가기 때문이다. 그에 반해 단순 엑스선, CT, DXA 촬영에 사용되는 중간 강도의 엑스선은 몸을 관통하며, 통과하는 조직의 밀도에 따라 그림자를 드리운다. 후방산란 장치는 표면만을 촬영하므로, 수직 빔을 이용해 여행자의 앞과 뒤를 휘리릭 촬영할 뿐 내부까지 촬영하지는 않는다. 어떤 여행자의 몸속에는 금속 물체(인공 엉덩관절이나 판과 나사)가 들어 있지만, 미국 교통안전청Transportation Security Administration, TSA은 비행기 안에서 무기로 사용할 수 없는 금속 물체에는 별로 관심이 없다. 물론 후방산란 검사 장비도 피부에 방사선을 조사하지만, 그 강도는 당신이 하루 동안 걸을 때 노출되는 방사선량의 약 10분의 1이며, 흉부 엑스선 검사를 받을 때 노출되는 방사선량의 1퍼센트에 불과하다.

TSA는 어떤 때는 여행자들이 후방산란 검사 장비를 통과하게 하지만, 어떤 때는 문틀처럼 생긴 금속 탐지기를 통과하게 한다. 금속 탐지기의 아치형 통로에서는 1초당 100번씩 맥동하는 펄스 자기장pulsating magnetic field이 발생하는데, 각 펄스의 끝부분에서 자기장은 극성이 바뀌며 (회로가 인식할 만한 속도로) 붕괴한다. 금속 물체가 탐지기의 입구를 통과한다면, 그것은 자기장의 붕괴 속도를 지연시킨다. 아마도 그때 경보음이 울릴 것이다.

경보음이 울릴 것인지 말 것인지는 금속 물체의 크기와 약간 관련이 있다. 치과 충전재는 그냥 통과하지만, 때로는 1파운드짜리 인공 엉덩관절도 조성에 따라 통과할 수 있다. 골절 고정용 판·나사·철사는 전통적으로 스테인리스강으로 만들어져 있는데, 그중 약 3분의 2가 철이다. 새로 나온 판과 나사 중 일부는 티타늄으로 만들어져 있다. 인공 엉덩관절은 종종 스테인리스강이나 여러 가지 금속의 합금으로 만들어진다. 각각의 금속은 고유의 자기 특성을 갖는데, 어떤 금속은 경보가 울리지만 어떤 금속은 그러지 않는 것은 바로 이 때문이다. 그에 더하여 탐지기 자체의 감도가 가변적인데, 여행자가 천천히 통과할 때는 탐지기의 감도가 높아진다. (너무 느리거나 쏜살같이 통과하면, 탐지기의 금속 탐지 능력이 감소한다.) 원드wand• 는 아치형 통로보다 민감한데, 그 이유는 몸에 근접한 펄스 자기장이 '은밀한 금속 물체'를 모조리 탐지하기 때문이다.

이야기의 핵심은 다음과 같다. 만약 당신이 에빌 나이벨Evel Knievel(기네스북에 따르면, 433번의 골절상을 입고서도 살아남았다고 한다)의 환생이거나 무릎·엉덩관절 전치환술과 척추 유합술을 받았다면, 원드와 몸수색에 대비하라. 설사 당신의 고정기에 금속이 덜 포함되어 있더라

• 보안 요원이 우리 몸 주변을 훑을 때 쓰는 막대 모양의 탐지기.

도 경보가 울릴지 말지는 야금학과 기계의 기분에 달려 있다. 만약 공항 검색대에서 경보음이 울린다면 요원이 득달같이 달려와 당신에게 원드를 들이댈 테니 행운을 빈다.

또 다른 범주의 뼈 영상 검사에서도 방사선이 방출되지만, 이 방사선은 엑스선과 달리 '단기 작용 방사성원소short-acting radioactive element'에서 나오므로 덜 해롭다. 이 검사의 이름은 뼈 섬광조영술bone scintigraphy(흔히 뼈 스캐닝bone scanning이라고 한다)로, DXA 골밀도 측정법과 달리 조골세포에 이끌리는 분자(방사성 화학물질)를 주입하는 방식이다. 주지하는 바와 같이, 조골세포는 뼈가 신속히 형성되거나 리모델링되는 곳에 특히 풍부하게 존재한다. 따라서 몸에 주입된 화학물질은 조골세포들이 우글거리는 곳이라면 어디든지 (그들이 열심히 일하는 이유가 뭐든 상관없이) 찾아간다. 그다음으로 가이거계수기Geiger counter가 전신 검사를 통해 핫 스폿(조골세포들이 다량의 화학물질을 집어삼킨 곳)을 찾아내는데, 그런 곳에는 암·감염·골절이 존재하기 마련이다. 설사 엑스선에 포착될 정도로 진행되지 않은 병터라도 가이거계수기의 감시망을 벗어날 수 없다. 뼈 스캐닝 하나만 갖고서는 조골세포의 활동을 촉진한 원인을 알아낼 수 없지만, 의사는 그 결과에 기반하여 특정 병터(들)에 관심을 집중함으로써 다른 영상 검사나 생검의 시행 여부를 결정할 수 있다. 예컨대 전립선암에 걸린 환자의 경우, 말기 단계라면 뼈로 전이됐을 수 있다. 그럴 때 (돈이 많이 들 뿐만 아니라 상당한 양의 방사선에 노출되는) 전신 엑스선 촬영 대신 뼈 스캐닝을 하면 암이 전이된 뼈(두개골이 됐든 발가락이 됐든)를 찾아낼 수 있다. 뼈 스캐닝을 할 때 노출되는 방사선량은 허리 CT 촬영 때 노출되는 방사선량과 같

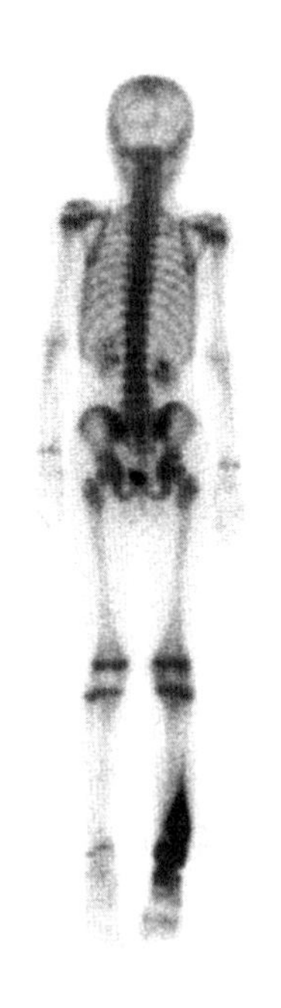

한 청소년의 뼈를 뒤에서 바라본 뼈 스캐닝 사진. 오른쪽 발목이 왼쪽 발목보다 방사성동위원소를 많이 흡수했는데, 이는 뼈종양이 활발히 성장하고 있음을 시사한다. 무릎, 어깨, 팔목의 대칭적인 부위들을 비교해보면 그쪽에서는 뼈가 정상적으로 성장하고 있음을 알 수 있다.

으며 전신 CT 촬영 때 노출되는 방사선량보다는 훨씬 더 적다. 결론적으로, 뼈 스캐닝은 포괄적인 검사 결과를 제공한다. 학대받은 어린이나 노인을 탐지하는 데도 요긴하다. 어린이와 노인의 다발 골절에는 필시 무슨 곡절이 있을 것이기 때문이다.

뼈 영상 검사로 인한 방사선 노출의 위험을 완전히 피하려면 자기공명 영상, 즉 MRI를 고려할 필요가 있다. CT 스캐닝이 개발된 직후에 개발된 MRI는 개발자인 영국의 브릿 피터 맨스필드Brit Peter Mansfield에게 작위를 선사한 데 이어, 2003년 미국의 폴 라우터버Paul Lauterbur와 함께 노벨 생리의학상도 안겨주었다. MRI는 처음에 핵자기공명nuclear magnetic resonance, NMR이라고 불렸는데, '핵'이라는 단어가 주는 거부감에도 불구하고 사실상 방사선을 전혀 사용하지 않는다. MRI 장비는 덩치도 어마어마하고 가격도 엄청나게 비싸다. MRI는 본질적으로 거대한 자석으로, 물 분자 속의 아원자입자를 뒤흔들 정도로 강력하다. 그러므로 자석이 신속하게 켜지거나 꺼질 때, 고감도 수용기는 (동요하는 입자들이 만들어낸) 미세한 전자신호를 탐지한다. 컴퓨터는 그 미세한 신호를 해석해 동요하는 부위의 영상을 창조한다. 일반적인 디스플레이 모드에서 다량의 수분을 함유한 조직(예컨대 지방)은 하얗게 표시되고 수분이 덜 함유된 조직(이를테면 뼈)은 까맣게 표시된다.

MRI로는 (엑스선이 그림자를 드리우지 않고 통과하는) 연조직의 문제를 확인할 수 있으며, 특히 칼슘을 함유하지 않은 기관(예컨대 뇌나 심장)이 뼈로 된 수납장(예컨대 두개골이나 흉곽) 속에 담겨 있을 때와 앞에 가로놓인 뼈들 때문에 내부 영상이 흐릿할 때에 유용하다. 나아가 인대, 엉덩관절, 무릎의 인대·연골·힘줄 문제를 진단하는 데도 도움이 된다. 뼈가 많은 부위라, 엑스선 촬영에 의존할 경우 중요한 연조직의 세부 사항이 가려지기 때문이다.

MRI는 방사선 노출로부터 자유롭지만 다른 안전성 문제가 도사리고 있다. 엄청나게 강력한 자석 때문에 금속제 의자와 산소 탱크가 실험실에서 날아다니며 참담한 결과를 초래한 사례가 있는데, 그런 참사는 체내에 존재하는 금속에도 적용된다. 만약 당신이 금속으로 된 귀 임플란트, 심장박동조율기cardiac pacemaker, 인공관절, 고정용 판과 나사를 보유하고 있다면 MRI를 고려하는 것은 바람직하지 않다. 실험동물과 인간을 대상으로 한 광범위한 연구에 따르면, MRI 촬영은 인체에 유해한 영향을 미치지 않는다고 한다. 그럼에도 현행 지침은

임신 초기 여성에게 다른 영상 검사법을 권고하고 있다.

그러나 MRI의 최악의 이슈는 물리학이 아니라 정신적인 문제와 관련되어 있으며, 이는 '검사 중 문제'와 '검사 후 문제'로 나뉜다. '검사 중 문제'를 먼저 다루려고 하는데, 그 이유는 필요한 경우 약물로 관리할 수 있기 때문이다. MRI의 자석이 아무리 강력하다고 해도, 양성자를 흔들기 위해서는 가능한 한 몸에서 가까운 곳에 있어야 한다. 따라서 환자는 비좁은 엑스선 관에 들어가 불과 몇 센티미터 떨어진 곳에서 시끄러운 자석이 켜졌다 꺼졌다 하는 동안 꼼짝 말고 있어야 한다. 개인적으로는 그런 상황을 상상만 해도 밀실 공포증을 느끼는데, 이 때문에 양호한 영상을 얻기 위해 일부 성인과 대부분의 어린이에게 진정제를 투여한다.

두 번째 문제인 '검사 후 문제'는 약물로 관리할 수도 있지만, 대부분의 사람은 진정제에 지나치게 의존하는 것을 달갑잖게 여긴다. 따라서 우리는 교육의 힘을 빌려야 한다. CT에 대해 '최첨단 기술 맹신증'이 작용하는 것처럼, 일부 의사들은 다른 검사법이 신통치 않을 때 MRI 오더를 내리는 경향이 있다. 그와 마찬가지로 일부 환자들은 '평범한 검사는 불완전하며 의학적으로 무용지물이다'라고 지레짐작한 나머지 MRI를 제안하거나 강력히 요구한다. 하지만 CT가 됐든 MRI가 됐든 진보된 검사법을 무차별적으로 사용한다고 해서 '건초 더미 속의 바늘'을 찾아낼 수 있는 것은 아니다. 오히려 '지극히 정상인 지푸라기'를 왠지 이상하게 보인다는 이유로 비정상으로 몰아붙일 수 있다. 이 같은 긁어 부스럼식 진단은 괜한 걱정을 낳아 더 많은 영상 검사 및 다른 검사·생검·치료가 꼬리에 꼬리를 문다. 과잉 진단으로 인한 과잉 치료는 의학적으로나 금전적으로나 엄청난 위험을 동반한다. 그러므로 MRI의 한계를 이해시키기 위한 교육이 절실히 요망된다.

근골격계를 검사하는 또 다른 영상 검사법으로 초음파ultrasound가 있다. 당신이 계곡 건너편을 향해 소리를 지르면 메아리가 들리는 것처럼, 진동수가 높은 음파는 우리의 조직과 뼈에 부딪혀 반사된다. 상이한 조직은 상이한 반사 특성을 가지므로, 초음파 분석기는 해부학적 구조의 반사 영상을 생성한다. 적절히 사용할 경우 초음파는 심지어 발육 중인 태아에게도 안전하다. 다른 영상 검사 기법에서 논란이 되고 있는 방사선 노출이나 밀실 공포증과 같은 문제도 초래하지 않는다. 초음파는 뼈를 관통하지 않고 표면에서 반사되므로, 표면의 종양이나 감염을 탐지하는 용도로 한정된다. 따라서 정형외과 의사들은 초음파를 이용해 주로 근육·힘줄·인대를 검사하는데, 자세한 내용은 다른 이야기이므로 다음 장에서 다루기로 한다.

뼈 영상 검사의 마지막 방법은 현미경을 이용해 뼈를 들여다보거나 사진을 촬영하는 것이다. 이 방법을 사용하려면 생검이나 부검의 경우와 같이 뼈를 몸 밖으로 꺼내야 한다. 350년 전 현미경이 발견된 이후 과학자들은 모든 종류의 물체를 현미경으로 관찰해왔지만, 뼈는 단단하다는 이유로 늘 특별한 문제가 있었다.

광학현미경으로 관찰하려면 모든 물체를 얇게 썰어 빛이 통과하도록 만들어야 한다. 생물학적 조직의 경우 세포 한 겹의 두께로 썰어야 하고, 연조직의 경우 표본을 파라핀이나 얼음 속에 넣은 다음 얇게 썰어 현미경 슬라이드에 장착해야 한다. 그런데 뼈의 경우에는 면도날이 망가질 것이므로 특별한 전술이 필요하다. 첫 번째 방법은 뼈를 수

주 동안 산에 담가 칼슘을 용해한 후 남은 것을 파라핀에 넣어 얇게 써는 것이다. 두 번째 방법은 단단한 뼈를 단단한 에폭시epoxy 수지에 넣은 후 평삭기(매우 견고하고 무겁고 날이 날카로워 뼈를 마치 버터처럼 썰 수 있다)로 써는 것이다. 세 번째 방법은 뼈 표본을 갈아서 빛이 통과할 만큼 얇게 만드는 것이다. 세 가지 방법 모두 처리 과정에서 특별한 화합물을 첨가해 다양한 요소들을 상이하게 염색함으로써, 세포의 구성 요소들(콜라겐, 세포핵 등)을 확인할 수 있게 해준다.

전통적인 현미경은 유리 렌즈를 이용해 관찰자의 망막이나 카메라의 필름에 초점을 맞추어 상이 맺히게 한다. 독자 여러분이 고등학교나 대학교 때 사용했을 현미경은 피사체를 500배로 확대할 수 있는데, 그 정도면 조골세포와 파골세포를 제법 크게 볼 수 있다. 더욱 자세히 들여다보기 위해 과학자들은 전자현미경에 눈을 돌린다. 자석이 전자빔을 발사하면 표본은 전자빔을 부분적으로 통과시키거나 차단함으로써 상을 만들게 된다. 전자는 가시광선보다 파장이 훨씬 더 짧으므로, 전자현미경의 배율은 표준 광학현미경의 1000배에 달한다. 주사전자현미경scanning electron microscope, SEM의 경우, 전자가 3차원 피사체의 표면에서 반사되어 깜짝 놀랄 만한 영상을 만들어낸다(92쪽 참조). 투과전자현미경transmission electron microscope, TEM은 광학현미경과 마찬가지로 2차원 영상만을 제공하지만, 훨씬 더 작은 피사체(이를테면 개별 콜라겐 섬유)를 관찰할 수 있다.

문득 살아 있는 뼈를 겨냥하는 영상 검사법의 미래가 궁금해 견딜 수 없다. 독자들의 심정도 마찬가지일 것이라 믿는다.

9장

숨겨진 뼈의 미래

5억 년에 걸친 뼈의 역사•를 되돌아보고, 의사와 과학자 들이 뼈의 미스터리를 파헤치고 이를 특별한 목적으로 전용한 사례를 살펴보았다. 뼈는 실로 엄청난 과거를 지녔으며, 깊은 존경을 받아 마땅하다고 볼 수 있다. 그렇다면 뼈의 미래는 어떻게 될까?

크기의 스펙트럼상 양 끝단에, 뼈와 근골격계 건강 전반에 영향을 미치는 두 가지 새로운 기술이 자리 잡고 있다. 오른쪽 끝에는 인구집단 수준의 데이터를 주무르는 인공지능 기술이 버티고 있다. 오늘날 인공지능은 수십억 비트의 건강 데이터와 화소를 처리하여 (연구자들의 눈에는 그저 혼돈으로만 보이는) 패턴을 포착하기 시작했다. 언젠가 인공지능이 '담배를 피우는 47세의 백인 역도 선수는 이러이러한

• 유골의 주인공인 척추동물의 역사를 의미한다.

수술을 받아야 한다'라고 자신 있게 처방하는 날이 올 것이다. 스펙트럼의 왼쪽 끝에는 원자와 분자 수준에서 작동하는 나노 기술이 자리 잡고 있다. 이 기술은 뼈의 성장과 복구에 영향력을 행사하게 될 것이다. 예컨대, 오늘날 뼈의 관리와 치유를 위해 노력하는 연구자들은 초현미경적submicroscopic 세라믹·금속 입자를 개발하여, 5억 년 된 뼈의 성공 신화를 이어가기 시작했다.

눈으로 볼 수 있는 데다 흥미로운 매력이 넘치는 사지 재생limb regeneration 기술도 있다. 이 기술의 핵심은 인체의 세포와 분자 전령사를 조작해 상실된 팔이나 다리를 자라나게 하는 것이다. 어떤 도롱뇽은 사지를 (심지어 여러 번) 재생할 수 있으며, 어떤 도마뱀은 포식자에게 헌납한 꼬리를 재생할 수 있다. 도롱뇽과 도마뱀 공히, 절단된 등걸은 배아와 동일한 발생 경로를 밟는 것처럼 보이지만 그 범위가 전신이 아니라 사지에 국한된다. 수많은 연구자는 그 경이로운 재생에 관여하는 세포적·분자적 메커니즘을 규명하는 데 전념하고 있다. 언젠가 그들은 인간의 발목이나 엄지손가락을 분자적으로 자극하여 절단된 부분을 재생하게 될 것이다. 그러나 먼 훗날의 진보를 기다리며 숨을 죽이고 있기보다는, 결실을 눈앞에 두고 있는 몇 가지 진보를 살펴보기로 하자.

고령 사회에 접어들면서 건강한 뼈에 대한 수요가 증가하고 있다. 물론 나이가 들면 골다공증이 발생할 가능성이 커지며, 운동으로 골다공증에 대처하려다가 자칫 활동 관련 부상(이를테면 요통, 골절, 힘줄 늘어남)을 입을 수 있다. 혹자는 향후 수십 년 동안 정형외과 의사들의 직업안정이 보장될 것이라고 생각할지도 모르겠다. 하지만 꼭 그런 것은 아니다. 뼈 건강 향상은, 외과적 기술과 임플란트보다는 생물학적 이해의 향상 덕분인 경우가 많기 때문이다. 정형외과 의사들도 그 사실을 잘 알고 있다. 그도 그럴 것이, 뼈에 대한 세포적·분자적 수준의 연구가 늘어날수록 뼈를 그 수준에서 다루는 경우가 많아질 것이기 때문이다. 요컨대 세포나 콜라겐 섬유의 관점에서 볼 때 수술은 너무나 거창하고 조악하고 원시적이다. 사실, 세포와 콜라겐 분자는 외과적 수술보다는 자신보다 훨씬 작은 화학물질에 더 잘 반응할 것이다.

골다공증의 예방과 치료를 위한 의약품은 효능이 더욱 증가하고 부작용이 더욱 감소하게 될 것이다. 95세의 노인이 엉덩관절 골절보다는 테니스를 치다가 넘어져 코트에 무릎을 찧는 경우가 더 많은 미래를 상상해보라. 또한 우리는 맞춤형 항생제요법을 보게 될 것이다. 맞춤형이란 특정한 세균만 골라 파괴할 뿐만 아니라, 환자의 대사적 특이성까지도 고려하는 것을 말한다.

DNA가 발견된 1950년대 이전에는 유전자요법을 생각한 사람이 아무도 없었지만, 오늘날에는 사정이 달라졌다. 그러나 뼈 질환에 대한 유전자요법은 아직 개발되지 않았다. 한 사람의 유전자 코드를 바꾼다는 것은 끔찍할 만큼 (그리고 어쩌면 경이로울 만큼) 복잡한 작업이다. 연구자들은 치명적인 유전병에 집중해왔는데, 그중 상당수는 여러분이 한 번도 들어보지 못했을, 절대 걸리고 싶지 않은 질병들일 것이다. 아주 간단히 설명하자면, 연구자들은 환자의 DNA에서 잘못된 코드를 찾아낸 다음, 유전자 가위를 이용해 잘라내고 올바른 코드로 교체한다. (만약 유전자요법 연구자들이 방금 내가 쓴 내용을 읽는다면, 나의 극단적인 단순화에 주저할 수도 있을 것이다. 그러나 나는 뼈에 대해 쓰고 있을 뿐이므로 유전자에 관한 복잡한 이야기는 그들에게 맡긴다.)

유전자 변형 식품을 둘러싼 숱한 논란을 감안할 때, 분자생물학자들이 인간의 유전자를 수정해 더 강한 뼈, 더 단단한 연골, 그리고 웬만큼 쓸 만한 심장을 제공할 수 있는 세상을 상상하는 것은 용감하기 짝이 없는 발상이다.

잠재력이 풍부하면서도 논란의 여지가 별로 없는 주제는 조직 이식인데, 여기에는 기관 이식, 특히 정형외과의 경우에는 사지 이식(상실되거나 손상된 신체 부위를 다른 사람의 비슷한 부위로 교체하는 수술)이 포함된다. 이 주제를 기술적 진보(7장)로 다루지 않고 생물학적 진보로 다루는 이유는, 시간이 많이 걸리고 지루한 일이긴 하지만 능숙한 수부외과 의사라면 이식된 손의 뼈, 혈관, 신경, 힘줄을 환자의 아래팔에 연결해주기 때문이다. 며칠 동안 혈류가 안정되고 나면 이식된 기관과 환자의 몸은 모두 정상적으로 가동된다.

한 사람의 신장, 심장, 간, 사지를 다른 사람에게 이식하는 것은 자가이식보다 훨씬 더 복잡한데, 그것은 수술이 복잡해서가 아니다. 신체 부위를 한 곳에서 다른 곳으로 옮기는 데 필요한 외과적 기법은 잘 확립되어 있다. 그러나 한 사람의 조직을 다른 사람에게 이식하는 것은 해트트릭만큼이나 어려우며, 외과적이라기보다는 생물학적이다. 수혜자의 면역계를 설득하여 이식물을 받아들이고, 그것을 이방인이 아니라 자기(또는 최소한 친구)로 대우하도록 만들어야 하기 때문이다.

문제는 면역계가 침입자에 대한 경계를 한시도 늦추지 않는다는 것이다. 면역계는 바이러스, 세균, 장미 가시, 벌침 등의 적과 마주칠 때

격렬하게 저항하며, 외래 물질이 탐지되면 가능한 수단을 총동원하여 그것을 전멸시키려 한다. 뼈 이식편이 한 사람의 체내에서 자리를 바꾸는 것은 전혀 문제 될 것이 없다. 면역계는 '자리가 바뀐 세포'도 자기로 인식하기 때문이다. 그러나 다른 사람의 세포가 이식되었다면 이야기가 달라진다.

사상 최초로 이식된 기관은 신장이었다. 지금으로부터 약 50년 전, 면역학자들은 면역계를 감쪽같이 속여 이식된 신장을 받아들이게 할 요량으로 수혜자에게 강력한 면역억제제를 투여했다. 그들의 작전은 성공했다. 그러나 수혜자의 면역계는 이식된 신장만 무시한 것이 아니라 다른 침입자들에게도 무관심했다. 따라서 신장이식을 받은 사람은 평생 감염 및 암과 싸우느라 애를 먹었다. 그럼에도 신장이식의 혜택은 이윽고 위험을 상회하게 되었고, 면역학자들이 경험을 통해 면역억제제의 최적 용량(독성이 가장 낮은 용량)을 알아냄에 따라 더 요긴한 치료법이 되었다. 그 결과 신장이식은 일상화되었고, 뒤이어 심장, 폐, 간, 그 밖의 필수 기관 이식이 시작되었다. 물론 면역억제제 자체가 치명적인 위험을 초래하지만, 만약 필수 기관을 잃고 요절의 위기에 처한다면 대부분은 위험을 감수하고 기관 이식을 선택하리라.

그럼 손을 잃는다면 어떨까? 사지 이식은 유용하고 미관상 바람직하지만, 손이 없다고 해서 생명의 위협을 받는 것은 아니다. 사정이 이러하다 보니, 사지 이식을 두고 찬반양론이 팽팽히 맞선다. 삶의 질 향상을 위해 사지를 이식하고, 면역억제로 인한 치명적 합병증을 감수하는 것이 과연 바람직할까? 손뿐만이 아니라 얼굴, 자궁, 성기까지 이식되는 세상이 왔고, 이식이 성공할 때마다 그것을 주도한 의료 기관은 자화자찬하느라 야단법석을 떤다. 하지만 실패(예컨대 면역 기능 변화로 인한 부작용)나 합병증 사례는 제대로 보고되지 않고 있다.

사지 이식처럼 위험하고 논란 많은 '그림의 떡' 같은 치료법을 이처럼 길게 언급하는 이유는, 머지않아 면역학자들이 균형 잡힌 치료법(수혜자가 이식물과 면역학적으로 친구가 되면서, 동시에 충분한 면역 기능을 유지하는 방법)을 개발할 것이기 때문이다. 하지만 현재 다른 사람의 사지를 이식받아도 아무런 문제가 없는 사람은 매우 드물다. 일례로, 종전에 필수 기관을 이식받은 후 면역억제제를 투여받고 있는 사람이라면 다른 사람의 손을 이식받을 수 있다. 그도 그럴 것이 그 사람의 면역계는 이미 무감각한 상태이므로 타인의 신체 부위를 몇 개 더 이식받아도 위험이 크게 늘지 않기 때문이다. 또 한 가지 예는 수혜자가 (극단적으로 관대한) 일란성쌍둥이 형제나 자매를 보유한 경우다. 일란성쌍둥이의 면역계는 동일하기 때문에 신체 부위를 이식해도 거부반응이 전혀 발생하지 않는다. 그러나 당신이 일란성쌍둥이라면 주의해야 할 것이 있다. 형제에게 평소에 잘해야 한다는 것이다. 언제 그의 도움이 필요할지 모르기 때문이다. 그와 반대로, 다리를 저는 쌍둥이 형제가 있다면 늘 좌불안석일 것이다.

다른 사람의 기관을 이식받는 대신, 기관을 새로 만들면 어떨까? 과학자들은 다년간 환자(특히 엄청난 양의 대체용 피부가 필요한 화상 환자)의 피부를 복제해왔다. 피부를 자가이식하기 위해 외과 의사들은 환자 자신의 온전한 피부에서 피부 세포를 수확하여 연구실로 보낸다. 연구실에서는 과학자가 피부 세포를 영양 배지nutrient broth에 넣고 배양하는데, 세포는 그 속에서 성장하며 수도 없이 세포분열을 한다. 충분히 증식한 세포는 다공성 생분해성 필름에 달라붙은 채 환자의 화상 부위에 이식된다. 이식된 세포가 환자 자신의 것이기 때문에 거부반응은 전혀 없다. 배양된 세포는 환자의 피부를 복구해 감염과 물에 대한 장벽 기능을 회복시킨다.

최근에는 무릎의 연골에 커다란 결함이 있는 환자를 위해 자가 연골 배양 이식술이 사용된다. 외과 의사는 환자의 무릎관절 언저리에서 작은 연골 조각을 채취한 후, 연구실로 보내 배양을 의뢰한다. 한 달쯤 지난 후 의사는 환자의 병터 위에 막을 씌운 후 수백만 개의 연골 세포(원래 연골 세포의 자손)를 주입한다. 새로운 연골 세포들은 결합하여 관절의 부드러운 표면을 복구한다.

자가 세포배양 이식술을 결함이 있는 뼈에도 적용할 수 있을까? 산산조각이 나거나 감염되거나 암에 걸린 뼈를 (환자 자신의 세포로 빚어낸) 새로운 뼈로 교체할 수 있다면 얼마나 좋겠는가! 조직공학자들은 그런 치료법을 실험하고 있지만, 실험실에서 만든 피부나 연골에서는 볼 수 없었던 수많은 문제에 직면하고 있다.

피부의 경우에는 단순하고 일시적인 틀(다공성 생분해성 막)만 있으면 된다. 연골의 경우에는 틀이 필요 없고, 액체 속에 떠 있다가 막으로 뒤덮인 결함 부위에 주입하면 그만이다. 그러나 뼈의 경우에는 (굽힘력, 비틀력, 압축력에 저항하는) 3차원 틀이 필요하다. 게다가 틀 속에는 모세혈관의 증식에 필요한 통로가 속속들이 구비되어 있어야 한다. 통로가 너무 좁다면 모세혈관이 틀의 내부에 접근할 수 없기 때문에 조골세포에 영양분을 공급할 수 없다. 통로가 너무 넓다면 틀이 약해져 와해할 수 있다.

뼈세포는 또 한 가지 문제를 제기한다. 인체는 수백만 개의 조골세포를 필요로 하는데, 필요한 조골세포를 틀에 제공할 만한 공여 뼈를 환자의 몸에서 징발하는 것은 불가능하다. 따라서 생물학자들은 조골세포를 실험실에서 배양하는 대신 줄기세포에 눈을 돌리고 있다. 궁극적인 줄기세포는 수정란이다. 수정란이 반복적으로 분열하면 각각의 세포는 심근, 신경, 피부, 뼈 등의 세포로 분화하여 신생아의 몸을 구성하게 된다. 줄기세포는 나이가 듦에 따라 서서히 사라지므로, 윤리적인 문제(예컨대 수정란 사용)만 없다면 조골세포로 분화시킬 수 있는 최선의 줄기세포는 배아 줄기세포다.

배아 줄기세포를 대체할 수 있는 몇 가지 흥미로운 대안이 있다. 첫 번째 대안은 지방 속 줄기세포다. 성인의 골수나 혈류에서 수확할 수 있는 줄기세포는 소량에 불과하지만, (현대 미국인이 많이 갖고 있는) 지방에서는 더 많은 줄기세포를 수확할 수 있다. 따라서 신속한 지방 흡입은 몸매를 날씬하게 해줄 뿐만 아니라, 공급이 달리는 조직으로 분화할 수 있는 줄기세포도 제공할 수 있다. 두 번째 대안은 아이의 치아로, 피부를 절개하지 않아도 된다는 장점이 있다. 아이의 치아가 빠질 때까지 기다렸다가, 치아 요정Tooth Fairy•보다 먼저 치아를 낚아채어 아이스박스에 담은 채 세포 은행으로 달려가, 소정의 금액을 지불하고 냉동고에 보관하면 된다. 그로부터 수십 년 후, 치아의 임자가 조직 재생을 필요로 하게 된다면 치아 유래 줄기세포를 사용할 수 있

• 밤에 어린아이의 침대 머리맡에 빠진 이를 놓아두면 이것을 가져가고 그 대신에 동전을 놓아둔다는 상상 속의 존재.

다. 그는 세포 은행의 냉동고에서 (줄기세포가 들어 있는) 바이알을 인출하여 곧바로 재생 작업에 착수하게 될 것이다. 물론 세포 은행이 그때까지 영업을 계속해야 하며, 냉동고가 고장 나지 않아야 한다. 줄기세포 은행이라는 개념이 아직은 생소하지만, 언젠가 실용화된다면 부모들은 자녀의 치아를 치아 요정에게 25센트씩 받고 넘긴 것을 후회하게 될 것이다.

그런데 3차원 틀과 (과학자들이 조골세포로 분화시킬 수 있는) 줄기세포만 있으면 뼈를 재생할 수 있을까? 아직은 아니다. 뼈를 성공적으로 재생하려면 최소한 3개의 장애물을 더 넘어야 한다. 첫 번째 과제는, 세포를 설득하여 틀에 달라붙게 한 다음 틀 내부로 깊숙이 이동하게 하는 것이다. 두 번째 과제는, 모세혈관으로 하여금 가지를 뻗어 조골세포에게 영양분과 수분을 공급하게 하는 것이다. 마지막으로, 조골세포가 성장하고 분열하여 새로운 뼈를 만들어내려면 뇌하수체, 갑상선, 정소(또는 난소)로부터 화학적 러브 레터를 받아야 한다.

조직공학을 뒷받침하는 또 다른 신규 기술이 있는데, 바로 적층 가공additive manufacturing 기술이다. 3D 프린팅이라고도 불리는 이 기술은 산업적 제작에 혁명을 일으키고 있을 뿐만 아니라 조직공학에도 크게 이바지하고 있다. 연구자들은 인공 신장·간·심장에 필요한 세포와 틀을 모두 층층이 프린트하고 있지만, 뼈는 다른 기관들과 달리 견고하기 때문에 진척이 더딘 편이다. 그러나 뼈를 재생하는 데 3D 기술이 적용된다면 그 결과는 엄청날 것이다. 당신에게 대체용 뼈가 필요하다고 가정해보자. 당신은 냉동고에서 아기 때 치아를 인출하여 줄기세포를 추출한 다음, 지역의 인쇄소에 가서 3D(또는 4D) 프린터를 켜게 될 것이다. 거기서 인쇄된 3차원 결과물은 시간 경과(또는 열·수분·빛의 적용)에 따라 마치 종이접기처럼 형태가 바뀔 것이다. 이렇게 만들어진 이식물은 최소한의 절개를 통해 병터에 삽입된 후, 형태가 바뀌어 재건을 완료하게 된다.

3D 프린팅을 이용해 살아 있는 뼈를 재생할 날이 머지않은 가운데, 이 기술은 이미 정형외과 수술에 실제로 적용되고 있다. MRI나 CT 스캔에서 얻은 데이터를 이용하여, 3D 프린터는 으스러진 뼈의 실물 크기 플라스틱 복제품을 만들 수 있다. 정형외과 의사는 책상에 앉아서 프린트된 골절 조각의 크기와 형태를 분석한 다음 적절한 고정기를 설계한다. 이러한 기법을 3D 모델링이라고 하는데, 특이한 윤곽을 가진 부위(예컨대 팔꿈치, 골반, 뒤꿈치)에 특히 유용하다. 정형외과 의사는 골절 부위를 여러 각도에서 분석할 뿐만 아니라, 고정판을 미리 구부려보기도 하고 (수술의 효과를 극대화하는 데 필요한) 나사의 길이를 결정하기도 한다. 이 같은 실물 크기 모형은 학생과 환자의 학습 보조물로도 가치가 높다.

가까운 미래에 적층 가공은 까다로운 골절 고정을 위한 주문형 장비를 만드는 데도 활용될 것으로 보인다. 독특한 상황 때문에 규격품을 사용할 수 없을 때, 3D 프린팅으로 주문형 뼈나 관절 치환물을 신속히 제작하면 된다. (과거의 전통적 기법을 이용해 주문형 신체 부위를 만드는 데는 수 주일이 걸렸다.) 또한 정형외과 의사들은 손목이나 발목이 부러진 환자들과 상담하면서 깁스나 보조기를 프린트할 수도 있을 것이다. 표면 스캐너를 이용해 부상당한 발목을 여러 각도에서 촬영한 다음 데이터를 3D 프린터로 전송하면, 병터에 꼭 맞을 뿐만 아니라

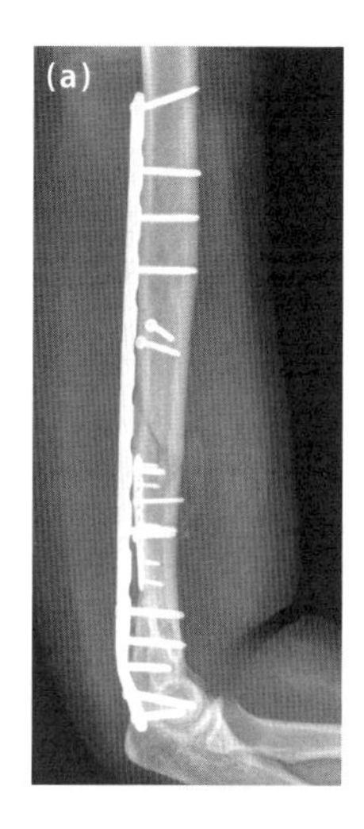

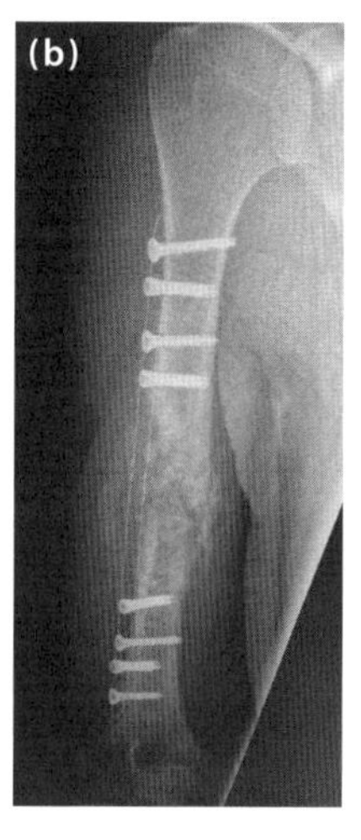

(a) 2개의 전통적인 스테인리스강 판(하나는 길고, 다른 하나는 짧다)이 위팔의 다발 골절을 고정하고 있다. (b) 혁신적인 탄소 섬유판과 전통적인 금속 나사의 조합이 (a)와 비슷한 골절을 고정하고 있다. 탄소 섬유판은 엑스선을 차단하지 않으며, 미세한 강철선만이 그 경계를 암시하고 있다.

환자가 원하는 색상을 지닌 보조기가 인쇄된다. 이렇게 만들어진 보조기는 부어 있는 발목을 효과적으로 편안하게 감쌀 뿐 아니라 어떤 압통점tender spot에도 압박을 가하지 않을 것이다.

정형외과용 판과 나사는 기성품과 주문품 공히 다양한 비금속 재료로 만들어지게 될 텐데, 그중에는 탄소섬유도 포함된다. 탄소섬유는 가볍고 강력하며 방사선 투과성radiolucent인데, 엑스선이 그림자를 드리우지 않고 장비를 통과한다는 뜻이다. 설사 병터가 판으로 뒤덮이더라도 골절을 보는 데 아무런 문제가 없게 될 것이다.

주문형이라는 사실보다 더 놀라운 것은, 방사선 투과성 임플란트가 임무를 수행한 후 사라진다는 것이다. 여기서 잠깐 시간을 내어 판-나사 구조의 역사를 살펴보기로 하자. 100년 전까지만 해도 외과 의사들은 자신의 작업장이나 배우자의 반짇고리에서 발견한 나사와 핀을 이용했다. 불행하게도 그런 철이나 알루미늄 조각은 인체의 염분 환경에서 신속히 부식되었다. 스테인리스강이 등장하며 정형외과 수술이 본궤도에 들어서자, 판과 나사는 널리 확산되었다. 보다 최근에는 티타늄 장비가 출시되어, (8장에서 언급한 바와 같이) 여러 이점을 자랑했다. 그런데 오랫동안 골절을 고정하다가 뼈가 치유된 후 녹아버리는 판과 나사가 있다면 어떨까?

골절 부위가 고정된 직후, 임플란트는 모든 굽힘력과 비틂력을 혼자서 감당해야 한다. 뼈가 치유됨에 따라 판이 서서히 사라지기 시작하면, 뼈와 판은 기계적 부하를 공유하기 시작할 것이다. 뼈에 가해지는 압박에 의해 생성된 압전력은 커팅콘을 자극함으로써 뼈를 강화한다. 뼈가 강화되면서 판은 점차 불필요해져, 결국에는 완전히 사라져도 무방해진다. 연구자들은 수십 년 동안 다양한 수지(그중 일부는 옥수수 전분에서 유래한 것이다)의 혼합물로 판과 나사를 만들어왔다. 충분한 강도, 최소 부피, 낮은 조직 반응성tissue reactivity, 충분한 내구성을 보장하는 공식은 아직 발견되지 않았다. 그런 재료가 발견되는 날, 외과 의사들은 주문형 판이 3D 프린팅되는 동안 골절 고정 수술을 준비하기 위해 손을 씻고 가운과 장갑을 착용하리라. 금속제 판 및 나사와 달리, 장비 제거를 위한 2차 수술은 불필요하게 될 것이다. 인체가 생체 흡수성 고정기를 스스로 야금야금 없애버릴 것이기 때문이다.

최근 모든 정형외과 병원은 정형외과 장비로 가득 찬 선반과 캐비닛을 보유하고 있다. 스테인리스강이나 티타늄으로 된 판의 길이는 2.5센티미터 미만에서부터 30센티미터 이상까지 다양하다. 동일한 재질의 나사라도 다양한 형태의 나삿니를 보유하고 있으며, 길이는 0.3센티미터에서부터 10센티미터 이상까지 다양하다. 일부 장비는 거의 사용되지 않지만, 만일의 경우를 대비하여 장비 일습一襲을 완벽하게 갖춰놓는 것이 필요하다. 그러나 적절한 생분해성 재료를 사용하는 3D 프린터는 금속제 장비 창고를 구시대의 유물로 전락시킬 것이다.

또 한 가지 신속히 진보하는 분야는 최소 침습 수술이다. 정형외과학의 경우, 최소 침습 수술은 무릎관절경 검사법과 함께 시작되었다. 피부에 2개의 조그만 구멍을 뚫고, 약간의 가느다란 장치들과 함께 고성능 칼과 TV 카메라를 삽입하면, 짜잔! 운동선수는 경기장으로 돌아갈 수 있다. 어깨의 회전근개 파열 봉합술rotator cuff repair도 사정은 마찬가지다.

절개의 크기가 작을수록 통증·부기·출혈이 감소하고, 따라서 더 신속히 회복되기에 최소 침습 수술을 지향하는 경향은 유지될 것이다. 그러나 외과 의사의 손이 그와 동시에 작아지는 것은 아니므로, 이를테면 골반 속과 같은 비좁은 공간에서 기구와 조직을 직접 조작하기는 어려워진다. 그래서 등장한 것이 로봇이다. 로봇 팔을 비롯한 부수적 도구는 무지막지하게 유연하고 작다. 따라서 그것들은 작은 절개 부위를 통해 비좁은 공간에서 효율적으로 작업할 수 있다. 그들은 떨거나 피로를 느끼지도 않는다. 그러나 일각에서 우려하는 것과 달리, 로봇이 외과 의사를 완전히 대체하지는 않을 것이다.

수술용 로봇은 독립적으로 활동하지 않으므로, 정확한 용어는 로봇 수술이 아니라 '컴퓨터의 도움을 받는 수술computer-assisted surgery'일 것이다. 고개를 숙이고 수술대를 내려다보는 대신 외과 의사들은 수술실의 컴퓨터 화면 앞에 편안히 앉아 조이스틱이 장착된 컨트롤러를 이용하여 로봇을 안내한다. 그보다 더 미래에는 정형외과 의사가 (재택근무의 경우) 식탁이나 (휴가지에서 일하는 경우) 야자나무 아래에 앉아 증강 현실augmented reality을 통해 마술을 부리는 날이 올지 모른다.

뼈 질환 치료법은 무궁무진하게 발달하겠지만, 스키, 오토바이, 전기 스쿠터를 타다 넘어지는 사람들이 존재하는 한 정형외과 의사들의 직업안정은 보장될 것이다.

골격 부상을 당하면 여전히 영상 검사를 하겠지만 뼈 사진을 촬영하는 오늘날의 방법은 언젠가 구식이 되리라고 본다. 엑스선과 CT 스캐닝은 인체를 방사선에 노출시키고, 다량의 방사선 노출은 몸에 해롭다. 한편 MRI 검사를 받으려면 시끄러운 고치 속에서 오랫동안 꼼짝 말고 있어야 한다. 초음파 검사는 뼈 내부를 들여다볼 수 없기 때문에 사용이 제한된다. 그러나 새로 개발된 펄스-에코 초음파 검사pulse-echo ultrasound의 경우 정확성이 높고 방사선을 방출하지 않아, 언젠가 DXA 스캐닝을 제치고 골다공증 진단법의 대표 주자로 부상할 것으로 보인다.

이상적인 뼈 영상 검사법은 방사선 노출 등으로 심신을 손상하지 말아야 하며, 몇 초만 꾹 참고 있으면 환자의 내부를 총천연색의 3차원 영상으로 보여줘야 할 것이다. 내 욕심이 지나쳤나? 그럴 수도 있다. 그러나 복잡하게 생각할 것도 없이, 엑스선이나 MRI가 등장할 거라고 예상한 사람은 아무도 없었다는 점을 명심하라.

소설가들은 지난 수 세기 동안 우주 탐험을 예상해왔고, 과학소설은 조만간 과학이 될 것이다. 앞으로 몇십 년 후 인간이 달에 이주할 것이고, 화성 여행도 현실로 다가오고 있다. 기술적으로 가능한 데다 많은 사람이 마음의 준비도 되어 있는 것 같다. 그런데 우리의 뼈는 우주여행에 대한 준비가 되어 있을까? 무중력상태가 큰 문제를 만들 텐데 말이다…….

내가 보기에 뼈는 아직 준비되지 않았다. 우주 공간에서는 중력에 저항할 필요가 없기 때문에 우리의 뼈는 서서히 사라지게 될 것이다. 즉, 뼈는 '외견상 불필요한' 칼슘을 혈류로 내보낸다. 그 잉여 칼슘은 심장이 원하는 것보다 훨씬 더 많으므로 신장에 의해 배출된다. 그러나 소변 중의 칼슘 농도가 높으면 신장결석이나 방광결석이 생기고 만다.

우주 비행사들은 매일 수 시간 운동함으로써 칼슘 배출의 악영향을 미연에 방지하려고 노력한다. 역기 들기는 도움이 안 되는데, 그 이유는 바벨이 공중에 떠 있기 때문이다. 전통적인 러닝 머신에서 걷기나 달리는 것도 소용이 없는데, 우주 비행사들의 몸이 공중에 떠 있어 러닝 머신에 발을 디딜 수 없기 때문이다. 대신 그들은 탄력 밴드를 이용하여 중력을 흉내 내야 한다. 그 탄력 있는 대형 고무띠로 우주 비행사의 어깨와 엉덩이에 있는 벨트와 운동기구를 연결한다. 노력에도 불구하고 우주 비행사는 한 달에 1~2퍼센트의 골질량bone mass을 상실하는데, 지구상에서 노인이 1년에 상실하는 양과 비슷하다. 국제우주정거장에 6개월 동안 머문다면 약 10퍼센트의 뼈를 상실하게 되는 것이다. 그 정도의 속도라면, 인간의 뼈는 화성을 왕복하는 3~4년 동안 버틸 수 없다는 계산이 나온다.

강한 자석이 부착된 신발을 신는 방법을 고려해볼 수 있지만, 문제를 해결하기는커녕 저지를 가능성이 더 크다. 자석이 우주선의 전자장치에 마구잡이로 간섭할 수 있기 때문이다. 기획자들은 우주선의 일부 혹은 전체를 회전시켜 커다란 원심분리기를 만듦으로써 인공중력을 창조하는 방법도 생각해봤다. 이론적으로 가능한 방법이다. 그러나 선실의 지름이 30미터가 되거나 빠른 속도로 회전해야 하기 때문에(많은 에너지를 소모한다), 현재로서는 어느 쪽도 실용성이 없다. 설상가상으로 달의 중력은 지구의 6분의 1에 불과하고, 화성의 중력은 (달보다는 크지만) 지구의 3분의 1을 조금 넘는다. 그만한 중력이 뼈의 건강을 유지하기에 충분한지 아는 사람은 아무도 없다. 더군다나 화성 여행자들은 가족을 동반하고 싶어 하는데, 무중력이 '성장하는 뼈'에 미치는 영향은 전혀 알려져 있지 않다. 그것도 모르고 어린이들은 여행하는 동안 내내 옆으로 재주넘기와 공중제비 넘기를 하며 즐거운 한때를 보낼 것이다.

우주공간에서 뼈의 건강을 유지하는 방법은, 운동이나 인공중력보다는 (현재 폐경 후 골다공증의 예방 및 치료에 사용되는 의약품과 비슷한) 약물요법이 될 공산이 크다. 곰이 동면하는 동안 골 손실을 회피하기 위해 사용하는 복잡한 대사 변화가 도움이 되는 날이 올지도 모른다.

만약 외계인을 만나게 된다면, 그들이 중력에 대항하여 어떻게 버티고 있는지 알고 싶다. 나는 지금껏 뼈가 세계 최고의 건축자재라고 주장해왔지만, 우주에서는 아닐 수도 있다.

◆◆◆◆

뼈의 첫 번째 생애를 기술한 1부 '숨겨진 뼈'가 대단원의 막을 내렸다. 일상생활에서는 '세계 최고의 건축자재'를 좀처럼 구경하기 어렵지만, 우리는 몸 안에 숨겨진 뼈를 신뢰하며 든든히 여긴다. 그러나 뼈의 두 번째 생애에서는 이야기가 완전히 달라진다. '드러난 뼈'는 몸 밖에서 수많은 역할을 하기 때문이다. 일단 외부에 드러나면, 뼈는 인체의 든든한 버팀목이 아니라 지구의 역사와 인류 문화의 탁월한 기록자가 된다.

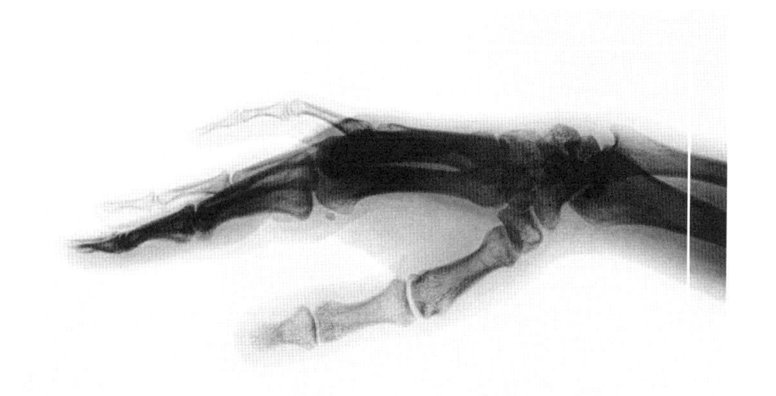

2부

드러난 뼈

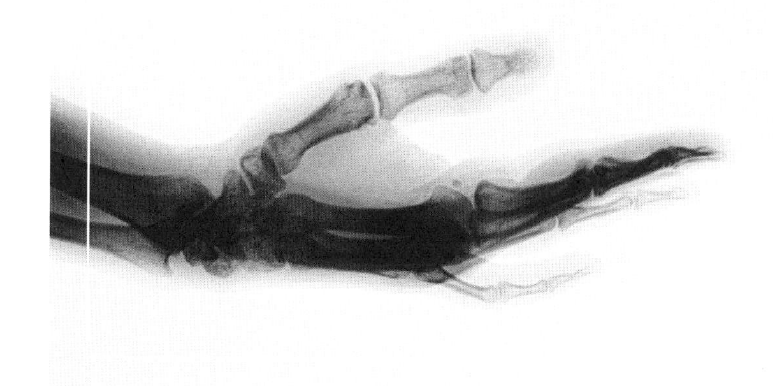

10장

홀로 남은 뼈

전 세계의 거의 모든 자연사박물관과 인류학박물관에는 지금으로부터 320만 년 전 지구상에 살았던 인류의 조상 루시Lucy의 뼈 복제품이 전시되어 있다. 비록 완벽하지는 않지만, 그녀의 골격은 1974년 에티오피아에서 발견된 후 잇따른 연구를 통해 인류의 진화를 이해하는 데 결정적으로 이바지했다. 루시는 우리 시대 최고의 과학적 발견 중 하나를 선사했으니, '인류의 첫 번째 조상이 직립보행을 했으며, 커다란 뇌를 갖게 된 것은 나중의 일'이라는 것이었다.

루시의 골격은 보기 드물게 온전한 표본이어서, 성별, 뇌의 크기, 보행 자세를 결정하는 데 전혀 무리가 없었다. 따라서 그것은 값을 매길 수 없는 소중한 세계유산 중 하나로 간주된다. 그러나 무심한 관찰자에게 그 뼈의 집합체는 아무런 감흥을 주지 않는다. 그도 그럴 것이, 갈비뼈는 12쌍이 아니라 5쌍밖에 없고, 손가락과 발가락은 각각 1개

320만 년 된 인류의 조상, 루시의 골격의 완성도는 약 40퍼센트다. 많은 박물관에는 이 세계적 보물의 석고 복제품이 전시되어 있다. 원본 뼈는 에티오피아의 안전한 곳에 잘 보관되어 있으므로 걱정하지 않아도 된다.

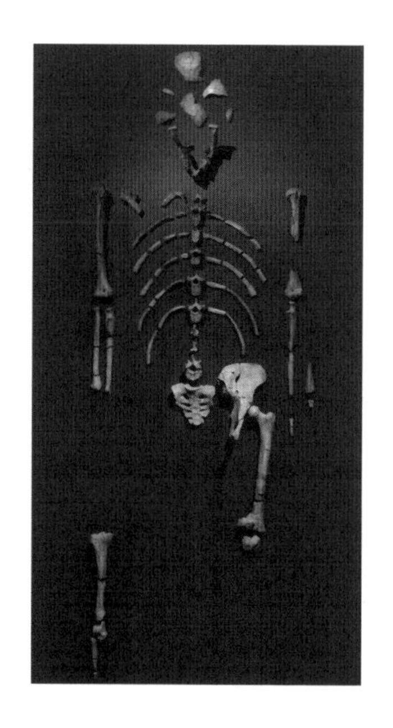

씩이고, 골반은 반쪽만 있기 때문이다. 그 관찰자는 이렇게 빈정거릴 것이다. "루시, 성한 다리 하나도 없이 어떻게 걸어 다녔어?" 사실 고인류학자들은 약 40퍼센트의 골격을 수습했을 뿐이다. 그렇다면 박물관에 전시된 것은 '루Lu'쯤 된다고 할 수 있다. '시cy'는 어디에 있는 걸까?

고생물학의 하위 분야로 화석과정학taphonomy(그리스어의 '매장'이라는 뜻을 가진 타포스taphos와 '법'이라는 뜻을 가진 노모스nomos의 합성어다)이라는 것이 있는데, 쉽게 말해서 화석이 생겨나는 과정을 연구하는 학문이다. 화석과정학자가 루시의 뼈를 본다면 이런 의문을 품을 것이다. "이 뼈들은 어떻게 여기에 있게 되었고, 나머지 뼈는 어디에 있을까?" 안타깝게도, 시간과 자연이라는 힘의 변화무쌍한 효과 때문에 뼈가 말해주는 이야기는 때로 혼란스러울 수 있다. 화석과정학자의 임무 중 하나는 이 수수께끼를 푸는 것이다.

공기와 햇빛에 노출된 뼈는 피부나 내장과 마찬가지로 분해되며, 차이가 있다면 속도가 훨씬 더 느리다는 것뿐이다. 수분이 먼저 증발하고, 뼛속의 지방은 1~2년 이내에 분해된다. 뒤이어 표면에 균열이 생기고, 더 지나면 깊숙이 갈라지고 조각조각 떨어져나간다. 궁극적으로 뼈는 푸석푸석한 조각으로 쪼개진다. 만약 뼈가 손상되지 않았다면 이와 같은 분해 과정은 기온, 습도, 광도光度, 동물의 크기에 따라 6~15년 동안 진행된다. 동굴이나 바위틈에서 발견된 골격의 경우에서 볼 수 있듯, 직사광선에서 보호된 뼈는 (수천 년까지는 아니더라도) 수백 년 동안 보존될 수 있다.

그러나 드러난 뼈가 호젓한 곳에 자리 잡기는 어려운 법이므로, 뼈들은 여기저기에 흩어지거나 이상한 장소에 모이게 된다. 예컨대 하이에나는 뼈를 통째로 꿀꺽 삼킨 후, 상당히 먼 곳으로 이동하여 뒤처리를 할 수 있다. 까마귀는 양 뼈를 둥지에 보관해뒀다가 몇 년 후 (우리가 보기에) 얼토당토않은 곳에 뼛조각을 뿌리기도 한다. 수달은 물고기를 수면보다 수백 피트 높은 노두• 위로 운반하므로, 물고기 뼈는 그곳에 오랫동안 머물게 된다. 원시인들은 뼈를 불구덩이 옆에 쌓아놓았고, 아메리카 원주민들은 매머드를 벼랑 끝으로 몰아 떨어뜨려 몰살했다. 그리하여 매머드가 멸종한 후 그들의 다음 표적은 들소 떼였다. 캐나다 앨버타의 헤드스매시드인Head-Smashed-In이라는 무시무시

• 광맥·암석 등의 노출부.

한 이름을 가진 곳의 한 절벽에 가보면, 으스러진 들소의 뼈가 12미터 아래에 수북이 쌓여 있다. 프랑스 리옹에 있는 비슷한 절벽 아래에는 1000마리로 추정되는 야생말의 유골이 널려 있다.

아마도 가장 능숙한 뼈 수집가는 올빼미일 것이다. 올빼미는 동물학자나 화석과정학자 모두에게 경이로운 정보원이다. 대부분의 육식조와 달리 부리와 발톱을 이용해 먹잇감을 (한 입 거리로) 갈가리 찢지 않기 때문이다. 대신 올빼미는 먹잇감을 통째로 삼킨 다음 근육과 지방을 (소화가 가능한) 액체 상태로 분해한다. 그러나 분해되지 않은 뼈와 털가죽은 몇 시간 후 압축된 회갈색의 알갱이(아무런 냄새도 나지 않으며 크기는 당신의 엄지손가락만 하다)로 게워진다. 그 토사물 속에는 귀중한 뼈가 들어 있는데, 그것을 이용하여 생태학자들은 올빼미의 식성을, 분자생물학자들은 DNA를, 골학자osteologist들은 골격의 구조와 기능을 연구한다.

무생물에게도 드러난 뼈를 이동시키고 분해하는 힘이 있다. 얼음과 흐르는 물은 뼈를 언덕 아래로 운반하고, 바람은 뼈를 어느 방향으로든 굴린다. 파도와 조수潮水는 뼈를 갈고닦아, 인간의 사용으로 인한 마모를 흉내 낼 수 있다. 갉아먹은 흔적은 조그만 동물들이 칼슘을 섭취하려고 노력했음을 시사한다. 난도질한 자국은 인간이 단백질 수요를 충족하기 위해 몸부림쳤음을 짐작하게 한다.

매장된 뼈라고 해서 늘 잘 지내는 것은 아니어서, 때로 화석과정학자들을 오도할 수 있다. 따뜻한 토양은 뼈의 분해를 촉진하고, 토양이 다져지면 두개골과 흉곽이 납작해진다. 매장될 때 다리가 꼬였다면 토양을 다졌을 때 긴뼈의 골절을 초래할 수도 있으며, 아래에 깔린 다

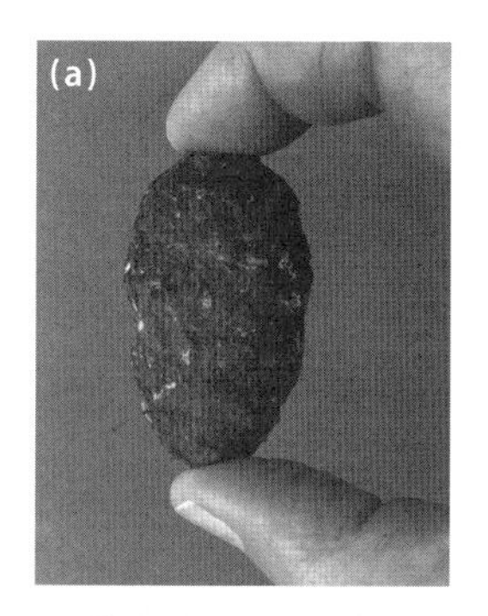

(a) 원숭이올빼미가 게워낸 알갱이에는 소화될 수 없는 먹잇감의 털가죽과 뼈가 포함되어 있다. (b) 알갱이를 CT로 촬영하면 소화되지 않은 뼈가 수두룩함을 알 수 있다. (c) 알갱이를 해부해보면 한 가지 조그만 설치류와 세 가지 커다란 설치류가 주종을 이루고 있음을 알 수 있다.

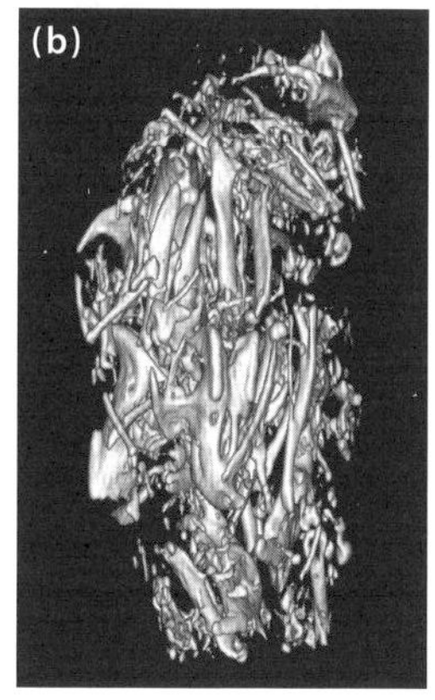

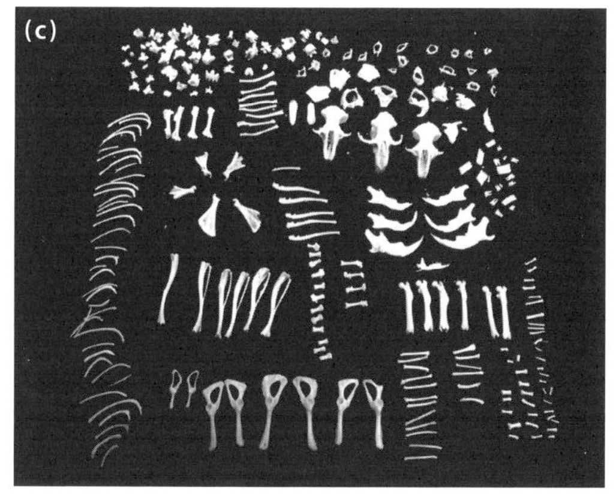

리뼈는 나중에 지렛대가 된다. 토양의 수분 함량과 산성도는 가까운 거리라도 크게 다를 수 있는데, 이 경우에는 뼈의 일부가 나머지 부분과 크게 다른 조건에 노출된다. 일본과 하와이의 화산토는 산성도가 매우 높기에 고고학 기록에 남길 만한 뼈가 부족하다.

매장된 뼈는 다시 노출되거나 토양 밑에서 이동한다. 지각 판tectonic plate이 융기하고 진흙과 얼음이 미끄러지고, 심지어 인간이 발굴했다가 다시 매장하기 때문이다. 손가락·발가락·손목의 작은 뼈들은 (외막이 얇고 쉬이 녹기 때문에) 비교적 쉽게 분해되며, 설사 완전히 분해되지 않았더라도 고고학자들이 발굴하는 동안 간과되기 십상이다.

따라서 화석과정학자와 고생물학자들이 뼈 분석을 통해 역사를 재구성하는 일도 여간 쉽지 않다. 화석과정학자들은 골절의 형태를 보고 '사는 동안', '죽는 순간', '매장된 지 몇 년 후'에 일어난 사건을 상상하기 마련인데, 발굴자들에게 짓밟혀 부러진 뼈는 '폭력적 종말'이 있었으리라 착각하게 한다. 게다가 짓밟힌 뼈는 타인의 뼈는 물론 동물의 뼈와 뒤섞이기도 한다. 매장된 뼈 바로 위에 발을 디디면 뼈가 오래된 퇴적층 속으로 밀려 들어갈 수 있고, 반대로 바로 옆에 발을 디디면 뼈가 지표면에 가까운 곳으로 밀려 나와 과학자들의 연대 추정에 착오를 초래할 수 있다. 비교적 온전하고 실물에 가까운 자세를 취한 상태로 발견되었다면, 사망한 직후 시신이 토사에 뒤덮이는 바람에 위치와 자세가 고정되었을 가능성이 크다.

고생물학자(화석 마니아)와 인류학자(인류 마니아)는 그런 뼈들을 맨 처음 어떻게 발견할까? 세 가지 방법이 있다.

첫 번째 방법은, 뼈가 많은 곳(이미 알려져 있거나 가능성이 큰 곳)으로 가서 땅을 파헤치는 것이다. 그런 곳으로는 탄자니아의 올두바이 협곡, LA의 라브레아 타르연못, 도처의 공동묘지와 원주민 흙무덤이 있다. 두 번째 방법은 침식과 노출이 만연한 지역을 찾아가는 것인데, 대표적인 곳이 강둑과 (한때 해저였던) 북아메리카의 한복판이다.• 고생물학자들은 퇴적암의 노출된 면을 따라 수 킬로미터를 걸으며 뼈를

• 백악기 후기의 해수면 상승으로, 북아메리카는 북극에서 멕시코만까지 뻗은 해로에 의해 동서로 양분되어 있었다.

찾기 위해 땅에 시선을 고정할 것이다. 겨울 날씨의 침식작용으로 지난여름에 완전히 숨어 있었던 뼈가 드러날 수 있기 때문이다. 세 번째 방법은 뜻밖의 행운이다. 건설업자가 어쩌다 고대 유물을 발굴하면, 열정적인 과학자들이 달려와 건물의 기초 부분, 배관로, 고속도로 절개지를 샅샅이 뒤지는 통에 공사 계획이 종종 중단되곤 한다.

비록 골격이 불완전하지만, 루Lu는 계획과 행운이 어우러져 빚어낸 소중한 발견물이다. 1970년대, 클리블랜드자연사박물관의 고인류학자 도널드 조핸슨Donald Johanson은 "에티오피아의 아와시계곡 지역은 인류의 기원과 관련된 유골의 보고일 것"이라고 추론하곤 주저 없이 아프리카로 탐사 여행을 떠났다. 두 번째 탐사가 진행되던 1974년, 조핸슨은 종전에 두 번씩이나 탐사했던 도랑에서 루의 팔뼈 조각을 발견했다. 그것은 고생물학자의 시선을 사로잡았고, 뒤이어 철저한 조사 및 발굴 작업이 이루어졌다. 다행스럽게도 루시는 사망한 직후 토사에 뒤덮여 그 후 320만 년 동안 아무런 방해도 받지 않고 보존되었다. 더욱 다행스러운 것은, 고인류학자의 훈련된 눈이 도랑을 바라보는 동안 그녀가 지표면 위로 살짝 삐져나와 있었다는 것이다.

그렇다면 루시의 나머지 뼈는 어디에 있을까? 십중팔구, '시' 부분은 이전에 노출되어 침식되었거나 떠내려갔을 것이다. 일찌감치 하이에나나 기타 화석 과정의 희생물이 되었을지도 모른다. 그럼에도 '루'로 인해 인류 진화의 중요한 단계가 밝혀졌다는 것은 놀라운 일이다. 그녀가 발견되기 5년 전까지만 해도 루시라는 존재는 땅속에 꼭꼭 숨어 있었다. 만약 1~2년 후 다른 고생물학자가 동일한 장소를 탐사했더라도 'ㄹ'만 발견하거나 아무것도 발견하지 못했을 것이다.

의사소통의 편의를 위해, 우리는 루시나 공룡의 화석을 종종 '뼈'라고 한다. 그러나 정확히 말하면 우리가 갖고 있는 화석은 원본 뼈의 '돌 복제품'이다. 화석은 뼈의 크기 및 공극률porosity과 지역적 광물 조성 및 (뼈대를 둘러싼 진흙의) 농도·산성도·온도의 복잡한 상호작용으로 형성된다. 조건이 적당하면 뼈의 다공성 표면을 통과한 물이 수산화인회석 한 분자를 침출하고, 침출된 분자는 즉시 (물속에 녹아 있는) 또 하나의 미네랄 분자로 대체된다. 수산화인회석 분자가 미네랄로 바뀌면 돌이 되는데, 뼈는 수만 년(때로는 수십만 년) 동안 한 번에 한 분자씩 돌로 변한다. 뼈를 둘러싼 진흙도 돌이 되지만, 출발점이 수산화인회석이 아니므로 조성이 다르다. 만약 화석화된 뼈가 (화석을 품은) 퇴적암보다 약간 느리게 풍화한다면, 더 나중에(어쩌면 수백만 년 후에) 바다·호수·강둑이 말라붙었을 때 '부분적으로 노출된 화석'으로 발견될 것이다.

고생물학자들은 어떤 암석층에 화석이 풍부한지를 알고 있으므로, 특별한 층이 노출된 곳을 골라 탐사할 것이다. 설사 그렇더라도 그들은 몇 달 동안 허탕을 칠 수 있다. 온갖 고초를 겪은 후 '심 봤다'를 외치면, 그때부터 (화석을 꺼내기 위해, 주변의 돌을 신중히 깎아내고 쓸어내는) 수고롭고 지루한 작업이 시작된다.

나는 두 가지 가능성을 고려할 때 머리가 띵해진다. 첫 번째 가능성은 수백만 년 전 동물 중 극소수만이 화석화되었다는 것이다. 두 번째 가능성은 돌이 된 뼈 중 대부분이 아직도 매장되어 있거나, 이미 노출되어 풍화되었다는 것이다. 그러므로 우리가 현재 갖고 있는 화석은 빙산의 일각일 뿐이다. 지구의 역사는 실로 우연적이고 기적적이다.

내구성이 가장 높은 방법은 화석화이지만, 골격이 보존되는 방법은 화석화 말고도 몇 가지 더 있다. 나는 그것을 '차가운 방법'에서부터 '뜨거운 방법'에 이르기까지 차례로 기술할 예정이다. 먼저, 얼음은 동물의 전신을 수만 년 동안 보존할 수 있다. 해동되고 있는 시베리아의 영구동토대에서는 이따금 털북숭이 매머드의 몸통이 드러난다. 그러나 매머드보다 훨씬 더 유명하고 면밀히 연구된 '얼음 속 보존' 사례는 외치Ötzi, 일명 아이스맨이라는 남자 인간의 표본이다. 1991년 오스트리아 알프스의 하이커들은 녹고 있는 얼음 덩어리에서 5000년 전 종말을 맞은 외치의 몸을 발견했다. 그의 골격뿐만 아니라 피부·내장·위 내용물·옷까지도 보존되어 있었다. 과학자들은 외치의 시신을 정밀 조사할 기회를 얻었다며 뛸 듯이 기뻐했지만, 외치와 같은 표본은 일단 발견하여 꺼내고 나면 연조직의 신속한 악화를 방지하기 위해 냉동 보관해야 한다. 따라서 외치를 저장·연구·전시하는 것은 특별히 까다롭다. 연구자들이 최신 비파괴 분석법을 적용함에 따라, 외치에 대한 연구는 영원히 계속될 것으로 보인다.

액체 상태의 물도 사람의 몸을 포획하여 보존해왔는데, 그중 하나는 보그 바디bog body다. 보그 바디란 토탄 늪지peat bog(죽은 식물 물질의 퇴적물이 쌓인 습지) 속에서 자연히 미라화mummification된 인간의 시신을 말하는데, 토탄 늪지의 전형적 특징은 찬물, 저농도 산소, 다양한 수준의 산성도다. 이러한 조건은 세균의 증식과 분해를 막고 섬뜩한 형태로 내용물을 절인다. 냉동된 몸과 달리 토탄 늪지에서 발견된 몸은 '피부 및 연조직'과 뼈 중 하나가 잘 보존되어 있지만, 양쪽이 모두 잘 보존되어 있는 예는 없다. 산성도가 높으면 토탄 늪지가 피부와 내장을 절이고 옷을 보존하지만 뼈를 녹여버린다. 반면에 산성도가 낮으면 정반대 현상이 일어난다. 지금까지 발견된 보그 바디 중 가장 오래된 것은 기원전 약 8000년에 살았던 코엘비여그맨Koelbjerg Man으로, 덴마크 오덴세의 뮌터가르덴박물관에 전시되어 있다. 대부분의 보그 바디는 스칸디나비아 지역에서 발견된다. 연구자들에 따르면, 코엘비여그맨은 익사했지만 다른 보그 바디들은 고의로 살해되었을 가능성이 크며, 올가미, 찔린 상처, 참수의 흔적이 고문과 비명횡사를 시사한다고 한다. 인간 제물? 범죄자 처형? 무법자의 만행? 단정적으로 말할 수 있는 사람은 아무도 없다.

얼음과 토탄 늪지뿐만 아니라, 최근 멕시코 유카탄반도의 수중 동굴에서 발견된 여러 건의 사례처럼 바닷물도 뼈를 보존할 수 있다. 그 일대에는 다공성 암석층이 풍부한데, 그곳에서 다른 포유동물들과 함께 발견된 세 사람의 시신은 지금으로부터 1만 2000~1만 3000년 전 예상치 못한 싱크 홀에 빠져 사망한 것으로 추정된다. 그로부터 몇 세기 후 해수면이 상승하여 (인간과 동물들이 안치된) 동굴에 물이 차오르자 시신들이 보존되었다. 그리고 수천 년 후, 동굴 다이빙을 하던 (아마도 인근의 공룡 유적지에서 뜨거운 여름을 보내다 짬을 낸 듯한) 고생물학자들이 그들을 발견했다.

고대인의 시신은 간혹 해저에서 (주로 난파선과 함께) 발견되기도 한다. 그중에는 스톡홀름 항구, 카리브해, 지중해에서 발견된 유명한 유해들이 포함되어 있다. 사방이 탁 트인 해저에서 발견된 뼈 중에는 자연사한 수생동물은 물론 (익사하거나, 육지에서 죽은 후 바다로 쓸려 내려온) 육상동물도 있다. 육상동물의 시신은 수 주 동안 해수면에 떠 있다가(화석과정학자들은 이것을 '부풀어 떠 다니기bloat and float'라고 부른다), 연조직이 부패하면 뼈대가 가라앉는다. 가라앉은 뼈는 폭풍과 파도와 해류 때문에 흩어질 수도 있지만, 한데 모일 수도 있다. 해양생물학자들은 한데 모인 고래 뼈를 가리켜, 특별히 고래 뼈 생물군집whale fall이라고 한다.●

호박amber이란 화석화된 식물성 수지로, 수많은 생명체를 위한 믿기 어려울 정도로 훌륭한 '실온의 방부제'다. 사람의 골격을 감쌀 만큼 커다란 덩어리는 없지만, 호박이야말로 고대의 작은 생명체들을 연구할 수 있는 생물학적 보물 창고다. 공룡시대까지 거슬러 올라가는 호박 너깃nugget에는 곤충, 씨앗, 꽃가루가 들어 있을 수 있고, 일부에는 개구리, 파충류, 새, 소형 포유동물도 포함되어 있다. 마이크로 CT를 사용하면 (동물을 에워싼) 호박을 파괴하지 않고 뼈대를 놀랍도록 자세하게 촬영할 수 있다. 최근 연구자들은 약 9900만 년 전 호박에 포획된 길이 5센티미터짜리 아기 뱀을 발견했는데, 모든 각도에서 참깨 씨만 한 척추뼈 97개를 명확히 볼 수 있었다고 한다. 그에 못지않게 괄목할 만한 것은, 그렇게 작고 연약한 동물이 수백만 년 동안 호박 속에 들어 있었는데도 과학적 정밀 조사를 거치는 동안 조금도 파괴되지 않았다는 것이다. 이는 이론적으로 호박 속의 표본이 향후 수백만 년 동안 지속적으로 연구될 수 있다는 뜻이다.

● 고래가 사망하여 심해저에 가라앉으면 그곳에는 수십 년 동안 독특한 생물군집이 형성되는데, 이것을 고래 뼈 생물군집, 또는 고래 뼈 생태계라고 한다. 그러나 얕은 바다에서는 청소부 해양 동물들이 비교적 단기간에 고래 뼈를 먹어치우기 때문에 고래 뼈 생물군집이 형성되지 않는다.

끈끈하고 따뜻한 방부제 중에서 호박보다 훨씬 풍부한 것이 있으니, 바로 원유의 걸쭉하고 끈적끈적한 성분인 아스팔트다. 얕은 지하에 매장된 석유 광상petroleum deposit의 경우, 아스팔트가 지표면으로 스며 나와 웅덩이가 형성될 수 있다. 그런 장소를 흔히 타르 구덩이tar pit라고 부르는데, 베네수엘라, 트리니다드, 아제르바이잔, 그리고 캘리포니아의 여러 곳에 널려 있다. 먼지와 나뭇잎, 또는 얇은 수층이 아스팔트 웅덩이를 은폐할 수 있기 때문에, 멋모르는 동물이 그 위로 지나가다가 걸려들면 몸부림치다가 생을 마감하기 십상이다. 그 과정에서 포식자가 달려들었다가는 피식자와 똑같은 운명을 맞게 된다. 고생물학자들에게 희소식은, 타르 구덩이가 연구하기에 적당한 식물 및 동물성 물질로 가득 차 있다는 것이다. 그러나 나쁜 소식은, 막판에 몸부림치고 발버둥 치느라 동물의 뼈가 모조리 부러졌다는 것이다. 그럼에도 타르 구덩이는 과학자들에게 오래전 척추동물은 물론 같은 시기의 곤충과 씨앗에 관한 풍부한 정보를 제공해준다. 예컨대 LA의 라브레아 타르연못(내가 사는 곳에서 자전거를 타면 금세 도착한다)에서 발견된 뼈대는 1만 1000~5만 년 전에 살던 동물들의 것이다. 너무나 최근의 일이어서 공룡이 한 마리도 포함되어 있지 않지만, 인근의 페이지박물관에는 멸종한 다이어 울프, 검치호, 마스토돈 등 매혹적인 동물들과 한 사람의 유골이 전시되어 있다. 라브레아 타르연못에서는 약간 냄새나는 아스팔트가 표면으로 계속 스며 나오고 있으며, 연못 주변에는 울타리가 있어 사이클리스트들의 횡단을 막고 있다. 우리끼리 이야기인데, 지금으로부터 1000년쯤 후에 한 고생물학자가 거기서 나의 자전거를 발견할지도 모른다.

마지막으로 이야기할 방부제는 엄청나게 뜨겁다. 기원후 79년, 베수비오화산이 폭발하면서 인근의 폼페이에 있던 모든 사람과 물체를 신속히 깔아뭉개고 뒤덮었다. 엄청나게 뜨거운 허리케인급 바람에 이은 두께 25미터의 화산재였다. 대재앙이 일어난 후 생존자들이 모두 떠나 15세기까지 폼페이의 존재는 잊혔고, 16세기 말부터 소규모 발굴이 시작되다가 1748년이 되어서야 한 측량 기사가 도시를 복구했다. 그때 시작된 고고학자들의 본격적인 발굴 작업은 오늘날까지 계속되고 있다. '치명적인 열'과 '건조하고 산소가 부족한 환경에서 갑작스러운 매몰'이라는 두 가지 요소의 독특한 조합은 나무로 된 구조물, 예술 작품, 그리고 뼈를 완벽히 보존했다. 어떤 사람들의 몸은 화산재 속에 파묻혔는데, 화산재는 나중에 딱딱하게 굳었고 그 속에 들어 있던 연조직은 궁극적으로 먼지가 되었다. 그리하여 화산재로 둘러싸인 '인체 형태의 텅 빈 곳' 속에 완벽한 뼈대가 보존되었다. 19세기에 그 텅 빈 곳의 정체를 인식한 고고학자들이 발견하는 족족 내부를 회반죽으로 채움으로써 원형을 보존할 때까지, 도굴꾼들이 얼마나 많은 공간을 막무가내로 파괴했는지는 알 수 없다. 회반죽이 굳은 후 고고학자들은 석고를 둘러싼 화산재를 제거했다. 그 결과 탄생한 '인체 석고상'에는 그들이 입었던 옷까지 뚜렷하게 새겨져 있었다. 최근 실시된 CT 영상 검사를 이용한 연구에서 온전한 '인체 석고상' 속에 고이 보존된 뼈대가 마침내 모습을 드러냈다.

폼페이 근처의 헤르쿨라네움은 첫 번째 폭발의 직격탄을 피했으므로 거주자 대부분이 도망칠 기회를 얻었다. 그러나 그날 늦게 (폼페이를 휩쓸었던 것만큼이나) 뜨거운 연기에 휩싸인 수백 명의 잔류자가 그

자리에서 즉사했다. 고고학자들은 한 보트 창고에서 가장 큰 '몸의 집합체'를 발견했는데, 도망칠 수 없었던 거주자들이 강렬한 열기를 피할 요량으로 헛되이 부둥켜안았던 것이 분명했다. 그 후 몇 시간 동안 강물 같은 화산니volcanic mud(화산재와 물의 혼합물)가 헤르쿨라네움을 휩쓸어 도시 전체가 두꺼운 화산니(본질적으로, 신속히 건조되는 시멘트)로 뒤덮였다. 그 결과 '새까맣게 탄 뼈'가 보존되었지만 폼페이에서 발견된 '뼈 주변의 텅 빈 곳'은 찾아볼 수 없었다. 비록 치명적이었지만, 두 도시의 열은 주민들의 뼈를 부스러뜨릴 만큼 강력하지는 않았던 것이다.

과학자들은 (본의 아니게 보존되어 발견되는 날까지 베일에 가려졌던) 이들의 유골이 섬뜩하지만 소중한 자원임을 깨달았다. 그렇다면 인간이 의도적으로 매장한 뼈에서 배울 수 있는 교훈은 뭘까?

11장

존경받는 뼈

1908년, '어떤 종이 최초로 사자死者를 매장했으며, 그 목적은 무엇인가?'를 둘러싼 논쟁이 시작되었다. 인류학자들은 프랑스의 한 동굴에서 거의 완벽히 보존된 10만 년 전의 네안데르탈인 골격을 막 발굴한 참이었다. 그들은 '무덤이 만들어졌고, 시신은 태아의 자세로 신중히 놓인 채 매장되었다'라는 결론을 내렸다. 골격이 발견되었을 당시의 발굴 및 서술 기법은 조악했으므로, 회의론자들은 처음부터 아우성을 쳤다. 오늘날에도 진실 공방은 계속되고 있다. 설사 매장이 의도적이었다고 치자. 그렇다면 그게 시신을 (동물의) 포식에서 보호하기 위해서였을까, 아니면 영적인 목적을 위해서였을까? 후자의 가능성은 추상적 사고의 기원에 대한 논쟁을 불러일으켰는데, 일부 인류학자들은 네안데르탈인이 추상적 사고 능력을 보유하지 않았다며, "장례 풍습은 늘 현생인류의 전유물이었다"라고 주장했다.

2013년 남아프리카공화국의 동굴 깊숙한 곳에서 현생인류와 비슷한 종이 새로 발견되자, 전문가들은 추상적 사고의 기원을 밝히는 과제에 더욱 가열차게 도전했다.● 언제나 그랬듯, 연구자들은 현장에 접근하기가 어려웠다. 매장터에 도달하려면 기어오르고 기어가고, 20센티미터 틈을 통과해야 했는데, 그것도 늘 칠흑 같은 어둠 속에서였다. 선임 연구자는 뚱뚱해서 불가능했으므로 동굴 탐사 경력이 있는 '작고 유연한 여성 인류학자'들을 고용했다. 그녀들은 (다양한 시대에 걸친) 15명분 이상의 화석화된 뼈를 발견했는데, 유골의 임자들은 30만 년 전쯤 사망한 것으로 추정되었다. 포식이나 난폭한 트라우마의 징후가 포착된 뼈는 하나도 없었다. 만장일치는 아니었지만, 연구자들은 그곳이 매장터라는 결론을 내렸다. 현생인류의 사촌뻘 되는 두개골은 크기가 작았다. 그렇게 조그만 뇌로 상징적 사고, 언어, (사망한 친척을 운구하는 데 필요한) 장례 행위를 할 수 있었을까? 운 좋게도 그들의 뼈가 살아남아 이러한 의문을 제기할 수 있었지만, 운 나쁘게도 뼈 하나만 갖고서는 미스터리를 해결할 수가 없었다.

1981년에 발표된, 논란의 여지가 없는 최고最古의 '의도적으로 매장된 호모사피엔스*Homo sapiens*의 유골'은 이스라엘의 한 동굴에서 나왔다. 유골 근처에는 수많은 황토 조각(시뻘건 산화철 색소)이 널려 있었

● 호모날레디*Homo naledi*를 말한다. 호모날레디는 2013년 남아프리카의 '떠오르는 별' 동굴에서 발견되었다. 남아프리카 비트바테르스트란트대학교의 리 버거 박사(고인류학)가 이끄는 연구진은 고인류의 뼈와 치아를 대량으로 발견했지만, 연대 측정을 마치지 못한 상태에서 2015년 9월《이라이프*eLife*》에 중간 결과를 발표했다. 연구진은 그 후 호모날레디의 골격을 추가로 발견했으며, 2017년 5월《이라이프》에 기고한 논문에서 "연대 측정 결과, 호모날레디는 33만 5000~23만 6000년 전에 살았던 것으로 추정된다"라고 발표했다.

다. 모두 10만 년쯤 된 것으로 추정되는 5개의 골격은 질서 있게 놓여 있었는데, 그중 2개는 손에 사슴뿔(소위 부장품)를 쥐고 있었다. 이상과 같은 발견에 기반하여 우리는 '인류가 최소한 10만 년 동안 사망한 친족들에게 경의를 표해왔다'는 사실을 알게 되었다. 그들의 뼈가 살아남아 장례 풍습을 증명했고, 한 걸음 더 나아가 상징적 사고, 사자에 대한 경의, 그리고 어쩌면 사후 세계에 대한 염원을 암시했다. 인간의 유골에 경의를 표하는 수단과 방법은 매우 다양한 인류의 문화를 반영한다. (그중 일부는 효율적인 시체 처리와 유독한 냄새 제거가 주목적이었을 수 있다.)

예로부터 수많은 고대 부족이 시신을 (때로 지상에서 수백 미터 위로 솟아오른) 깎아지른 절벽의 벽감•에 밀어 넣었다. 그들은 다른 곳으로 이동하거나 자취를 감추기 전에 아무런 기록도 남기지 않았으므로, 시신을 그렇게 위험천만한 곳으로 힘들여 옮긴 동기는 알려져 있지 않다. 오늘날의 서아프리카 말리 지역에 살았던 텔렘Tellem이라는 부족의 경우, 그런 벽감 속에 수천 개의 골격, 드문드문 흩어져 있는 부장품, 약간의 밧줄 토막을 넣어두었다. 약 900년 전 살았던 그들의 존재를 증명하는 유물은 그게 전부다. 그곳에 접근하기가 극단적으로 어려우므로 그들의 유물은 훼손되지 않았고 사실상 전혀 연구되지 않았다. 그와 거의 같은 시기에 페루 북부의 안데스산맥에는 차차포야Chachapoya 부족이 살았는데, 그들 역시 시신을 절벽의 구멍과 틈새에 안장했다. 차이가 있다면 그러기 전에 시신을 미라로 만들었다는 점

• 벽면을 우묵하게 들어가게 해서 만든 공간.

이다. 차차포야족은 16세기에 에스파냐 사람들과 접촉했고, 유럽의 질병에 완전히 굴복했다. 불행하게도 기회주의자들이 그들의 분묘지를 대부분 약탈하는 바람에, 남아 있는 유물들은 인류학자들에게 별무소용이다.

중국 남부, 인도네시아, 필리핀의 이곳저곳에는 높이 수백 미터의 낭떠러지에 관이 매달려 있다. 최소한 3000년 전으로 거슬러 올라가는 나무 상자나 텅 빈 나뭇등걸들은 (절벽 면에서 돌출해 있거나, 암석의 틈과 구멍에서 삐져나온) 외팔보● 위에서 균형을 잡고 있다. 인도네시아의 토라자Toraja 부족은 그런 풍습을 오늘날까지 간직하고 있다. 그들이 관을 낭떠러지에 매다는 근거는 불분명하지만, 약탈과 포식을 방지하거나, 그 아래에 있는 소중한 농토를 절약하거나, 시신을 영계靈界에 가까운 곳에 안장하기 위해서였을 수 있다. 그 무거운 관들(어떤 것에는 시신과 함께 모래가 가득 들어 있다)을 위에서 매단 걸까, 아니면 아래에서 올려놓은 걸까? 수직 공동묘지의 기이함과 묘한 매력은 여행자들의 관심을 끈다.

수직 공동묘지보다는 덜 위험하지만 여전히 공중에 떠 있는 것으로, 아메리카 원주민들 사이에서는 나무와 비계scaffold에 시신을 안장하는 관습이 흔했다. 그림과 설명에 따르면 퀘벡, 네브래스카, 와이오밍에서부터 북서부 태평양 연안과 알래스카에 이르기까지 그런 풍습이 성행했던 것으로 보인다.

사망한 사람의 시신은 예복과 담요에 둘러싸인 채 고인이 가장 소

● 한쪽 끝이 고정되고 다른 끝은 받쳐지지 않은 상태로 고정된 보.

중히 여겼던 소유물과 함께 가죽끈으로 고정되었다. 그 꾸러미는 나무 위나 나뭇가지로 만들어진 높은 대 위에 놓였다. 남자의 시신은 나무 위에 안치되었고, 여자와 아이의 시신은 덤불 위에 방치되어 포식의 대상이 되었다. 공중에 안치된 지 1~2년 후, 시신들(일부는 땅바닥에 떨어졌지만 대부분 나무 위에 있었고, 더는 곰과 늑대의 먹잇감이 아니었다)은 수습되어 땅속에 묻혔다.

대부분의 문화권에서는 포식을 피하려 무진 애를 쓰지만, 일부 문화권의 매장 풍습에서는 포식을 되레 반긴다. 티베트와 인근의 (나무가 없고 암석투성이인) 나라에서, 불교 신자들은 소위 천장sky burial을 치른다. 그 내용인즉 새로운 시신을 산으로 운구하여 독수리 밥이 되게 하는 것이다. 이러한 풍습은 땅을 파기가 어려운 곳과 화장할 땔감이 부족한 곳에서 실용적이다. 그것은 영적이기도 한데, 불교 신자들은 '죽는 순간 사람의 영혼이 빠져나가면 육신은 텅 빈 용기가 되므로 다른 생물들이 공유할 수 있고 마땅히 그래야 한다'라고 믿기 때문이다. 일단 독수리가 살코기를 깨끗이 발라 먹으면, 뼈를 망치로 부순 다음 곡물, 우유와 섞어 작은 새들에게 먹였다. 뼈 중 일부는 의례용 악기와 그릇으로 만들어 재활용했는데, 이로써 산 자가 죽은 자에게 경의를 표했다.

인간의 넙다리뼈로 만든 나팔과 두개골로 만든 드럼은, 삶과 물질적 존재의 덧없음을 강조하는 티베트의 전통적인 명상 의식에 필수적이다. 캉링kangling('다리'를 뜻하는 티베트어 '캉'과, '피리'를 뜻하는 '링'의 합성어)은 인간의 넙다리뼈에서 엉덩이 쪽 말단을 잘라내고 만들며, 몸통의 동그란 구멍은 마우스피스가 된다. 나팔 모양의 무릎쪽 말단은 그대로 남겨두되, 내부의 해면질을 제거한 후 (공기와 소리가 빠져나갈 수 있도록) 2개의 구멍을 뚫는다. 넙다리뼈의 몸통은 두껍고 딱딱하고 내구성이 좋지만, 무릎에 가까워질수록 얇고 푸석푸석해진다. 캉링의 나팔 부분이 촘촘히 바느질된 가죽(때로는 인간의 피부)이나 얇은 금속판으로 코팅되는 것은 바로 이 때문이다. 존경스러운 악기가 버려지지 않고 대대손손이 사용되어야 하므로 코팅재의 내구성이 요망된다.

이들은 캉링에서 넘쳐나는 경건한 기운이 '뼈 임자의 영혼'으로부터 온다고 믿는다. 그러므로 속세의 결함에서 해방된 사람(이를테면 깨끗한 마음을 가진 어린이와 청년, 서약을 지킨 승려)의 넙다리뼈가 특히 선호된다. 그와 마찬가지로, 성인이나 현자의 넙다리뼈로 만들어진 캉링은 대오각성大悟覺醒의 상징으로 인간에게 기를 불어넣는 것으로 여겨진다.

인간의 두개골로 만든 드럼을 다마루damaru라고 하는데, 캉링과 같은 의식에 사용되며 캉링의 상징성과 에너지를 공유한다. 다마루는 삶의 속성을 감안하여 신중히 선택된 사람(남녀불문)의 두개골로 만들어진다. 2개의 두개관skullcap을 장구 모양으로 연결해 만드는데, 먼저 두개골 내부에 주문을 금으로 아로새기고, 커다란 구멍에 가죽을 씌운 후, 마지막으로 연결 부분에 손잡이를 부착한다. 연주자는 손잡이를 잡고 다마루를 들어 올린 상태에서, 손목을 비틀어 좌우로 회전시킨다. 그러면 끈에 매달린 구슬들이 큰 원을 그리며 드럼 헤드를 두드린다. 연주자는 다마루와 캉링을 각각 한 손에 들고 타악기와 관악기를 동시에 연주할 수도 있다.

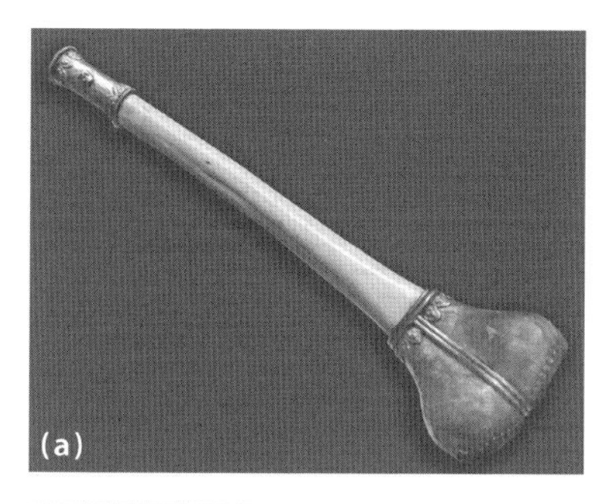
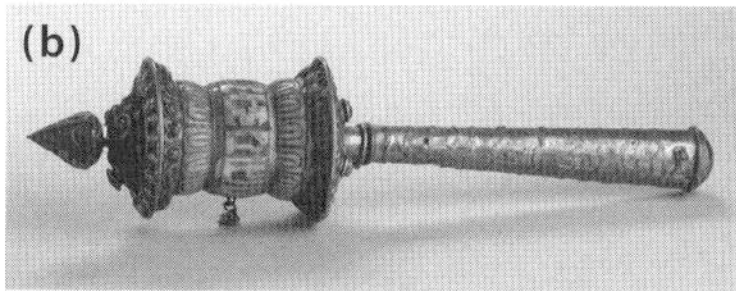

티베트 전통 명상 의식의 도구로 사용되는 뼈로 만든 물건들. (a) 넙다리뼈로 만든 나팔, 캉링. (b) 기도나 명상을 할 때 돌리는 바퀴 모양의 경전으로, 전경기prayer wheel라고 한다. 원통 부분은 뼈, 꼭지는 은으로 되어 있으며, 손잡이는 보석으로 장식되어 있다. (c) 2개의 두개골로 만든 장구 모양의 드럼, 다마루. (d) 두개관으로 만든 컵, 카팔라. (c)와 (d)에서, 두개골들이 서로 맞물린 치밀 이음부tight junction가 뚜렷이 보인다.

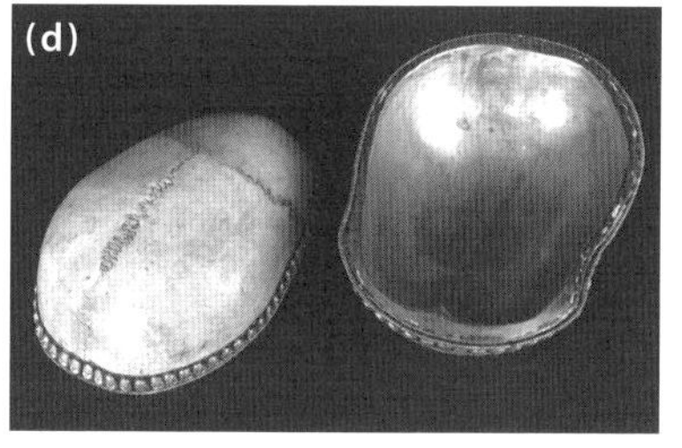

두개관은 컵으로 사용될 수도 있는데, 이것을 카팔라kapala라고 하며 불교와 힌두교 의식에서 큰 비중을 차지한다. 귀중한 금속과 보석으로 장식되는 카팔라는 그 의미와 용도가 다양하다. 분노한 신에게 제물을 바치는 제사에서 그릇으로, 또는 명상할 때 삶의 덧없음을 상기시키는 도구로 사용된다.

의도적으로 시신을 소각하는 화장의 기원은 4만 2000년 전으로 거슬러 올라간다. 1968년 과학자들에 의해 발견된 장소인 호주의 호수 이름을 따서 멍고레이디Mungo Lady라고 명명된 여성은 1차적으로 몸이 불태워졌고, 2차적으로 뼈가 으깨진 후 다시 불태워졌다. 그녀의 뼛조각은 숯이 된 상태에서 황토로 뒤덮였다. (그보다 6만 년 전, 황토는 세계 최초로 매장이 행해진 이스라엘에서 색소로 사용되기도 했다.) 멍고레이디의 시대 이후, 다양한 문화와 종교 집단이 동시다발적으로 화장을 선호했다. 한편 화장은 상대를 비난하는 근거로도 사용되었는데, 힌두교에서는 시신 처리 방법으로 화장을 규정하고 있는 데 반해 이슬람교에서는 화장을 금지하기 때문이다. 일본에서는 최근 공간을 절약하기 위한 수단으로 화장을 의무화하고 있다. 유대교에서는 전통적으로 화장을 불허해왔지만, 일부 개혁파들은 지지한다. 고대 그리스와 로마에서는 화장이 흔했지만, 유럽에서는 기독교가 대륙을 석권할 때까지 화장 풍습이 부침을 거듭했다. 초기 기독교인들은 육신의 부활을 믿고 화장을 단호히 반대했다(물론, 적수를 화형에 처할 때를 제외하고). 그로부터 수백 년 후까지 화장에 대한 거부감이 너무 강해서, 인류학자들은 유럽에서 기독교가 약진한 과정을 '공동묘지의 등장'을 기준으로 추적하게 되었다.

전통적으로 화장은 옥외에 쌓아놓은 장작더미에서 이루어졌고, 몇 개의 타다 만 뼛조각을 제외하면 유골이 남기를 기대하기는 어려웠다. 그러나 플로리다 일부 지역의 아메리카 원주민들은 불 속에서 두개골을 꺼내어 유골을 보관하는 데 사용했다.

19세기 말, 유럽과 미국에서 화장용 화덕이 생겨나기 시작하며 화장이 서서히 인기를 끌었다. 오늘날 화장용 화덕은 섭씨 900~1000도로 가열되는데, 이 정도면 철을 선홍색으로 달구고 뼈를 제외한 육신을 완전히 증발시키기에 충분하다. 화덕에서 나온 뼈는 극단적으로 푸석푸석해져 부서지지만 그래도 뼈임을 알아볼 수는 있다. 그다음으로 크리퓰레이터cremulator라는 강력한 고속 분쇄기가 유골을 가루로 만든다. 최종적으로 남은 물질은 흔히 재라고 불리지만, 사실을 말하자면 뼈를 구성하는 광물질로 놀랄 만큼 내구성이 강하다. 평균적으로 2~3킬로그램에 불과한 '모래 같은 유골'은 가족의 존경을 받아 마땅하며, 흩뿌려지지 않는 한 유골함에 담긴 채 납골당에 자리 잡게 된다.

화장 이야기는 이 정도로 하고, 이 장의 본론인 매장으로 다시 돌아가자. 시신을 지하에 안장하는 것은 사자에게 경의를 표하는 가장 흔한 방법이자 가장 오래된 역사를 가진 방법일 것이다. 그 외에도 매장은 질병과 악취의 확산을 줄이고 일부 문화권에서는 죽은 사람이 사후 세계로 갈 수 있도록 배려해주는 수단이다. 토양 조건이 괜찮으면 매장된 뼈는 화석화되어 그 후로도 수천 년 동안 발견과 분석의 대상으로 남게 된다. 윌리엄 셰익스피어William Shakespeare는 일찍이 리처드 2세의 입술을 빌려 이렇게 말했다. "우리의 썩어가는 육신을 땅에 남기는 것 말고, 누군가에게 유산을 남기는 방법이 뭐가 있단 말인가?"•

팔찌, 구슬, 도자기 등의 부장품이 유골과 함께 발견되면 학자들은 그에 기반하여 뼈 임자의 사회경제적 신분과 그가 속한 문화권의 신념 및 의례를 유추한다. 하지만 발굴된 골격 자체에서 얻을 수 있는 지식은 최근까지 대체로 간과되었던 윤리적 이슈만큼이나 심오하다. 학자와 기회주의자들은 너나 할 것 없이 지식·명성·발견·부라는 떡고물에 치중하지만, 정성스레 매장된 시신이 종종 발굴되고 있는 것

• 셰익스피어의 희곡 『리처드 2세*Richard II*』의 3막 2장에 나오는 구절이다.

은 전적으로 '고인이 존경과 사랑 속에서 영원히 잠들었다'라고 믿은 가족과 친지들 덕분이라고 해도 과언이 아니다.

그러나 매장된 시신이 모두 사랑 속에서 잠들지는 않았다. 고고학자들은 중부 유럽에서 7000여 년 전의 무덤들을 발견했는데, 각각의 무덤에서 발굴된 수십 개의 골격에는 둔기로 얻어맞은 흔적만 있을 뿐 부장품 따위는 전혀 찾아볼 수 없었다. 인류의 이러한 비인간성은 일찍부터 모습을 드러냈다. 1인용 무덤도 당혹스럽기는 마찬가지다. 지금껏 발견된 소위 '패륜적 매장'은 (인류사를 통틀어 인간이 간혹 굴복했던) 폭력적·복수적·공포적·미신적 경향을 만천하에 드러냈다. 여분의 다리들과 함께 묻혀 있거나 엎드린 채 매장된 시신을 발견할 때, 학자들은 그 동기를 그저 추측만 할 뿐이다. 심지어 어떤 골격에는 족쇄나 수갑이 채워져 있으며, 금속 말뚝이나 무거운 돌에 짓눌려 있는 골격도 있다. 시신의 머리를 잘라 무릎 사이에 넣거나, 시신을 거꾸로 매장한 데는 형벌의 의도가 담겨 있을 것이다. 어쩌면 시신의 귀환(아마도 흡혈귀나 마녀로서)을 막기 위한 수단이었을 수도 있다. 패륜적 매장의 대부분은 유럽에서 발견되었다.

남극을 제외한 모든 대륙에서, 열사熱沙와 건조기후 속에서 탈수된 채 고이 모셔져 있는 시신이 심심찮게 발견된다. 그런 관행은 약 7000년 전 칠레에서 시작되었다. 고대인들이 그런 자연적 보존법을 뜻하지 않게 발견한 후, 일부 사람들이 의도적으로 그 과정을 재현한 것으로 보인다. 그로부터 거의 2000년 후 이집트인들이 그 방법을 사용하기 시작했다. 그들은 최근 사망한 특권층 사람을 사후 세계로 들여보내려면 미라화가 필수적이라고 여겼다. 그들은 엄청나게 많은 고양이

뿐 아니라 개·개코원숭이·새·악어, 한 마리 이상의 가젤도 미라로 만들었다. 방부 처리 전문가는 먼저 시신에서 내장을 꺼내고, 향신료로 채운 후 소금의 혼합물로 에워쌌다. 그로부터 70일 후, 그들은 건조된 시신에 여러 겹의 리넨을 감아 나무 상자 안에 보관했다. 수천 년이 지난 오늘날 그런 미라들이 간혹 발견되었지만, 그 속의 뼈는 비침습적 수단noninvasive mean(처음에는 엑스선 검사, 보다 최근에는 CT 스캐닝)이 적용될 때까지 숨겨져 있었다. 아마도 전 시대를 통틀어 가장 유명한 미라일 투탕카멘이 그런 연구의 대상이 된 것은 1986년이었다. 영상 검사를 통해 발견된 넙다리뼈 골절을 근거로, 투탕카멘은 골절상을 입은 지 며칠 후 그 합병증 때문에 사망한 것으로 추정되었다.

투탕카멘을 비롯한 이집트 왕(파라오)들의 미라는 정교하고 영구적으로 밀봉된 지하 무덤에 안장되었다. 각각의 파라오들은 자신만의 영구적인 묘역을 갖고 있었지만, 다른 문화권의 지하 묘지는 물품 보관 서비스 창고를 방불케 한다. 그런 묘지를 카타콤catacomb이라고 하는데, 대량 매장을 위해 탄생한 것으로 유럽 도시들(파리, 부다페스트, 리스본)은 물론 페루와 필리핀에도 존재한다.

로마는 세계 최대의 카타콤망으로 둘러싸여 있는데, 거기에는 그럴 만한 사정이 있었다. 고대 로마법은 도시 내에서 매장하는 것을 금지했지만 로마에 사는 초기 기독교인들은 성벽 밖에 묘터를 살 여유가 없었고, 그렇다고 해서 이교도들 사이에 널리 퍼져 있던 화장 풍습에 동참하지도 않았다. 대신 그들은 2세기부터 로마 성벽 밖의 부드러운 화산암 속에 터널망을 파기 시작했다. 터널의 양쪽 측면에 자리 잡은 방에 시신을 안치하고, 이름·연령·사망일이 새겨진 돌판으로 입구를 막았다. 그렇게 매장된 기독교인 중 상당수는 박해를 받다가 순교한 사람들이었고, 4세기에 로마가 기독교를 공인할 때까지 그런 관행은 계속되었다. 더는 순교하는 사람이 없어졌을 때도 많은 기독교인은 순교자들 곁에서 영원히 잠들기를 소망했다. 그래서 카타콤 매장은 최소한 100년간 계속되었고, 그동안 50만~75만 구의 시신이 그곳에 묻힌 것으로 추정된다. 그 후 사용이 서서히 줄어들면서 카타콤은 사람들의 기억에서 사라졌다가 1578년 우연히 재발견되었다. 그 후 프레스코•가 풍부한 카타콤에 수많은 연구자와 방문자가 몰려들었고, 초기 기독교사의 중요한 일부가 되었다.

이쯤 되면 이런 의문을 품는 독자가 있을 것이다. "로마 시대의 카타콤이 뼈와 무슨 관련이 있을까?" 관련성의 비밀은 성인 숭배, 종교개혁Reformation, 반종교개혁Counter-Reformation에 있다. 가톨릭 교리에 따르면, '성인의 유해를 숭배하면 성인이 신과 (신의 가호를 비는) 인간 사이를 중개한다'라고 한다. 사정이 이러하다 보니 성유물relic(성인의 뼈나 성인이 입었던 옷)은 축복의 보증수표로 여겨졌다. 그런 성유물은 귀금속과 보석으로 장식된 성유해함reliquary 속에 잘 보관되었다. 비교적 작은 크기의 성유해함들은 성인의 축일 행렬에 등장했는데, 그중 일부에는 투명한 유리창이 있어 뼈를 들여다볼 수 있었다. 뼈의 존재를 암시하기 위해 뼈 모양으로 만들어진 성유해함도 있었다. 그리하

• 덜 마른 회반죽 바탕에 물에 갠 안료로 채색한 벽화로, '신선한'이란 뜻의 이탈리아어 프레스코fresco에서 유래한다. 그림물감이 표면으로 배어들어 벽이 마르면 그림은 완전히 벽의 일부가 되어 물에 용해되지 않으며, 따라서 수명도 벽의 수명만큼 지속된다.

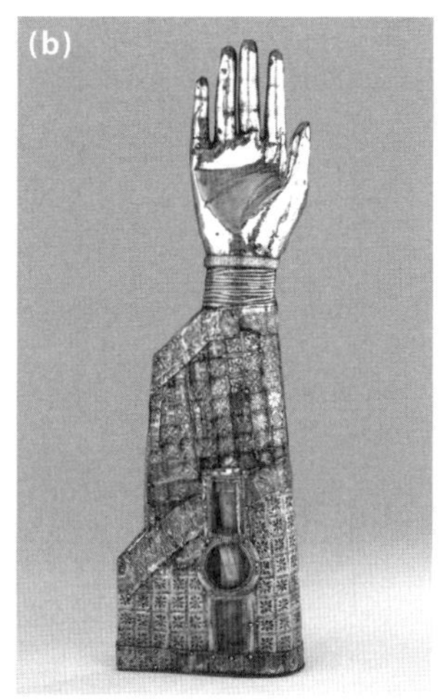

(a) 에스파냐의 팔마데마요르카에 있는 성당에는, 성 판탈레온Saint Pantaleon의 다리뼈가 담긴 성유해함이 전시되어 있다. (b) 성 로렌스Saint Lawrence의 손뼈가 담긴 성유해함. 은으로 만든 손과 구리로 도금된 옷소매로 구성되어 있으며, 하나 이상의 손뼈가 들어 있다.

여 이를 숭배하는 순례자들이 줄을 이었는데, 그들은 행렬을 따르며 돈을 썼고 성인의 교회에 도착해서는 헌금했다.

성유물을 마다하는 교회는 없었지만, 성인의 유해에 포함된 뼈의 개수는 유한하므로 모든 교회가 혜택을 볼 수는 없었다. 중세에는 성인이 공급한 것보다 더 많은 (것으로 추정되는) 뼈들이 숭배의 대상이 되었다. 교회 개혁가인 마르틴 루터Martin Luther와 장 칼뱅John Calvin은 가톨릭의 교활함과 위선에 반기를 들었다. 성유물은 종교의식을 돕기 위해 시작되었지만, 수많은 모조품이 등장하며 거짓된 우상으로 변질되었기 때문이었다. 개신교가 북유럽에서 강세를 보임에 따라 교회 개혁가들은 성유해함을 파괴하고 귀금속을 재활용했다. 1563년, 교황은 이에 맞서 트리엔트공의회Council of Trient를 소집해 '성유물은 종교적 관행의 본질적 부분이다'라는 교리를 옹호했다. 공의회는 한 걸음 더 나아가 신과 신앙인 사이를 중재하는 성인의 능력을 재공표했다. 그러나 성유물 인증의 엄격한 지침을 제시하며 "확인되지 않은 성유물은 숭배에 사용될 수 없다"라고 천명했다.

오래된 성유물 중 상당수가 파괴되고 다른 성유물들의 출처가 의심을 받게 되자, 진짜 성유물에 대한 수요가 공급을 훨씬 초과하게 되었다. 그러다가 15년 후인 1578년, 뜻하지 않게 로마의 카타콤이 재발견되었다. 그 속에는 '진정한 순교자'들과 함께 (박해받은 것이 분명하므로 순교자의 자격이 충분한) 초기 기독교인들의 유해 수십만 구가 안장되어 있었다. 독실한 기독교인들은 열광했다. 교회와 상류층 가문은 독실함과 명망을 과시하기 위해 순교자의 뼈를 찾았다. 묘지의 점유자가 순교자임을 정확히 확인할 수 있는 것(지하 묘지의 입구를 막은 돌판이 온전한 것)은 몇 개밖에 없었지만, 로마에서 반출된 유골들에는 타당성을 입증하는 서류가 첨부되어 있었다. 그들의 순교가 사실인지 단순한 추측인지는 불분명했다. 이름이 밝혀지지 않은 순교자들은 신앙인들에게 어필하기 위해 (유명한 성인, 또는 지역 명망가들의 이름을 딴) 새로운 이름을 얻었다. 다른 신원 미상의 뼈들은 고결한 이름(이를테면 지조, 관용, 행복을 뜻하는 라틴어)을 얻었다. 어떻게든 정당성을 확보하기 위해, 다른 뼈들은 심지어 성 인코그니토Saint Incognito(익명)라는 이름을 얻었다.

종교개혁 이전 시기의 성유해함에는 고작해야 하나의 소중한 뼈나 뼛조각이 들어 있었다. 이제 카타콤 성인들의 전신 골격이 쏟아져 나

화려하게 장식된 이 골격은 성 판크라티우스Saint Pancratius라는 카타콤 성인의 것으로, 스위스 빌에 있는 성니콜라우스교회Church of Saint Nikolaus에 전시되어 있다.

오자 교회들은 앞다퉈 거대하고 정교한 전시회에 몰두했다. 그 '순교자들'은 초기 기독교 시대에 살았으므로, 성직자들은 완벽한 골격을 골라 로마 병정의 옷을 입히고 온갖 보석(진품과 모조품 포함)을 주렁주렁 매단 채 성대한 전시회를 열었다. 카타콤 성인들이 기적을 일으켰다는 소문이 돌자 순례자들이 삽시간에 인산인해를 이루었다. 신앙인들이 '진정한 신앙인들을 위해 예비된 축복'을 감사히 여기며 위안을 얻는 동안, 전시회를 주최한 교회와 수도원들은 떼돈을 벌었다.

카타콤 성인을 둘러싼 열풍은 무려 200여 년 동안 지속된 후 서서히 수그러들었다. 1782년, 합스부르크가의 황제는 100퍼센트 진품이 아닌 성유물을 모두 파괴하라고 요구했다. 그와 거의 같은 시기에, 계몽사상의 영향을 받은 진보적 가톨릭 세력은 교회가 더욱 현대화되고 문명화되기를 원했다. 게다가 도난은 지속적인 걱정거리였다. 그러다 보니 한때 자랑스레 전시되었던 카타콤 성인들의 성유물은 점차 시야에서 사라졌다. 로마의 카타콤에서 나온 뼈가 널리 퍼진 것은 신앙인들에게 축복이었을까, 아니면 간교한 상술에 불과했을까? 판단은 독자들의 몫이다.

로마의 카타콤에 매장된 유골은 수 세기 후 제거되었지만, 프랑스 파리에서는 정반대 사건이 일어났다. 교회 경내에 매장된 개인들의 뼈가 서서히 누적되어 급기야 만원 사태가 발생하자, 그 해결책으로 오래된 뼈를 지하 터널의 미로labyrinth로 이장移葬하는 방안이 제시된 것이다. 당시로써는 편의를 위한 발상이었지만, 파리의 카타콤은 나중에 비즈니스가 되었다. (13장에서 내가 파리 카타콤의 고객이 된 경험을 소개할 것이다.)

다른 오래된 도시들도 파리와 비슷한 만원 사태를 겪었지만 상이한 방법으로 해결했다. 카타콤 신세를 지는 대신, 일부 교회에서는 '예술성을 강조하되 성인과의 연관성을 전혀 암시하지 않고' 오래된 뼈들을 전시하기 시작했다. 일례로 오스트리아 할슈타트에 있는 성미하엘 교회St. Michael's Chapel 부설 납골당Beinhaus에는 1200개의 두개골이 전시되어 있다. 가문별로 구분되어 선반에 가지런히 놓인 1200개 두개골에는, 컬러풀한 글씨로 임자의 이름, 출생일, 사망일이 적혀 있다. 다른 교회들도 뼈를 내부 장식 요소로 사용하기 시작했는데, 그런 유골 교회bone church는 영국, 에스파냐, 폴란드, 체코에 존재하며 이탈리아에는 최소한 3개 도시에 있다.

나는 아내와 함께 포르투갈 리스본에서 동쪽으로 144킬로미터 떨어진 에보라라는 이름의 아름다운 중세도시를 여행하던 중, 우연히 기회가 되어 유골 교회를 방문했다(아내는 내키지 않아 했고, 나는 열광적이었다). 교회에 아무리 가까이 접근해도 화려하게 장식된 벽돌과 기둥 때문에 그 속에 뭐가 보관되어 있는지 전혀 짐작할 수 없었다. 첫 번째 힌트는 교회 옆문 위의 대리석에 새겨져 있는 글씨였는데, 그 내용을 번역하면 "여기에 있는 우리의 뼈가 당신을 기다립니다"였다.

16세기의 에보라에서 프란체스코회 수사들은 두 가지 문제점에 직면했다. 첫 번째 문제점은 오래된 유골을 보관할 공간이 부족하다는 것, 두 번째 문제점은 향락적 세태가 심각한 수준에 이르렀다는 것이었다. 그들의 교구 주민들은 호화롭게 생활했는데, 당시 포르투갈의 식민지인 브라질에서 금이 쏟아져 나왔기 때문이었다. '세속적 존재의 부귀영화는 덧없다'라는 메시지를 전달하기 위해, 수사들은 지역 교회와 지하 묘지에서 수집한 5000개 이상의 두개골과 뼈를 이용해 교회의 벽과 천장을 장식했다. 어떤 부분에는 팔다리뼈를 회반죽에 수평으로 붙여 길이가 드러나게 했고, 어떤 부분에는 뼈를 수직으로 꽂아 넣었다. 두개골들은 기하학적인 벽의 패턴을 자유롭게 연출했고, 기둥과 아치의 가장자리를 장식했다. 전반적으로 대칭적이고 반복되는 흑백의 조화가 두드러졌다. 언뜻 보면 이상할 수도 있지만 내 눈에는 이루 형언할 수 없이 아름답게 보였다. 내가 정신없이 셔터를 누르는 동안, 아내는 밖에서 기다리겠다는 말을 남기고 총총 사라졌다.

인류의 역사를 통틀어, 인간은 친척을 추모하기 위한 것 말고도 다른 목적으로 뼈의 힘을 이용했다. 일례로 (인류 최초로 화장을 행했던)

포르투갈 에보라에 있는 유골 교회의 벽은, 16세기의 교구 주민들에게 삶의 덧없음을 일깨우기 위해 5000여 명의 두개골과 뼈로 장식되었다.

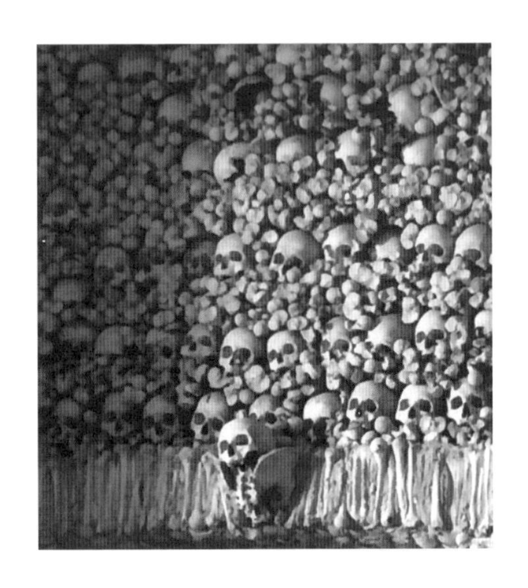

멍고레이디의 시대인 4만여 년 전 호주 원주민들의 풍습을 살펴보기로 하자. 증거에 따르면, 그녀의 친척들은 최소한 8만 년 동안 호주에 머무르고 있었던 것으로 보인다. 그렇게 오랜 역사를 갖고 있다면 그녀의 부족이 확고부동한 믿음을 갖고 있다고 해도 전혀 놀라울 것이 없다. 그들의 신념에는 '노인의 사망을 제외하면 자연사란 없으며, 적의 악의적인 주문이 죽음을 재촉할 수 있다'라는 개념이 포함되어 있었다. 만약 앞날이 구만리 같은 장정이 죽으면, 부족은 '주문을 외운 자'를 색출한 후(수년이 소요될 수 있다) 자객을 선정하는 의식을 치르고, 선정된 자객에게 무기(단검만 한 길이에, 바늘처럼 생긴 사람·캥거루·에뮤•의 뼈)를 지급한다. 자객은 주문을 외운 자에게 몰래 접근해 무기

• 호주산 큰 새. 빠르게 달리기는 해도 날지는 못함.

호주의 원주민인 루리차luridja 부족은 대대로 전해 내려오는 의식을 통해, 악의를 품은 적을 뼈로 가리킨다.

로 가리키며 짧은 저주를 퍼부은 다음 집으로 돌아와 무기를 태워버린다. 지목받은 사람은 며칠에서 몇 주 동안 공포에 떨며 시름시름 앓다가, '나쁜 생각이 발각됨'으로 인해 육신에 큰 상처라도 입은 것처럼 세상을 떠난다.

루리차 부족보다 덜 극적이지만 비슷한 영향력을 이용한 방법으로, 고대 중국에서는 납작뼈(사람의 어깨뼈나 거북의 배 껍데기)를 이용해 미래를 예측했다. 거의 3500년 전부터 약 200년 동안, 중국의 상商 왕조(은나라)는 그런 뼈를 이용해 긴요한 의문(예컨대 농사, 군사적 원정, 사냥, 날씨, 여행, 질병, 왕의 건강)의 답을 구했다. 뼈의 한쪽에 작은 구멍을 뚫고, 반대쪽에는 날카로운 칼로 긴급한 문제를 새겨 넣었다. 그런 다음 뜨거운 부지깽이를 구멍에 집어넣으면 가열된 뼈가 갈라졌다. 갈라진 방향이 정답이었는데, 해석은 점쟁이의 몫이었지만 때로는 왕 자신이 직접 해석했다. 미래에 참고할 요량으로 각각의 정답은 그때그때 뼈에 새겨두었다. 그로부터 수천 년 후, 그런 고대의 유물들은 경작된 밭에서 종종 발견되었다. 농부들은 그것을 용골龍骨이라고 믿고 새겨진 글씨들을 모두 지운 다음 한약재로 팔아넘겼다. 1899년, 한 약삭빠른 골동품상이 뼛조각에서 고대 문자를 발견하고 그 기원을 추적했다. 그 결과 뼈에 예리하게 새겨진 기호는 현존하는 가장 오래된 중국 기록물로, 기원전 1600년경의 문화에 대해 많은 것을 알려주는 것으로 밝혀졌다.

일단 그 갑골(점치는 뼈)의 의미가 명확해지자 명석한 수집가들의 거래가 활발해졌는데, 가품 거래도 상당수 있었다. 오랫동안 보존되기에 적당한 중국의 토양에서 발굴된 20만 개의 갑골들은 고증을 거쳐 한약으로 쓰일 운명에서 가까스로 벗어났다. 그중 4분의 1에는 약 6000개의 상이한 문자들이 새겨져 있었는데, 그중 2000개는 현대어와 상응하므로 의미가 밝혀졌다. (나머지 4000개 중 대부분은 고유명사였다.) 의문에 대한 정답 외에도, 갑골에는 기념비적 사건, 연례행사, 세금 인상, 족보에 관한 자세한 내용이 빼곡히 적혀 있었다. 일식과 혜성 통과에 대한 최초의 천문학적 기록들도 포함되었다. 전반적으로 그 기록들은 상 왕조 사람들의 생활을 매우 자세히 기술하고 있었다. 우리는 갑골이 용골로 둔갑하여 만병통치약이라는 이름으로 사람들의 뱃속에 들어가지 않은 것을 천지신명께 감사드려야 한다.

수마트라에서는 사제들이 물소의 널따란 갈비뼈에 기록을 남겼다. 그 뼈는 대대손손 전해 내려왔는데, 길일(의식이나 여행에 가장 적합한 날)을 점치는 데 필요한 음력 정보를 비롯해 마법과 의학에 필요한 공

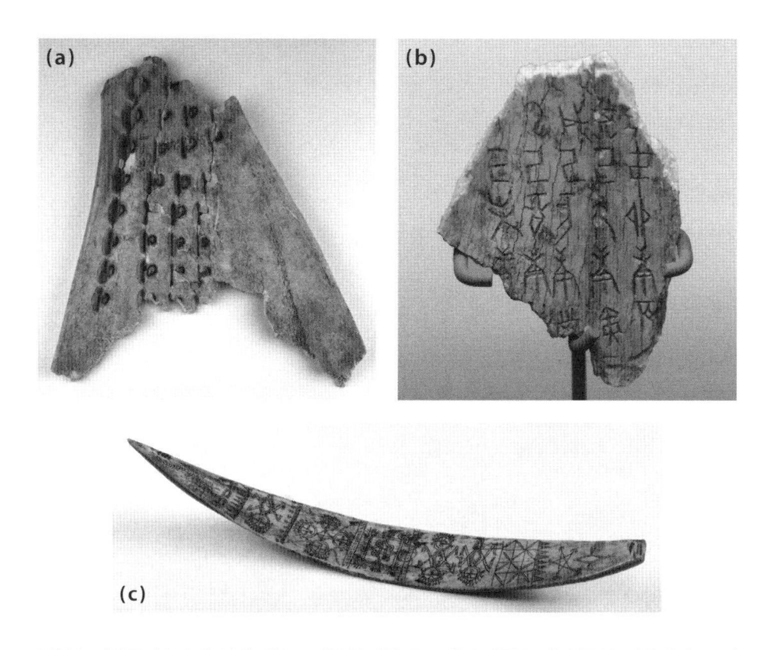

점복술기구들. (a) 소의 어깨뼈를 뜨거운 부지깽이로 지져 만든 구멍과 균열. 점쟁이가 그 의미를 해석하게 된다. 기원전 16~10세기 중국 상 왕조의 유물이다. (b) 역시 상 왕조의 유물로, 점괘에 대한 해석이 적혀 있다. (c) 수마트라의 사제들이 물소의 갈비뼈에 길일 선택에 대한 음력 정보와 의학적 처방을 새겨놓았다.

식이 깨알같이 있었다. 그 뼈가 살아남은 것도 기적이려니와, 새겨진 글씨의 시각적 아름다움과 기술된 내용의 시적 가치는 감탄을 자아낸다.

남아프리카 사람들은 납작뼈의 작은 직사각형 부분에 다양한 기호와 형태를 새겨 넣어 예언 판으로 사용했다. 그보다 더 오래된 것은, 변형되지 않은 손가락 마디뼈knucklebone를 던져 '땅에 떨어진 형태'의 의미를 해석하는 풍습이다. 점칠 때뿐만 아니라 게임을 할 때도 정육면체에 가까운 모양의 염소와 양의 발목뼈를 이용했는데, 주사위의

(a) 남아프리카의 척골사bone thrower는 염소나 양의 손가락 마디뼈를 이용해 미래를 예언한다. (b) 깎이고 그림이 새겨진 뼈도 남아프리카에서 점복술기구로 사용되었다.

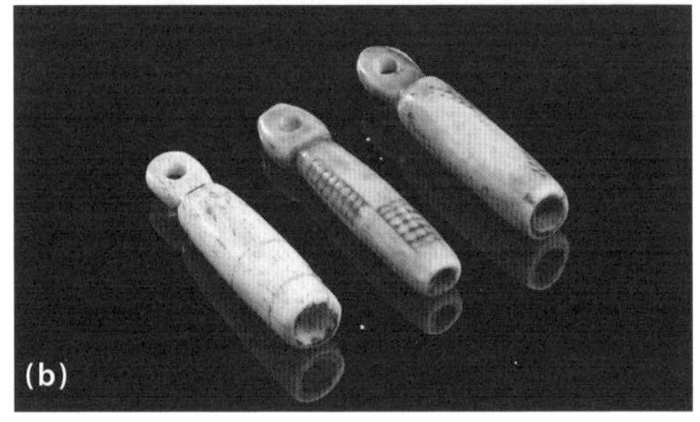

원조라고 할 수 있다.

뼈와 행운을 연결 짓는 문화는 고대 유럽 전체에 있었다. 약 3000년 전 오늘날의 이탈리아 중부에 살았던 에트루리아인들은 새(특히 거위)가 미래를 예언할 수 있다고 믿었다. 그들은 거위의 목에서 꺼낸 V자형 뼈를 햇볕에 말린 후 거위의 마법을 기대하며 보관하는 의례를 하곤 했다. 그들은 거위의 뼈를 두드리며 소원을 빌었는데, 여기에서 위시본이라는 단어가 유래한다. 에트루리아인들의 풍습을 많이 받아들인 로마인들은 행운을 비는 과정에서 위시본을 갖고서 옥신각신하다 부러뜨렸는데, 여기에서 '럭키 브레이크lucky break'라는 말이 유래했다.

로마인들은 위시본의 풍습을 영국에 전했고, 잉글랜드인들은 1607년에 위시본을 '메리소트merrythought(즐거운 생각)'라고 불렀다. 위시본을 양쪽에서 잡아당기다가 부러졌을 때 긴 쪽을 쥔 사람이 먼저 결혼하게 된다고 생각했기 때문이다. 스코틀랜드인들은 위시본의 납작한 부분에 구멍을 뚫어 더 구체적으로 예측하고자 했다. '몇 번 만에 구멍에 실을 꿰는 데 성공하는지'를 '몇 년 후에 결혼하는지'로 해석한 것이다. (고도 근시를 훌륭한 아내의 조건으로 여겼나 보다.) 이후 북아메리카에 정착할 때, 유럽인들은 미래를 예언하는 구세계 가금류의 능력을 신세계의 칠면조에 넘겼다.

부두교Voodoo는 서아프리카의 노예들을 통해 신세계에 전래했는데, 끈질기게 이어지는 부두교의 의식 중 하나는 닭 뼈들을 던져 미래를 점치는 것이다. 각각의 뼈에는 개별적인 의미가 있고, 땅에 떨어졌을 때 다른 뼈들과의 상대적인 위치와 동그라미 안에서의 위치도 의미가 있다. 그러나 신세계라고 불리기도 전부터 카리브해 연안 원주민 부족의 샤먼들은 뼈 주걱과 코호바cohoba(향정신성 분말)를 이용한 의식을 거행하고 있었다. 그 풍습의 내용인즉 지역에서 자생하는 나무의 씨를 빻은 다음 담배 가루와 섞어서 흡입해 환각적 트랜스trance●를 유도하는 것이었다. 샤먼들은 의식을 시작하기 전에 금식했고, 그것도 모자라 뼈 주걱(구토를 유발하는 도구)을 이용해 위장을 말끔히 비웠다. 그런 다음, 샤먼에게 메시지를 전달하고 초자연적인 세계로

● 어떤 일에 집중할 때 경험하는 현상으로, 변형된 의식 상태 또는 초월적 의식 상태를 말한다.

뼈 주걱(바다소의 뼈로 만들어졌다)은 코호바 의식에서 트랜스 상태에 진입하는 데 필요한 금식과 구토를 도와주는 도구로, 카리브해 연안 원주민 부족의 샤먼들이 사용했다.

여행하도록 해주는 매개자인 '영혼'이 주는 '순수한 음식'을 먹을 준비를 했다. 코호바를 섭취하면 상하좌우가 뒤바뀌고, 온 세상이 휘황찬란하게 빛나며 계속 변화한다. 뼈 주걱의 손잡이에 새겨진 '거꾸로 선 환상적 인물'과 '상상 속의 맹수'는 그러한 딴 세상을 의미한다.

아메리카(특히 오대호 지역)의 원주민들은 영적인 뜻에서 아기의 요람 위에 보호용 노리개로 드림 캐처dream catcher(실 그물과 신성한 물건[예컨대 뼈]으로 장식된 작은 고리로, 좋은 꿈을 꾸게 해준다고 여겨진다)를 매달아놓았다. 북서쪽 태평양 연안에 거주하는 이누이트 부족은 곰의 넙다리뼈에 그림을 새긴 후 양쪽 끝을 삼나무 껍질로 막아, 죽은 사람의 영혼을 담았다. 그들은 그 솔 캐처soul catcher를 목에 걸고 영적인 힘을 발휘해줄 것이라고 믿으며 애지중지했다. 그들은 다른 뼈들도 소중히 여겼다. 예컨대 바다코끼리의 음경골은 인간에게 동물의 정력을 제공한다고 믿었다. 한편 아메리카 원주민은 독수리의 날개 뼈로 피리를 만들어 독수리 울음소리를 흉내 낼 수 있었다. 그 피리는 부족의 의식에서 사용되었는데, 때로는 피리 소리를 들은 다른 독수리가 나타나기도 했다. 우리에게는 이상하게 들릴 수도 있지만, 자신들이 죽인 동물에게 경의를 표하고 그들의 존재를 감사히 여기며 그림·조각·악기·의식을 통해 그들을 기념하는 것은 사냥 문화의 기본적인 특징이다. 그림·조각·악기 중 일부는 현존하지만 의식은 대부분 사라졌다.

죽여진 동물과 뼈가 오랫동안 존중받은 것과 대조적으로, 루시는 아무런 의식도 치르지 않고 (어쩌면 아무도 모르는 사이에 나무에서 추락함으로써) 세상을 떠났다. 그러나 그녀의 화석화된 뼈는 오늘날 소중한 보물이며, 영원히 극진한 대접을 받게 될 것이다. 보다 최근에 발견된 인간의 유골은 초기 인류가 추상적 사고와 영성을 보유하고 있었음을 시사하는데, '아주 오래전부터 상당한 격식을 갖춘 장례 절차가 존재했다'라는 사실에 기반하는 추측이다. 그러나 인류사를 돌이켜 보면 세상을 떠난 동료에게 예의를 갖추는 것은 결코 보편적인 현상이 아니었다. 뼈는 가장 오랫동안 남는 인간 조직으로서, 생과 사에 대한 몇 가지 의문에 대답하는 한편 많은 의문을 제기한다.

그러나 아이러니하게도 뼈가 우리에게 주는 교훈이 늘 거창하거나 심각하거나 경건한 것은 아니다. 뼈가 하나의 문화권에서 존중받는다고 해서 다른 문화권에서도 존중받으리라는 보장은 없다. 따라서 나는 동서고금을 넘나들며 뼈를 바라보는 세속적인 시선들을 소개하려고 한다. 뼈를 희화화하려는 의도는 전혀 없으니 오해 없기 바란다.

삼손은 "나귀의 턱뼈로 내가 1000명을 죽였도다"라고 말했다(사사기 15:16).

먼저, 구약성서에서는 세 가지 사례가 돋보인다. 창세기(2:22)에는 "여호와 하나님이 아담에게서 취하신 그 갈빗대로 여자를 만드시고 그를 아담에게로 이끌어 오시니"라고 적혀 있다. 사사기(15:16)에서 삼손은 이렇게 말한다. "나귀의 턱뼈로 내가 1000명을 죽였도다." 에스겔서(37:7)에서, 신의 명령에 따라 뼈로 가득 찬 계곡의 한복판으로 간 에스겔은 이렇게 말한다. "소리가 나고 움직이며 이 뼈, 저 뼈가 들어맞아 뼈들이 서로 연결되더라." 이 세 가지 구절은 조각품과 그림에 수도 없이 인용됨으로써 영원성을 부여받았지만, 노래로 각색되어 어린이들의 해부학 시간에 종종 흘러나오는 것은 맨 마지막 구절이다. "발가락뼈는 발뼈에 연결되고, 발뼈는 발꿈치뼈에 연결되고……."

죽은 자의 날Dia de los Muertos은 멕시코의 3일 연휴(10월 31일~11월 2일)로, 성인을 기념하고 죽은 친지나 친구를 기억하는 날이다. 오늘

죽은 자의 날 축제는 멕시코에서 시작되어 전 세계에 퍼졌다. 사진에 소개된 것은 LA에서 거행된 축제로, 시가 퍼레이드와 분장한 댄서들이 출연하는 무대 공연이 열린다.

날에는 축제성과 상업성이 본연의 취지를 종종 퇴색시키고 있으며, 저승사자의 눈을 손가락으로 찌를 기회가 주어지는 바람에 파티 분위기로 전 세계에 널리 퍼졌다. 죽은 자의 날에 뼈가 인기를 끄는 이유는, 죽은 사람을 가장 오랫동안 기억하게 해주는 기념물이기 때문이다. 사람들은 뼈로 치장을 한 채 거리에서 춤을 추며 퍼레이드를 벌인다. 페이스 페인팅을 한 참석자들은 뼈 모양의 쿠키와 두개골 모양의 캔디에 탐닉한다.

지난 몇 세기 동안 전 세계에서 인간의 두개골보다 나은 죽음의 상징물은 없었다. 의미를 바로 알아챌 수 있는 데다 매혹적이고, 공포와 함께 추억도 불러일으킨다. 묘비 조각가, 조각가, 화가, 타투이스트 모두 자신의 작품에 이 표식을 사용한다. 뭔가를 강조하고 싶을 때 사용되는 'X자 뼈를 곁들인 두개골'은 과거에는 군사용 휘장, 해적기, 독극

애틀랜타에 있는 보텍스바앤그릴이라는 음식점의 입구와 다양한 소비재의 포장에서 볼 수 있는 바와 같이, 오늘날 두개골의 이미지는 위험이나 죽음의 상징이라는 정서적 의미를 상실했다.

물 병에만 등장했지만, 오늘날에는 어디에서나 발견되며 이전의 정서적인 효과를 거의 상실했다. 두개골 표시는 알렉산더 맥퀸의 이름이 새겨진 고급 스카프, 가정용 슬리퍼, 커피 용기, 맥주 팩에도 예사로 등장한다. (지금 내가 신고 있는 '두개골이 아로새겨진 양말'을 보여줄 수도 있다.)

시각적 이미지에 뒤질세라, 카미유 생상스Camille Saint-Saëns는 오케스트라를 위해 작곡한 〈죽음의 무도Danse Macabre〉에서 실로폰 두들기는 소리(물론 단조다)로 '해골들의 군무'를 기가 막히게 묘사했다. 그는

〈동물의 사육제Carnival of the Animals〉의 제12곡 '화석Fossils'에서도 동일한 악기를 이용하여 뼈의 청각적 이미지를 공감각적으로 생성했다.

연극에서 가장 유명한 두개골은 뭐니 뭐니 해도 셰익스피어의 『햄릿*Hamlet*』에서 잠깐 언급되는 요릭이다. 햄릿이 무덤가에서 어떤 해골을 발견하게 되는데, 그 해골의 임자가 바로 햄릿이 어릴 적 왕궁에서 함께 놀았던 광대 요릭이었다.● 그로부터 400년 후, 폴란드의 작곡가이자 피아니스트인 앙드레 차이코프스키André Tchaikowsky는 자신의 두개골을 왕립셰익스피어극단Royal Shakespeare Company에 유증함으로써 요릭의 불멸성에 얹혀 가려고 했다.●● 위대한 음악가의 두개골은 몇 달 동안 요릭의 역을 맡았지만, 아뿔싸! 두개골의 신분이 탄로 나자 관계자들은 두개골이 배우들의 인기를 가로챌 것을 우려하여 선반에 보관했다.

어떤 이름들은 뼈를 지칭하지만, 그 관련성이 늘 명확한 것은 아니다. 예컨대 신약성서에 나오는 골고다Golgotha(아람어)와 갈보리Calvary(라틴어)는 '두개골의 장소'라는 뜻으로, 예수가 십자가에 못 박힌 예루살렘 인근의 지명이다. 그와 마찬가지로, 마크 트웨인의 과장된 소설 「캘라베라스군의 명물, 점프하는 개구리The Celebrated Jumping Frog of

● 두개골은 『햄릿』 제5막 제1장의 무덤 장면에 등장한다. 오필리어의 무덤에서 햄릿이 선왕의 어릿광대였던 요릭의 해골을 주워 들고 호레이쇼에게 "아, 불쌍한 요릭, 그를 안다네, 호레이쇼"라고 말하는 장면이다.

●● 앙드레 차이코프스키는 생전에 셰익스피어 연극에 심취했고, 『햄릿』을 특히 좋아해 왕립셰익스피어극단의 공연을 자주 관람했다고 한다. 그는 직장암으로 1982년 47세로 요절했는데, 자신의 두개골을 왕립셰익스피어극단의 무대 소품으로 사용할 것을 유언으로 남겼다.

Calaveras County」로 유명해진 캘리포니아 캘라베라스군은, 지역의 강둑에서 발견된 두개골(에스파냐어로 캘라베라스calaveras임) 때문에 그런 이름이 붙었다. 또 하나의 강변 도시인 호주의 브리즈번Brisbane은 초창기 시장의 이름에서 유래했다고 한다. '부러지다'라는 뜻의 영어 고어 '브리즈brise'와 '뼈'라는 뜻의 '밴ban'을 합친 말인데, 시장의 가족이 골절로 고생을 했는지, 다른 사람의 뼈를 부러뜨렸는지, 아니면 부러진 다리를 붙여줬는지 알 길이 없다.

다음 장에서는 이론의 여지가 없는 뼈, 박물관에 전시된 뼈에 대해 알아보기로 하자.

12장

가르치는 뼈

고생물학에서 다뤄지는 '화석화된 뼈'는 엄청나게 오랜 역사를 지닌 소재로, 최소한 1만 1500년 전 지구상에 살았던 동물의 뼈다. 그러나 고생물학의 역사는 모학문母學問인 지질학이나 생물학보다 짧다. 진척은 비록 더뎠지만, 고생물학은 1600년대에 여러 가지 이유로 하나의 학문 분야로서 발걸음을 내디뎠다. 그 당시 돌이나 '돌 비슷한 것'을 수집하던 르네상스기 사람들은 그것들이 한때 살아 있었다는 사실도 모른 채 화석fossil('발굴된 것'이라는 뜻의 라틴어에서 유래한다)이라고 불렀다.

그런 오개념이 자리 잡는 데 이바지한 사람은 2명의 철학자였다. 플라톤Platon의 추종자들은 "생물과 무생물은 연관되어 있으므로 서로 닮을 수 있다"라고 주장했다. 또 아리스토텔레스Aristoteles의 추종자들은 "생물의 씨앗이 땅속으로 들어가 식물 및 동물과 비슷하게 자라난다"라고 주장했다. '르네상스의 사나이'인 레오나르도 다빈치는 두 철학자의 아리송한 견해에 동의하지 않았다. 오히려 그는 이탈리아의 높은 산에서 발견한 '화석화된 해양 생물'이 생물학적 기원을 가진다고 간주했다. 다른 사람들은 그의 관찰을 기본적으로 무시하거나 비웃었다.

18세기에 들어와, 해부학·수학·물리학·생물학에 두루 조예가 깊었던 로버트 훅Robert Hooke은 "일부 화석들이 '더는 존재하지 않는 생물'을 대변한다"라고 제안했다. 그러나 그의 동시대인 중 대부분은 철학적이거나 종교적인 이유로 멸종이라는 개념을 받아들일 수 없었다. 멸종이라는 개념이 신뢰를 얻은 것은 한 세기 후, 관찰자들이 코끼리와 오랫동안 냉동되어 있었던 (이전에 존재했음에 논란의 여지가 없었던) 마스토돈 간의 골격 차이에 주목했을 때였다.

1808년부터 발견되기 시작된 대형 파충류 화석은 '거대한 파충류가 한때 지구 위를 활보했다'라는 설에 대한 명백한 증거를 제공했다. 이는 과학계를 흥분의 도가니에 몰아넣었고, 새로운 분야를 기술하기 위해 고생물학paleontology('오래된'이라는 뜻의 그리스어 팔라이오스palaios, '존재'라는 뜻의 온on, '연구'라는 뜻의 로고스logos의 합성어)이라는 단어의 탄생으로 이어졌다. 남은 19세기 동안 화석화된 뼈의 발견·관찰·분석은 띄엄띄엄 진행되었다.

초기 고생물학의 성과 중 하나는 어느 괴짜 과학자가 이루었다. 그의 이름은 윌리엄 버클랜드William Buckland로, 1822년 하나의 공룡을 완벽히 기술한 논문을 최초로 출판했다(그러나 '끔찍한 도마뱀'이라는 뜻을 가진 '공룡dinosaur'이라는 단어가 만들어진 것은 그보다 20년 후다). 많은 과학자는 버클랜드의 변덕스러운 성격에 기반하여 그의 발견을 폄하했다. 어느 정도 변덕스러웠냐 하면, 버클랜드는 모자와 가운 차림으로 지질학 현장 연구에 임했고, 종종 말 등에 올라탄 채 강의를 했으며, 자신의 애완용 곰을 데리고 모임에 참석했다. 그는 광범위한 실험을 한 후 동물을 오로지 취향에 의존해 분류하려고 애썼고, 자신이 동물의 왕국에 통달했다고 주장했다. 그는 두더지와 청파리를 혐오했고, 동료 고생물학자들은 그의 집에서 식사하는 것을 혐오했다.

19세기 중반까지 모든 분야의 과학자들은 돈 많고 호기심 많은 신사로, 자비를 들여 탐사와 연구를 수행했다. 그들은 종종 일련의 광물, 화석, 배가 불룩한 이국적인 동물, 골동품, 예술품을 호기심의 방cabinet of curiosity에 진열했는데, 그것은 말 그대로 경이로운 방wonder room이었다. 그런 컬렉션은 수집가의 사회적 지위를 확립하고 유지했으며, '호기심의 방'은 마음이 맞는 지식인과 귀족의 아지트였다.

화석에 관한 한, 이러한 아마추어 일변도의 접근 방법은 박물관, 대학교, 정부의 연구실이 지질학자와 고생물학자들을 고용하면서 바뀌기 시작했다. 그들의 성과는 문화적으로나 경제적으로나 인기를 끌었다. 오래전 멸종한 동물의 비교해부학을 비롯한 그들의 연구는 진화의 타당성을 뒷받침하는 증거를 제시했다. 더욱이 '화석이 발견되는 곳'에 관한 지식은 지구의 광물(특히 산업화 시대에 연료를 제공한 석탄)을 채굴하는 데 도움이 되었다.

그러나 공룡의 뼈는, 영국의 미술가 벤저민 워터하우스 호킨스Benjamin Waterhouse Hawkins가 1868년 필라델피아에 나타날 때까지 주로 과학자들만의 관심사였다. 그는 이미 왕성하게 활동하는 잘 알려진 자연사 삽화가로, 다윈을 비롯한 19세기 중엽의 생물학자들과 작업했다. 그는 실물 크기의 공룡을 점토로 제작하여 런던에서 전시함으로써 센세이션을 일으킨 터였다. 그는 여세를 몰아 두 번째 프로젝트에 착수했는데, 그 내용은 뉴욕 센트럴파크에 대규모 고생물박물관을 설치하는 것이었다. 그즈음 미국에서 발견된 공룡의 화석을 역동적으로 전시하려는 계획이었다.

그러나 뉴욕에는 필요한 화석도 (프로젝트를 추진할) 고생물학 전문가도 없었으므로, 호킨스는 진로를 바꿔 필라델피아를 전격 방문했다. 그는 필라델피아자연과학아카데미Philadelphia Academy of Natural Sciences의 지원에 힘입어 9미터짜리 공룡 뼈대를 조립했는데, 사용된 뼈 대부분은 아카데미의 소장품에서 조달되었다. 창의력을 발휘한 그는 누락된 뼈를 석고 복제품으로 대체하고 뼈대 전체를 금속 틀로 지지함으로써, 재구성된 뼈대가 '살아 서 있는 자세'를 취하도록 만들었다. 고대 알렉산드리아에서 인간의 뼈를 이용한 실물 크기의 뼈대가 제작된 적이 있지만, 인간의 뼈는 가볍고 조립하기가 쉬웠다. 그 규모를 수 톤짜리 '화석화된 공룡'의 수준으로 끌어올린 것은 호킨스가 처음이었다.

조립된 공룡의 뼈대를 본 대중은 경악했고, 관람객 수는 1년 동안 2배로 늘었다. 관람객 급증으로 인한 전시물의 훼손과 마모를 우려한 아카데미 측에서는 세계 최초로 관람료를 징수했다. 그럼에도 공룡에 대한 대중의 관심은 폭발적으로 증가했고, 그 열기는 150년이 지난 오늘날까지 이어지고 있다.

오늘날에는 위협적인 자세를 취한 대형 공룡 뼈대(통상적으로 중앙 홀

자신이 1868년 창조한 걸작인 세계 최초의 공룡 뼈대 조립품과 함께 포즈를 취한 벤저민 워터하우스 호킨스. 그즈음 촬영된 사진에 기반한 스케치다.

에 자리 잡고 있다)를 보유하지 않은 자연사박물관은 박물관 축에 끼지도 못한다. 전시물의 크기는 뉴스거리가 되지 않으므로, 박물관 측에서는 전시물의 충격과 공포를 극대화하기 위해 온갖 묘안을 짜내고 있다. 그중에서 가장 유명한 것은 수Sue라는 이름의 암컷 티라노사우루스 렉스인데, 그녀는 수십 년 동안 시카고 필드자연사박물관Field Museum of Natural History에 도착한 방문객들을 집어삼킬 기회를 노리고 있다. 그 배경에는 소유권을 둘러싼 전쟁과 사우스다코타 역사상 가장 길었던 형사재판이 도사리고 있지만, 이 모든 것은 나중에 이야기하기로 한다.

공룡의 것이 됐든 다른 척추동물의 것이 됐든, 관람용으로 전시되거나 학술 연구용 컬렉션으로 보관된 뼈는 대체로 고생물학자들의 노력의 결과물이다. 아마추어와 프로를 막론하고 고생물학자들은 시선을 땅에 고정한 채 이루 말할 수 없는 시간 동안 걷고 또 걸었다. 화석은 중생대 암석층에서 서서히 모습을 드러내는데, 이렇게 노출된 지표면은 일반적으로 지금은 매우 건조하고 뜨거운 지역에 존재한다. 사람의 기를 꺾는 열기 속에서 푸석푸석한 암석 절벽을 어렵사리 기어오르고, 한 손에는 치과용 이쑤시개 다른 손에는 그림 붓을 들고 수 시간 쪼그리고 앉아 있는 것은 아무나 할 수 있는 일이 아니다. 그러나 대부분의 고생물학자는 그런 역경을 딛고 우뚝 섰다. 뿐만 아니라 일부 고생물학자들은 치열한 논쟁을 통해 성장했는데, 그 대표적 사례가 바로 그 유명한 뼈 전쟁Bone Wars이었다.

뼈 전쟁은 고생물학계의 두 라이벌 간의 추악한 충돌로, 두 사람 모두 병적으로 자기중심적이고 야망에 가득 차고 시기심 많은 갑부였다. 『뼈 사냥꾼*The Bone Hunter*』의 저자 얼 래넘Url Lanham은 2명의 호적수인 오스닐 마시Othneil Marsh와 에드워드 코프Edward Cope를 다음과 같이 기술했다.

> 진정한 증오는 통상적인 악담의 수준을 넘어, 온갖 생산적이고 신속하고 예리하고 창의적인 생각을 낳는 가장 소중한 원동력 중 하나다. 코프와 마시 모두 그런 감정의 이점을 비정상적인 수준으로 누렸다.

1863년 베를린에서 처음 만났을 때만 해도 두 사람의 관계는 친밀했다. 마시는 예일대학교를 졸업한 후 베를린에서 연구를 계속하고 있었다. 코프는 16세에 학교를 중퇴했지만, 그즈음 이미 37편의 과학 논문을 출판하여 겨우 2편의 논문을 출판한 마시를 압도하고 있었다. 코프는 성질이 급하고 충동적인 데 반해, 마시는 차분하고 체계적이었다. 두 사람은 모두 예민한 성격이었다. 마시의 셋집 여주인은 그를 가리켜, "그와 안면을 튼다는 것은, 마치 쇠스랑을 향해 달려드는 것 같아요"라고 했다. 코프는 경력을 통틀어 미시시피강과 로키산맥 사이의 광대한 라거슈테테Lagerstätte●에서 현장 연구를 계속했다. 그와 정반대로 마시는 네 시즌 동안만 현장에서 연구했고, 나머지 시간은 예일대학교에 머물며 '화석을 캐 온 사람들'을 상대하는 데 할애했다. 한마디로 코프는 '발로 뛰는 고생물학자'였고, 마시는 '안락의자에 앉은 고생물학자'였다.

코프는 필라델피아의 부유한 가문에서 태어나, 상당한 유산에 의존하여 풍족한 일상생활과 연구 생활을 영위했다. 마시는 뉴욕 록포트의 가난한 가문 출신이었지만, 돈 많은 삼촌 조지 피보디George Peabody로부터 후한 기부금을 받았다. 피보디로 말할 것 같으면, 장사꾼에서 은행가를 거쳐 독지가로 변신한 입지전적 인물이었다. 피보디의 이름은 오늘날까지도 미국 동부와 남부의 수많은 교육기관과 연구 기관에 남아 있는데, 그중에서 대표적인 것 두 가지를 들면 예일대학교 부설 피보디자연사박물관Peabody Museum of Natural History과 (편의상 그의 조카가 이사장으로 있는) 피보디고생물학이사회Peabody Chair in Paleontology가 있다. 마시와 코프 공히 재정적으로 빵빵하고 방대한 투자를 유치할 수 있

● '저장, 보관' 또는 '굴, 은신처, 매장지'라는 뜻을 가진 '라거Lager'와 '장소'라는 뜻을 가진 '슈테테Stätte'가 합쳐진 독일어로, 예외적인 보존 상태를 보이는 특별한 화석들을 포함하는 퇴적성 침전물을 뜻한다.

었지만, 어느 순간부터 뼈를 둘러싸고 상대방을 재정적 파탄에 몰아넣게 된다.

미국 고생물학계의 양대 거두는 처음에는 공동 연구를 수행했으며, 심지어 새로 발견된 화석을 번갈아가며 명명할 정도였다. 그러나 '마시가 자신의 조수 중 일부를 매수하여, 새로 발견된 화석을 필라델피아에 있는 코프의 자택으로부터 예일대학교로 빼돌렸다'라는 사실을 알고부터 코프의 마음속에 적개심이 싹트기 시작했다. 1870년, 마침내 그의 누적된 적개심이 폭발했다. 코프는 새로운 해양 파충류를 기술한 논문을 출판하면서 실수로 머리를 꼬리 끝에 그렸는데, 마시가 얼씨구나 하며 그 오류를 지적한 것이다. 코프는 오류를 바로잡기에 앞서서, 명예의 훼손을 최소화하기 위해 출판된 논문을 모두 사들이려 노력했다.

그즈음, 화석의 메카라고 할 수 있는 콜로라도 동부, 와이오밍, 캔자스, 네브래스카, 다코타에서 화석이 무더기로 쏟아져 나오고 있었다. 두 고생물학자는 발굴팀을 고용하여 뼈를 캐낸 후, 연구 및 분류를 위해 동부로 보냈다. 그 결과 코프는 56종의 새로운 공룡과 멸종한 포유동물을 기술했고, 마시는 80종을 기술했다. 두 사람 모두 '화석이 특히 많이 나오는 곳'에 관한 비밀을 누설하지 않으려 노력했지만, 그들이 고용한 발굴꾼 중에는 무단 침입자, 스파이, 이중 스파이도 있어서 간혹 '적'에게 정보를 누설하거나 발굴한 화석을 넘기기까지 했다. 신분 위장, 절도, 돌팔매질, 총질, 상대방의 발굴지를 다이너마이트로 폭파하는 일이 난무했고, 인근에 호전적인 아메리카 원주민이 존재해 뼈 전쟁은 더 극적으로 진행되었다.

(a) 오스닐 마시와 (b) 에드워드 코프는 19세기의 걸출한 고생물학자였다. 그들의 서로에 대한 적개심은 전설적이었으며, 상대방을 괴롭히기 위해서라면 사보타주와 속임수 등 어떤 수단과 방법도 마다하지 않았다. (c) 마시(한가운데 서 있는 사람)는 (아마도 이 사진을 촬영하기 위해) 조수들을 무장시켰다.

마시와 코프는 여러 건의 고소를 주고받았는데, 처음에는 그 범위가 (두 사람이 서로 증오한다는 사실이 잘 알려진) 과학계에 한정되었다. 그러나 얼마 안 지나 상대방의 표절, 재정적 부정행위, 과학적 속임수를 비난하는 인터뷰 기사가 모든 신문의 1면을 장식했다. 코프는 말년에 (뇌의 크기가 측정되기를 바라며) 자신의 두개골을 과학계에 기증하기로 했다. 당시 내로라하는 과학자들 사이에 만연한 풍조이기도 했다. 그는 마시도 그렇게 하기를 바라며, 자신의 뇌가 그보다 크리라고 호언장담했다. 그러나 마시는 일언지하에 거절했다. 두뇌의 용량을 불문하고, 두 사람의 하늘을 찌르는 자존심은 측정을 불허했다.

그들이 연구를 시작했을 무렵 미국에 알려진 공룡은 다 합해봐야 18종에 불과했다. 두 사람은 무려 130여 종을 기술했는데(그러나 아무리 역대 최고급 실적을 거뒀다 해도, 그들의 성급한 분류 중 상당수는 세월의 시험을 견뎌내지 못했다), 그중에서 가장 유명한 것은 마시가 기술한 트리케라톱스*Triceratops*와 스테고사우루스*Stegosaurus*다. 두 사람 모두 자기의 이름을 따서 공룡 이름 짓는 것을 자랑스러워했고, 다른 고생물학자들도 그들을 존경하는 뜻에서 둘 중 하나의 이름을 인용하곤 했다. 그들은 연구와 전시를 위해 수 톤의 표본을 동부로 보냈다. 마시의 컬렉션은 스미스소니언과 예일 피보디박물관에 소장되어 있고, 코프의 컬렉션은 필라델피아의 자연과학아카데미에 소장되어 있다. 서로 증오했지만, 코프와 마시는 자연사박물관의 개념, 건축 방식, 평가 방식을 완전히 바꿨다. 그럼 뼈 전쟁의 승자는 누구였을까? 코프도 마시도 아니고, 진정한 승자는 바로 고생물학계였다.

1822년 버클랜드가 하나의 공룡을 최초로 기술한 이후, 화석 사냥은 발상지인 북아메리카와 유럽을 넘어 전 세계로 확산되었다. 남아메리카, 아프리카, 그린란드, 파키스탄, 남극, 중국에서 노출된 암석들이 탐사되면서, 절멸종extinct species의 발굴과 분류가 엄청나게 증가했다. 그로 인해 '공룡과 새의 관계'는 물론 고인류학자들의 영역인 '인류의 진화 과정'에 대한 이해가 크게 증가했다.

과거의 일부 고생물학자들이 변덕스럽고 공격적이었다면, 오늘날의 고인류학자들은 그와 대조적으로 사색적이고 토론을 선호하는 것 같다. 그들은 화석화된 두개골(또는 턱뼈 조각)이나 이빨 하나를 갖고서 간혹 끝장 토론을 펼치기 때문이다. 이러한 전문 분야에는 간혹 괴짜가 등장한다. 20세기 초에 의사에서 고인류학자로 전향한 로버트 브룸Robert Broom이 바로 그런 사람이다. 한 환자가 사망하자 그는 나중에 연구에 쓰려고 시신을 자신의 정원에 매장했다. 의사의 품위를 지키기 위해, 그는 남아프리카에서 뼈를 발굴할 때 뾰족한 깃이 달린 스리피스 수트•를 착용했다. 너무 더울 때는 옷을 홀라당 벗기도 했다. 그의 괴팍한 습관이 아프리카의 포식 동물을 끌어들였는지 쫓아버렸는지는 불분명하다.

비록 괴짜였지만, 브룸의 행동과 옷차림은 민폐를 끼치지 않았으며 과학의 옆길로 새지도 않았다. 그러나 그의 동시대인들은 그렇지 않았다. 1908년 영국 필트다운에서 약간의 뼛조각과 치아가 발견됐을 때 전문가들은 국수주의, 편협한 시야, 선입견에 빠져 그 발견물의 중요성을 과대평가했다. 그 뼈들에는 배울 것이 분명히 많았지만, 인류 진화의 누락된 고리와 관련된 것은 아니었다.

20세기 초, 고인류학의 역사는 고작해야 50년 안팎이었다. 1856년 독일의 네안데르계곡에서 인간의 뼈와 비슷한 화석이 발견되자, 박물관들은 자신들이 보유한 화석 컬렉션을 재검토하게 되었다. 그들이 보유한 뼈들은 지난 수십 년 동안 수집된 것들이었는데, 그중 상당수는 독일에서 발견된 화석과 일치했으므로 네안데르탈인Neanderthals으로 재분류되었다. 뒤이어 과학자들은 네안데르탈인이 절멸종이며, 호모사피엔스의 진화 과정에서 중간자의 위치에 있지 않다는 결론을 내

• 세 가지가 갖추어진 한 벌의 양복을 말한다. 남성용은 상의·조끼·바지, 여성용은 상의·블라우스·스커트 혹은 슬랙스가 동일한 천으로 만들어진 수트다.

렸다.

바야흐로 고인류학 분야가 융성하기에 안성맞춤인 시대가 펼쳐졌다. 만약 네안데르탈인이 '작은 뇌를 가지고 네발로 걸었던 유인원'과 현생인류의 연결 고리가 아니라면, 도대체 누가 그 자리에 들어가야 할까? 때마침 프랑스와 독일에서 인간과 유사한 화석 및 그와 비슷한 시기의 석기가 발견되었지만, 영국의 연구자들은 석기만 발견하고 화석은 전혀 구경하지 못했다. 때는 1912년으로, 찰스 도슨Charles Dawson이 등장한 시기와 절묘하게 맞아떨어졌다. 도슨은 기량이 출중한 아마추어 과학자로, 자신이 수년 동안 발견한 것들(화석화된 두개골 조각, 턱뼈, 여러 개의 치아)을 런던지질학회Geological Society of London에서 발표하는 특권을 누렸다. 그것들은 런던에서 남쪽으로 65킬로미터 떨어진 필트다운이라는 마을의 자갈 채취장에서 발굴된 것이었다. 그것이 과연 고인류학자들이 애타게 찾던 누락된 연결 고리였을까?

그 당시의 지배적인 견해는, 현생인류의 직계 조상은 '커다란 뇌를 최초로 발달시킨 유인원'이라는 것이었다. 그 유인원이 인류로 진화한 구체적 과정은 다음과 같이 묘사되었다. "턱과 골반의 형태가 변형되어, 그 '똑똑한 동물'은 다양한 음식물을 섭취하고 직립보행을 하게 되었다. 그리고 궁극적으로 문명이 탄생했다." 도슨의 발견은 이러한 견해와 꼭 들어맞았다. 그가 발견했다는 필트다운인Piltdown Man(여성일 수도 있다)은 커다란 뇌실braincase과 원시적인 유인원 스타일의 턱(유인원과 현생인류의 중간 형태인 송곳니를 가진)을 갖고 있었는데, 누락된 연결 고리에 꼭 들어맞는 특징이었다.

필트다운인 화석은 뒤이어 등장한 모든 진화 이론의 중심점이 되었

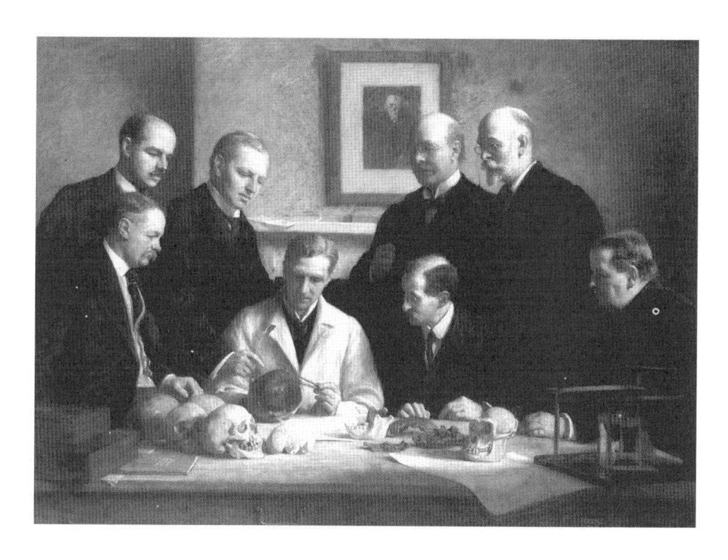

1915년, 골학자, 동물학자, 고생물학자들이 찰스 도슨(뒷줄 오른쪽에서 두 번째, 찰스 다윈의 초상화 앞에 서 있는 사람)이 발견했다는 필트다운인의 뼛조각을 다양한 골격들과 비교하고 있다.

다. 모순이 있다면 최소한 검토라도 해야 했지만, 모든 이론가는 무턱대고 도슨의 발견에 의존했다. 도슨의 발견은 고인류학자와 영국 대중의 국민적 자긍심을 불러일으켰다. 박물관에는 전시물이 넘쳐났지만, 화석 중에서 관람객의 시선을 끈 것은 '살아 있는 필트다운인'의 모습을 연상시키는 그림과 모형뿐이었다. 필트다운인은 대중문화의 일부가 되었고, 수많은 신문 기사, 독자 편지, 우편엽서, 서적, 모노그래프•의 주제가 되었다. 미스터(또는 미즈) 필트다운은 하루아침에 록스타로 등극했다.

• 단일 주제에 관해, 보통 단행본 형태로 쓴 논문.

얼마 후 화석의 진위 여부에 대한 회의론이 여러 가지 형태로 대두되는 것은 당연한 귀결이었다. 단편적이고 제한적인 골격 조각 중에는 (아마도 편의를 위해서인듯) 가장 중요한 부분들이 누락되어 있었다. 그뿐만이 아니었다. 도슨이 화석을 발견했다는 자갈 채취장은 진짜로 오래된 지질시대의 유적지였을까, 아니면 그 이후 시대의 유적지였을까? 턱뼈와 두개골 파편들의 임자는 동일한 종이었을까? 설사 동일한 종이라 해도, 동일인이라고 할 수 있을까?

해답을 찾아내기 위해 여러 연구자가 화석을 정밀 분석하기 시작했다. 비록 (화석의 훼손을 막기 위해) 진품 대신 복제품을 사용했지만, 그들은 이구동성으로 "두개골과 턱이 너무 이질적이라 동일인의 것으로 보기 어렵다"라고 말했다. 1915년, 스미스소니언의 한 과학자는 "두개골은 고인류가 아니라 현생인류의 것이고, 턱은 침팬지 조상의 것"이라는 결론을 내렸다. 뒤이어 수십 년 동안 중국과 아프리카에서 다른 고인류 화석들이 발견되면서 상반되는 정보들이 쏟아져 나왔고, 필트다운인의 정체에 대한 의구심은 더욱 깊어졌다. 그러나 결정적인 한 방이 없었기 때문에 도슨이 사망한 1916년까지 그의 명성과 빛나는 업적은 건재했다.

용케 버티던 도슨의 아성은 20세기 중반, 플루오린 분석법fluorine analysis이라는 새로운 검사법이 등장하면서 와르르 무너졌다. 플루오린(F)은 주변의 지하수에서 매몰된 뼛속으로 스며 들어가므로, 동일한 동물을 구성하는 화석 뼈의 플루오린 함량은 같아야 했다. 과학자들이 필트다운인의 뼈를 조금 떼어 분석한 결과(그들은 화석의 파손을 막기 위해 신중에 신중을 기했다), 두개골과 턱의 플루오린 함량이 다른 것으로 밝혀졌다. 추가적인 분석에서도 뼈가 '누락된 연결 고리'가 될 만큼 오래되지 않은 것이 밝혀졌다. 설상가상으로 두개골은 현생인류의 것이고, 다른 뼈들은 아니었다. 현미경으로 치아를 정밀 검사한 결과, 기원을 속이기 위해 줄로 간 흔적이 발견되었다.

2009년에는 확인 사살이 이루어졌다. CT 스캐닝과 DNA 분석법을 통해 치아와 턱이 오랑우탄의 것으로 판명된 것이다. 또한 CT 스캐닝에서는 (뼈의 표면을 뒤덮고 내부 공간을 밀봉한) 황백색 퍼티가 발견되었다. 뼛속의 텅 빈 곳은 모래알로 가득 메워져 있었는데, 그건 아마도 '비교적 현대적인 뼈'의 무게를 늘림으로써 전문가들이 화석으로 착각하게 만들기 위해서인 것 같았다. 마지막으로, 뼈의 표면은 모두 갈색으로 칠해져 있었는데 이는 오래되고 동질적이라는 인상을 주기 위해서인 것 같았다.

그런 장난을 친 범인은 도대체 누구였을까? 아무도 확답할 수 없지만 음모론은 넘쳐났다. 물론 가장 유력한 용의자는 찰스 도슨이었다. 그는 기량이 출중한 아마추어 지질학자 겸 고고학자로, '고대 인공물의 생김새'에 대한 지식과 경험이 풍부했다. 나중에 밝혀진 사실이지만, 그는 시시껄렁한 가짜 골동품을 여러 개 취급한 경력이 있었다. 또한 그는 영국 과학계에서 인정받으려고 애썼으며, 왕립학회에 들어가려고 끊임없이 노력했지만 뜻을 이루지 못했다. 그에 더하여, 그는 기사 작위를 노렸지만 요절하는 바람에 허탕을 쳤고, 아이러니하게도 필트다운 화석을 연구한 그의 동시대인 중 여러 명이 기사 작위를 받았다.

그런 엽기적인 사건은 어떻게 일어났으며, 거기에서 우리가 배울

점은 뭘까? 첫째로, 콘 아티스트•들이 으레 그런 것처럼, 사기꾼은 피해자들에게 '그들이 보고 싶어 하는 것'을 보여줬다. 둘째로, 전문가들은 (영국을 과학적 발견의 선봉에 서게 하는) 국보를 승인하려는 열망에 사로잡혀 비판적 판단을 유보하고 위험신호를 과소평가했다. 결국 자진해서 수정했지만, 과학적 객관성에 심각한 의문을 불러일으켰다. 셋째로, 더 많은 연구자가 복제품 대신 진짜 화석을 조사할 수 있었다면 사기 행각은 훨씬 일찍 발각되었을 것이다. (오늘날 모든 과학 분야에서는 일부 연구자들이 정밀 조사를 위해 원본 데이터를 요구한다.) 마지막으로, 과학 사상 최대의 화석 날조 사건을 해결한 일등 공신은 플루오린, DNA, CT 분석이었다.

필트다운인의 뼈에서 얻은 교훈은 진짜 화석에서 얻은 통찰보다 훨씬 더 유의미하고 영원하다. '있는 그대로'가 아니라 '보고 싶은 것'을 보는 것은 인간의 본성이며, 특히 겉모양이 선입견에 들어맞는 경우에는 더욱 그러하다. 그러지 않기 위해 우리는 객관적인 증거를 수집할 뿐만 아니라, 때때로 (특히 새로운 측정 기법이 등장할 때마다) 그 증거의 타당성을 재확인해야 한다.

현재 고생물학에서 사용되는 측정법에는 어떤 것들이 있을까? 루시가 320만 년 전에 살았고, 멍고레이디가 4만 2000년 전에 살았다는 말을 들을 때마다 '과학자들은 그걸 어떻게 확실히 알 수 있을까?'라는 의문이 든다. 플루오린 분석법이 필트다운인에게 적용된 1950년대

• 도박 시설에서 달콤한 이야기를 펼치며 돈을 빌리려고 애쓰는 저속한 도박사를 지칭하는 속어.

이후, 과학자들은 오래된 뼈의 연대를 결정하기 위해 기발하고 정교한 테스트 방법을 무수히 고안해냈다.

연대측정법에는 상대적 연대측정relative dating과 절대적 연대측정absolute dating이 있는데, 플루오린 분석은 상대적 연대측정에 해당한다. 따라서 플루오린 분석은 '어떤 뼈의 나이가 몇 살인지'가 아니라 '나란히 놓여 있는 뼈들의 나이가 같은지'를 결정한다. 또 한 가지 상대적 연대측정 방법은 층서학stratigraphy인데, 간단히 말해서 연좌제나 마찬가지다. 일반적으로 깊은 암석층은 그 위의 암석층보다 나이가 많다. 따라서 어떤 뼈가 '나이가 알려진 퇴적층'에 포함되어 있다면, 그 뼈의 나이는 퇴적층의 나이와 똑같다고 가정할 수 있다. 그와 마찬가지로, 얕은 층에 묻혀 있는 뼈일수록 보다 최근에 매몰되었다고 할 수 있다.

더욱 정확한 절대적 연대측정은 핵물리학에 대한 이해를 요구한다. 솔직히 말해서 핵물리학은 잘 모르므로 요점만 간단히 말하고 넘어가려고 한다. 많은 화학원소들이 그러한 것처럼, 인체와 뼈는 시간이 지나면서 분해된다. 테킬라 4잔을 연거푸 원샷으로 마신다고 생각해보라. 당신은 단시간 내에 만취할 것이며, 당신의 간은 알코올을 서서히 분해할 것이다. 다음 날 아침, 당신은 컨디션이 그다지 좋지 않겠지만 음주측정기를 통과할 수는 있을 것이다. 일주일 후에는 컨디션이 완전히 회복되고 체내에 알코올이 전혀 남아 있지 않겠지만, 간 효소 검사에서는 무분별한 음주를 암시하는 결과가 나올 수 있다.

그와 마찬가지로, 모든 살아 있는 생물은 미량의 방사성원소를 (환경 속의 농도에 비례하여) 먹고 마시고 흡입하는 등의 방식으로 섭취한다. 방사성원소의 섭취는 사망과 함께 중단되며, 그동안 축적된 방사성원소들은 안정된 형태로 전환됨에 따라 서서히 사라진다. 만약 어떤 뼈에서 방사성원소의 농도가 환경 속 농도와 거의 같게 나온다면, 최근 사망한 동물의 뼈라고 볼 수 있다. 만약 방사성원소의 농도가 '0'이라면, 그 뼈는 아주 오래된 것이다.

주변의 토양이나 암석은 물론, 뼈 근처에서 발견된 생물학적 기원을 가진 목재, 숯, 부장품(예컨대 가죽, 직물)도 뼈 연대측정의 타당성을 검증하기 위해 방사성원소 검사에 회부될 수 있다. 인상적인 이름을 가진 다른 검사법들(예컨대 발광luminescence, 전자스핀공명electron spin resonance, 고지자기paleomagnetism, 핵분열 추적fission tracking)을 병행하면 화석의 연대를 상당히 정확하게 측정할 수 있다. 이런 검사법들이 있었다면 날조된 필트다운인 화석을 단박에 잡아냈을 것이다.

방사성동위원소를 사용하여 뼈의 나이를 알아내는 방법은, 어떤 동물이 평생 같은 장소에 머물렀는지 아니면 이리저리 이동했는지를 알아내는 데도 적용될 수 있다. 자연계에 존재하는 스트론튬strontium(Sr)은 두 가지 형태인데, 두 가지 형태의 비율은 지리구geographical region에 따라 다르다. 스트론튬은 토양 속에 있다가 먹이사슬을 거쳐 뼛속으로 들어가는데, 발달하는 치아 법랑질에 포획되어 영원히 고정되므로 두 가지 형태의 비율을 분석하면 '치아의 임자가 지구상의 어느 지역에서 성장기를 보냈는지'를 알아낼 수 있다. 그와 대조적으로, 뼈의 경우에는 나중에 포획된 스트론튬 원자가 기존에 포획된 스트론튬을 서서히 대체하므로 뼈대를 분석하면 임자가 최근 5~10년 동안 머물렀던 장소를 알아낼 수 있다. 이 검사는 동물의 이주 패턴과 청동기 시대 유럽인 전사들의 고향을 확인하는 데 유용한 것으로 밝혀졌다. 만약 전사들이 다른 지역 출신이라면, 그들은 지역 주민이 아니라 훈련된 전사였던 것이 틀림없다. 이는 전쟁사의 전환점을 의미한다.

최근 연구자들은 수십만 년 된 뼈와 치아의 화석에서 DNA를 성공적으로 분리했다. 이와 관련된 희소식은, 분석에 필요한 DNA가 극소량이며 간혹 놀라운 결과가 나온다는 것이다. 예컨대, '네안데르탈인과 현생인류가 예사로이 성관계했다'라는 사실은 과거에 상상조차 못했던 일이다. 화석의 DNA 분석과 관련된 나쁜 소식은, 분석에 필요한 DNA가 극소량이기 때문에 표본이 오염에 취약하다는 것이다. 따라서 화석의 DNA라고 여겼던 것이 뼈를 취급한 현대인의 DNA거나 화석에 끼어든 미생물의 DNA로 밝혀지는 경우가 왕왕 있다.

화학분석을 통해 뼈 화석에서 알아낼 수 있는 정보 중에는 알코올이 포함된다. 테트라사이클린tetracycline은 뜻밖에도 뼈에 대한 친화성이 높은 항생제인데, 거의 2000년 된 누비아인Nubian●의 미라에서 이 물질이 검출되었다. 그 시기에 항생제가 개발되었을 리 만무한데 이게 도대체 어찌 된 일일까? 아마 맥주 때문일 가능성이 큰 것으로 추정된다. 누비아인들이 세균에 오염된 곡물로 맥주를 빚었는데, 그 세균이 바로 테트라사이클린을 생성하는 토양미생물이었던 것이다. 항생제로 사용하려고 일부러 맥주를 빚은 것인지, 신에게 바치려고 빚은 맥주에서 본의 아니게 테트라사이클린이 검출된 것인지는 알 수 없다.

물리학과 화학이 제공하는 정보는 무궁무진하다. 인류학자들이 뼈

● 아프리카 수단 북부와 이집트 남부의 민족.

를 분석하고 측정하는 과정에서 얻어내는 정보의 가짓수는 얼마나 될까? 뼈 자체는 물론이려니와 '뼈가 발견된 장소'에서도 엄청난 정보를 입수할 수 있다. 뼈를 신중히 분석하면 종, 성별, 체형, 연령, 건강 및 영양 상태, 급성·만성 부상 여부를 알아낼 수 있다. 석기로 난도질한 흔적은 도축 풍습뿐만 아니라 도축한 동물의 신선도까지 알려준다. 특정한 패턴으로 난도질된 인간의 뼈는 식인 풍습을 암시한다. 시신이 집단적으로 매장된 곳에서 발굴된 뼈대에서, 삐뚜름한 사지와 매장 직전에 골절된 흔적이 발견된다면 집단 학살을 암시한다. 시신과 함께 의도적으로 매장된 부장품(도자기, 무기, 보석 등)은 문화적 신념과 가족의 경제적 상태를 말해준다. 뜻하지 않은 부장품(꽃가루, 곤충의 외골격 등)은 사망한 계절과 그 당시의 기후를 판단하는 데 도움이 된다.

인류학자들은 골격의 구성 요소를 시간 경과에 따라 비교함으로써 풍습의 변화를 알아낸다. 예컨대, 인류의 조상이 불을 사용하여 음식을 요리하기 시작한 후 인간의 뼈는 점점 더 가늘고 약해졌다. 요리된 고기와 근채류는 씹기가 쉬워졌기 때문이다. 그와 마찬가지로 인간의 넙다리뼈는 불과 수백 년 전보다 가늘어졌는데, 그것은 활동성과 관련된 문제 때문이라고 볼 수 있다.

인류학자들의 고충은 이만저만이 아닌 것 같다. 식인 풍습, 종간교잡, 대량 학살을 직면해야 하니 말이다. 《노바*Nova*》와 《내셔널지오그래픽*National Geographic*》의 내용에 따르면, 인류학자들은 생활의 상당한 부분을 야외 어딘가에서 다리를 꼰 채 쪼그리고 앉아 있거나, 인적이 드문 으슥한 곳에서 네모반듯한 구덩이 안에 모로 누워 있는 것 같다.

치과용 이쑤시개와 조그만 솔을 이용해 유물 조각들을 하나씩 하나씩 꺼내는 작업은 지루함의 최고봉이며 때로는 좌절스럽기까지 할 것이다. 심지어 지역의 발굴꾼들이 수고비(조각당 가격)를 부풀릴 요량으로 유물을 일부러 조각내는 짓을 저지른 적도 있었다.

정말로 꼴불견인 것은, 대중의 관심을 끌려는 발견자나 특종을 노리는 신문기자가 발견물을 과대 포장하는 행태다. 폼페이의 욕조에서 발견된 어린이의 인체 석고상에 대해 "부모를 찾기 위해 이곳저곳을 뒤지다가 변을 당한 어린이"라고 적은 신문 기사를 읽었을 때, 나는 실소를 금치 못했다. 얼마나 억지스러운가! 그 어린이는 용변을 보기 위해 화장실에 갔다가 변을 당했을 수도 있다. 그러나 그런 평범한 시나리오로는 독자들의 관심을 끌 수 없으며, 지속적인 연구에 필요한 자금을 유치할 수도 없다. 한 구덩이에서 2명의 사람이 발견된 사례도 여러 건 있었는데, 이에 대해 신문기자들은 "포옹을 하다가 변을 다한 사람들"이라고 적었다. 얼마나 아름다운가! 그 신문기사는 센세이션을 일으켰지만, 2개의 뼈대가 그런 자세를 취하고 있었던 진짜 이유를 아는 사람은 아무도 없다. 그러나 뉴스거리가 되지 않는 설명은 대중의 관심을 끌 수 없다. 그에 반해, 애틋한 사랑을 의도적으로 강조한 기사는 흥미로우면서도 미풍양속을 해치지 않으므로 애교로 봐줄 수 있다.

그러나 19세기 말의 분위기는 그렇지 않았다. 많은 뼈 연구자들은 애교로 봐줄 수 있는 골상학phrenology(두개골의 돌출부를 만져봄으로써 사람의 성격과 지능을 판단할 수 있다고 주장하는 학문)의 수준을 넘어섰다. 그 당시의 인류학자들(모두 백인 남성이었다)은 정도正道를 완전히 벗어나, 자신들이 선호하는 '백인이 다른 인종들보다 우월하다'라는 이론을 증명하기 위해 없는 사실을 만들어내기 시작했다. 그 엉터리 과학자들은 수만 개의 두개골을 수집하여 용량을 측정한 다음, 그 결과를 '뇌의 크기'와 '인지능력의 우월성'의 지표로 사용했다. 병리학자 겸 인류학자인 폴 브로카Paul Broca는 이를 바탕으로 다음과 같은 결론을 내렸다. "일반적으로 남자의 뇌가 여자의 뇌보다 크고, 탁월한 재능을 가진 사람의 뇌가 평범한 사람보다 크고, 우월한 인종의 뇌가 열등한 인종의 뇌보다 크다. 다른 조건이 동일하다면, 지능의 발달과 뇌의 용량 사이에 현저한 상관관계가 있다."

지금 생각하면 말도 안 되는 이야기지만, 그러는 동안 미국과 유럽의 박물관들은 약 100만 개의 아메리카 원주민 유골과 그에 못 미치는 인상적인 개수의 백인 유골, 아프리카계 미국인 유골, 전 세계 원주민 유골을 앞다퉈 전시했다. 주요 도시의 박물관들은 자만심에 이끌려, 윤리라고는 내팽개치고 '세계 최대의 뼈 전시실'을 보유하려는 경쟁에 뛰어들었다. 이런 황당한 광기는 제2차세계대전이 일어나기 전에 잠잠해졌고, 그때부터 박물관들은 뼈 전시실을 인종의 불평등을 증명하기 위해서보다는 인류의 기원 및 진화를 연구하기 위한 목적으로 운영했다.

이유야 어찌 됐든, 인종적 동기에서 비롯된 이 같은 낭패는 궁극적으로 「아메리카 원주민의 고분 보호 및 반환에 관한 법률안Native American Graves Protection and Repatriation Act」(NAGPRA)의 통과로 이어졌다. NAGPRA는 1990년부터 시행되었는데, 그 내용인즉 "연방 정부의 지원을 받아 연구를 수행한 박물관과 연구 기관들은, 아메리카 원주민의 유골은 물론 장례 및 종교의식에 사용된 물품 일체를 그들의 후손에게 반환해야 한다"라는 것이다.

NAGPRA 외에도 몇 가지 규제 조치들이 무분별한 분묘지 발굴의 관행을 잠재웠다. 오늘날 모든 고고학적 발굴 계획은 사전에 주 정부의 사적 보존실historic preservation office과 (전통적으로 그 지역을 점유했던) 아메리카 원주민 부족의 승인을 받아야 한다. 일반적인 승인 규정은 "만약 인간의 유골이 발견된다면 발굴을 중단해야 한다"라는 것이다. 해당 유골을 다룰 수 있는 사람은 부족의 고고학자, 사적 보존실의 고고학자 또는 발굴한 고고학자인데, 최종 결정에는 프로젝트의 재개를 기다리는 건설업자가 존재하느냐도 영향을 미친다. 부족은 통상적으로 아무런 과학 분석 없이 조상의 유골을 인수한다. 어찌 보면 비과학적일 수 있지만, 그 유골은 누군가의 친척이므로 '정서가 가득 담긴 물질'을 실험실 서랍이나 박물관 전시 상자에 함부로 보관할 수는 없다.

개인적 바람이지만, 나는 원주민과 인류학자들이 적정한 선에서 타협을 봤으면 좋겠다. 호주의 경우처럼 말이다. 멍고레이디를 기억하는가? 그녀의 화장된 유골은 멍고국립공원의 납골당에 보관되어 있는데, 그 납골당에는 이중 잠금 장치가 설치되어 있다. 한 열쇠는 지역의 부족이 관리하고, 다른 열쇠는 고고학자들이 관리한다. 납골당의 문을 열려면 2개의 열쇠가 모두 필요하다.

13장

뼈의 비즈니스

지난 수 세기 동안 뼈는 다양한 비즈니스(건축술과 제도, 목수일, 돛 만들기, 밧줄 꼬기, 책 제본하기, 바늘 만들기)에 도구를 제공해왔다. 그뿐만이 아니다. 복잡한 구성과 내구성 높은 구조 덕분에 뼈는 우수한 재료로 수많은 제조업(몇 가지만 예로 들면 페인트, 비누, 설탕)도 계속 뒷받침하고 있다. 그러나 뼈의 기여도를 설명하기 위해 끝없는 백과사전식 목록을 제시하는 대신, 나는 진취적인 사람들이 뼈를 상업화한 여덟 가지 엽기적인 방법들을 얼추 연대기적 순서에 따라 소개하려고 한다.

첫 번째로, 뼈는 패션 산업의 혁명에 이바지했다. 단추가 등장할 때까지 옷은 상반신 위에 느슨하게 걸쳐져 있었다. 안타깝게도 그래서는 아름다운 체형을 과시하는 것이 거의 불가능했으며, 이것저것 잔뜩 걸치는 것이 부의 척도인 상류층의 경우에는 특히 그랬다. 그러나 치렁치렁한 의복이 흘러내리지 않게 하는 것은 여간 까다로운 문제가 아니었다. (고전적 미인을 모델로 한 조각상에서 옷이 흘러내리는 매혹적인 순간을 종종 포착할 수 있다.)

최초의 해결책은 청동이나 뼈로 만든 길쭉한 핀으로 천을 꿰뚫어 접힌 부분을 고정하는 방법이었다. 맨 처음 나온 단추는 오로지 장식용이었으며, 기능적인 단추가 처음 등장했을 때는 단춧구멍이 아니라 의복의 가장자리에 죽 늘어선 '고리 모양의 줄'로 고정되었다. 튼튼한 단춧구멍이 나온 것은 13세기였다.

단추가 달린 옷은 몸에 꼭 맞았으며, 단추가 많을수록 몸에 더 찰싹 달라붙었다. 단추로 고정되는 탈착식 소매도 유행했는데, 이는 의상 아이템의 믹스 앤드 매치와 부분 세탁을 가능케 했다.

부유층은 기능적 필요성을 훨씬 뛰어넘어, 신분의 상징으로 다양한 장식용 유리와 금속제 단추를 과시했다. '풍성한 단추'의 대표적 사례는 1520년에 프랑스 왕이 입었던 예복으로, 무려 1만 3600개의 단추와 단춧구멍이 있었다.

빈곤층은 자연스레 풍성한 단추를 흉내 냈지만, 단추의 재질은 저렴한 뼈였다. 집에서 만든 사람들도 분명 있겠지만, 산업이 발달함에 따라 1250년 프랑스에서 단추 제조공 길드가 형성되었다. 고고학자들은 독일의 콘스탄츠에서 30만 개의 '구멍 뚫린 소뼈'를 발견했는데, 그것은 13~16세기에 그곳에서 융성한 단추와 구슬 제조업의 유물이었다. 장사가 잘되자 신성로마제국은 그 시기에 영향력을 확대했고, 그에 따라 묵주에 대한 수요가 증가했다. 아무리 가난한 신앙인이라도 뼈로 만든 구슬을 구입할 여력은 있었기 때문이다.

부유층 또한 경제성을 추구했다. 그들은 속옷을 싸구려 뼈 단추로 채우고, 겉옷은 (모두에게 보여주기 위해) 비싸고 화려한 단추로 채웠다. 신사들은 자신의 단추를 스스로 채웠지만, 숙녀들은 그럴 수가 없었다. 옷이 온통 단추와 단춧구멍으로 뒤덮여 있어 '단추 채우기'와 '단추 풀기'라는 지루한 과제를 하녀들에게 떠넘겼기 때문이었다. 그즈음 여성의 옷에서 단추의 위치가 바뀌었는데, 대체로 오른손잡이인 하녀들의 편의를 도모하기 위해서였다.

시간이 흐르면 한때의 패셔니스타는 세상을 떠나기 마련이고, 그렇게 수 세기가 흘러갔다. 단추로 뒤덮인 옷도, 비싸고 화려한 단추도, 싸구려 뼈 단추도 사라졌다. 그러나 단추 자체는 여전히 살아남았다. 고고학 유적지에서 발견된 소박한 '원반형 물체'는 흘러간 패션과 물질 문화를 연대순으로 보여준다. 나일론 지퍼와 벨크로 찍찍이는 (비록 시끄럽지만) 역사가들이 보기에 뼈만큼이나 내구성이 우수하고 유용해 보일 것이다. 그러나 평범한 단추는 그보다 훨씬 더 오랜 세월 동안 존재하며 인류의 문화와 묵묵히 함께할 것이다.

중세의 단추 제조공들이 큰돈을 벌었는지는 알 수 없지만, 그들 중 누군가는 나름 부를 축적했을 것이다. 조그만 장식함(사실상 보석 상자)이 흔한 약혼 선물로 자리 잡아 시장이 크게 발달했기 때문이다. 약혼녀는 그 속에 보석, 연애편지, 그 밖의 소중한 물건들을 보관했다.

피렌체의 진취적인 상인 겸 외교관 발다사레 데글리 엠브리아키Baldassare degli Embriachi는 마케팅 기회를 놓치지 않았다. 그는 뼛조각으로 장식된 육각형과 직사각형의 상자를 만들어, 유럽 왕족과 귀족의 럭셔리한 취향을 만족시키기 시작했다. 그들은 상아로 된 제품을 갈망

했지만, 누구나 그것을 장만할 만한 재력이 있는 것은 아니었다. (덕분에 코끼리는 안도의 한숨을 쉬었다, 아주 짧은 동안만.)

엠브리아키의 공예가들은 뼈의 직사각형 부분에 얕은 양각으로 형상(보통 말이나 소)을 새겼다. 새겨진 형상들은 종종 신화, 중세의 기사문학, 성서의 이야기를 묘사했다. 장인인 그들은 조각품의 주위를 나무, 뿔, 뼈로 된 정교한 틀로 에워쌌다. 또한 그들은 가문용 제단을 제작했으며, 명망 있는 가문의 의뢰를 받아 수도원에 기증할 웅장한 제단을 제작하기도 했다. 모든 것이 수작업으로 이루어졌음에도 그들의 솜씨는 세부 사항과 규모 면에서 경이로웠다.

엠브리아키는 궁극적으로 작업장을 베네치아로 옮기고, 가업을 두 아들에게 물려줬다. 장식함 생산은 1400년 전후로 거의 60년 동안 계속되었다. 내가 박물관, 구글 이미지, 핀터레스트에서 확인한 개수로 판단하건대, 엠브리아키 부자父子는 수백 개(수천 개까지는 아니지만)의 고급스러운 장식함을 만든 것이 분명하다.

여러 가지 이유 때문에 엠브리아키의 작업장에서 나온 제품들은 시기를 특정하기가 어렵고, 심지어 경쟁자의 제품과 구분하기 어려운 예도 있다. 예술사가와 수집가들이 겪는 이 같은 문제점은 하나의 제품을 여러 명의 장인이 만드는 바람에 전형적인 스타일이나 스타일의 진화를 확인하기가 어렵거나 불가능하기 때문이다. 설상가상으로 엠브리아키의 작업장에서는 고객들의 재정 형편을 감안하여 영업 기간 내내 세속적인 물건을 다양한 등급의 품질로 만들어 출시했다. 사정이 이러하다 보니, 시간 경과에 따른 모티브나 세부 사항의 세련화 정도를 평가하려는 시도는 혼란에 빠질 수밖에 없었다. 여러 순수 미술

조각이 새겨진 골판으로 장식된 보관함. 1400년경 발다사레 데글리 엠브리아키의 작업장에서 만들어진 수많은 보관함 중의 하나다.

및 장식 미술 박물관에서 그런 제단과 장식함 들을 전시하고 있다. 엠브리아키의 장식함은 간혹 체스판이나 백개먼backgammon• 판과 함께 고급 미술품 경매에 등장하는데, 가격은 수천 달러에서부터 수만 달러에 이르기까지 다양하다. 장담하건대, 만약 새로운 소유자가 비상금이 생긴다면 그 장식함 속에 잘 보관할 것이다.

엠브리아키의 장식함과 마찬가지로, 18세기 말 영국에서 탄생한 본차이나bone china는 박물관들의 대표적인 전시품일 뿐 아니라 전 세계의 세련된 가정에 보관되어 있을 것이다. 여기서 '세련된'이라는 말의

• 두 사람이 보드 주위로 말을 움직이는 전략 게임. 경기자는 상대방의 말이 움직이는 것을 막으면서 말을 잡아 모은다.

사전적 의미는 '외관과 취향과 매너가 우아하다'라는 것이다. 17세기와 18세기에 중국에서 들어온 도자기의 장점은 식기류(접시, 잔, 잔 받침 등)의 두께를 가능한 한 줄여준다는 것이었는데, 그러다 보니 강도가 약해 자칫 깨지기 쉽다는 단점이 있었다. 애프터눈 티•를 이 빠진 잔에 담아 서빙하거나, 무거운 돼지 구이 때문에 접시가 깨진다면 얼마나 창피하겠는가! 1797년 영국의 조사이아 스포드 2세Josiah Spode II가 홀연히 나타나 이 문제를 해결했다. 그가 한 일은, 선친과 다른 사람들이 실험 삼아 시도했던 자기 제조 공정porcelain-manufacturing process을 완성한 것이었다. 조사이아 2세가 사용한 주요 재료는 골회bone ash였는데, 골회란 뼈를 '산소가 부족한 고온의 오븐'에서 구운 후 남은 칼슘과 인의 화합물을 말한다. 그는 골회와 콘월석Cornwall stone(화강암형 광물), 카올린kaolin(알루미늄과 규소를 함유한 광물)을 12:8:7의 비율로 배합하여 본차이나를 만들었는데, 이 비율은 오늘날까지 그대로 적용되고 있다.

스포드가 개발한 레시피는 본차이나를 모든 도자기 중에서 가장 단단한 것으로 만들었다. 본차이나 덕분에 식기류는 섬세하게 얇으면서도 내구성이 뛰어나고 이가 잘 빠지지 않게 되었다. 금상첨화로, 반투명해서 더욱 세련돼 보였다. 도축장에서 얻어온 하찮은 뼈로 대박을 터뜨리다니!

스포드가 뼈를 굽는 동안, 나폴레옹은 전쟁 중이었다. 그가 1815년

• 점심과 저녁 사이인 오후 3~5시경에 간식거리와 함께 차를 즐기는 것으로, 19세기 영국 귀족 사회에서 시작된 생활 문화다.

워털루에서 패배할 때까지, 무려 10만 명의 프랑스 전쟁 포로들이 영국의 개방형 교도소에서 빈둥거리며 지냈다(10년 동안 그러고 지낸 사람도 있었다). 나폴레옹이 일으킨 전쟁으로 징집되기 전, 많은 프랑스 병사들은 가구 제조공, 대장장이, 방직공이었다. 무료한 시간을 보내던 중 간수들의 격려에 힘입어, 그 기술자들은 교도소의 주방에서 요리하고 남은 양 뼈를 구해 깨끗이 닦고 표백한 다음 정교한 모형을 만들어 가까운 마을의 시장에서 돈을 받고 판매하거나 신선한 농작물과 교환하기 시작했다. 그중 선박 모형도 있었는데, 정교하게 깎은 양 뼈에 (마을에서 구한) 금박과 은박, 실크, 거북 껍데기를 가미한 공예품이었고 동시대 영국 해군의 군함을 이상화했다. 그도 그럴 것이, 그들은 아무런 도면도 없이 오로지 기억과 상상력에 의존해 모형을 설계했기 때문이다.

선박 모형에는 때때로 가동부(이를테면 들락날락하는 대포)도 있었다. 숨이 막히도록 아름다운 그 모형들은 수집가들 사이에서 인기가 높으며, 경매에서 종종 수만 달러에 거래된다. 세계 최대의 선박 모형 컬렉션을 보유한 곳은 미국해군아카데미US Naval Academy이며, 캘리포니아 옥스나드에 있는 채널아일랜드해양박물관Channel Island Maritime Museum의 컬렉션도 관람할 만하다.

프랑스의 전쟁 포로들은 도자기 세트(아마도 본차이나일 것이다)를 갖춘 인형의 집 가구, 게임 상자와 도미노, 크랭크로 구동되는 바퀴(묘기 부리는 댄서가 그 속에 들어 있었다)도 만들었다. 그들의 작품에는 그들이 처한 아이러니한 상황도 드러나 있다. 그들의 작품 중에는 실제로 작동하는 기요틴 모형이 포함되어 있었는데, 그것은 '나폴레옹이

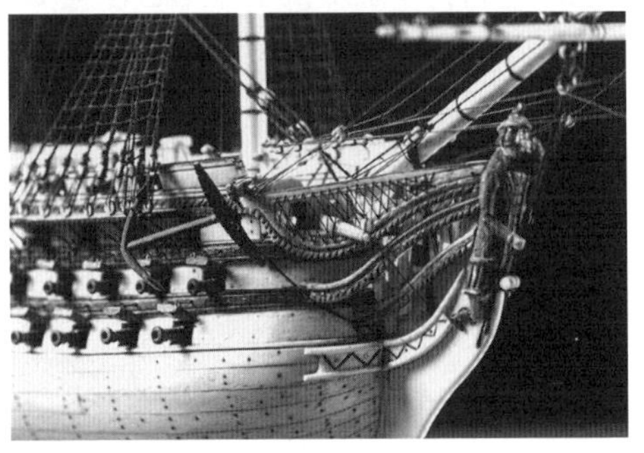

나폴레옹 전쟁이 벌어지던 1800년대 초, 영국에 포로로 잡힌 프랑스군 병사들은 자신들의 공예 기술을 가내공업으로 전환하여, 교도소 주방에서 얻은 뼈로 정교한 모형을 만들어 인근의 마을 주민들에게 판매했다. 그들이 만든 선박 모형은 기억과 상상력에 의존해 설계되었으며, 가동부(예컨대 들락날락하는 대포)도 다수 있었다.

패배하기 전에 고향에 돌아가면 목이 달아난다'라는 것을 암시했다. 실제로, 전쟁이 끝났을 때 수많은 포로는 프랑스로 돌아가 불확실한 미래를 맞이하느니 차라리 영국에 남아 나름 짭짤한 뼈 공예 가내공업에 종사하는 길을 택했다.

◆◆◆◆

대서양을 건넘과 동시에 50년을 껑충 뛰어넘기로 하자. '3000만 마리의 아메리카산 들소', '대륙횡단철도 완성', '과인산 비료superphosphate fertilizer 발견'이라는 세 가지 요인의 공통점이 뭘까? 곧 알게 되겠지만 아주 많다. 대륙횡단철도가 완공된 1869년, 이것들은 향후 20년 동안 번성할 '어떤 산업'이 형성되는 데 필수적인 요소가 되었다. 이름하여 뼈 줍기bone picking 산업은 북아메리카 대평원의 정착민들을 재정적으로 뒷받침했고, 정착민들을 실어 나르는 수많은 철도의 재정에 도움을 줬고, 대륙 전체의 농작물에 비료를 공급했다.

연관 없어 보이는 이 세 가지 일은 인(P) 덕분에 함께 시작되었다. 원인은 몰랐지만, 초기 인류는 '뼛가루가 섞인 토양에 씨를 뿌리면 농작물이 잘 자란다'라는 사실을 발견했다. 그 원인이 밝혀진 것은 1840년, 독일의 화학자 유스투스 폰 리비히Justus Freiherr von Liebig가 『농학과 생리학에서 유기 화학의 응용*Organic Chemistry in its Applications to Agriculture and Physiology*』을 출간하면서부터였다. 초등학교 때 배운 식물의 3대 영양소(NPK: 질소, 인산, 칼륨) 중에서 P에 해당하는 인산은 견실한 개화, 결실, 뿌리 발달에 필수적이다. 그런데 뼈는 인산의 탁월한 공급원이다. 뼈를 강하고 단단하게 해주는 성분인 수산화인회석의 화학식이 $Ca_5(PO_4)_3(OH)$이기 때문이다. 화학식을 살펴보면 수산화인회석 한 분자에 3개의 인 원자가 들어 있음을 알 수 있다. 그러나 이 형태에서는 인산이 쉽게 용해되지 않으므로, 식물이 뼛속의 인을 섭취하기까지 오랜 시간이 걸린다.

그로부터 몇 년 후, 어떤 진취적인 화학자가 골분骨粉을 황산과 혼합했다. 그 결과 인산이 다른 형태(과인산)로 바뀌었는데, 그것은 식물이 쉽게 접근할 수 있는 것이었다. 그러나 한 가지 문제가 있었다. 식물은 과인산을 사랑했지만 농부들이 그것을 충분히 얻을 수가 없었다.

그와 똑같은 시기에, 미국의 개척자들은 대평원을 가로질러 서쪽으로 이주하고 있었고, 철도는 얼마 떨어지지 않은 곳에서 덜커덩거리며 그들의 뒤를 쫓고 있었다. 아메리카 원주민과 어슬렁거리는 들소 떼는 서부 이주에 걸림돌이었으므로, 미국 정부는 '원주민을 진압하는 방법의 하나로, 그들의 식량인 들소를 몰살한다'라는 방침을 세웠다. 게다가 들소 떼는 걸핏하면 기관차를 향해 돌진했는데, 기관차는 갑자기 멈출 수가 없어 충돌하기 일쑤였다. 들소 떼는 눈보라를 피하려고 '언덕 사이를 통과하는 선로'에 우두커니 서 있는 것을 특히 좋아했는데, 그 경우 철도는 수일 동안 마비되기도 했다. 고민을 거듭하던 철도 회사에서는 명사수를 고용했고, 그들은 달리는 기차에서 들소에게 총을 쐈다. 들소 가죽은 더러 수확되기도 했고, 남은 것은 햇빛 속에서 썩어 갔다. 그리하여 수천만 마리였던 들소는 약 30년 동안 수천 마리로 줄어들었다.

들소의 뼈가 점점 대평원을 뒤덮었다. 가까운 곳으로 철로가 지나가는 경우, 소뼈를 주워 기차에 싣고 세인트루이스, 디트로이트, 시카고로 가서 비료로 파는 것은 수지맞는 장사였다. 소뼈를 불에 구운 후 빻아 만든 탄화 골분은 설탕을 정제하는 데도 유용한 것으로 밝혀졌다.

「홈스테드법Homestead Act」•에 따라 대평원으로 이주한 정착민들은 특히 첫해에 이득을 봤다. 농사를 짓지 못해 농업용 장비와 식량을 구입할 자금이 없었던 차에, 사방에 널려 있는 소뼈를 주워 불로소득을

• 1862년 미국 남북전쟁 때 서부 개척을 위해 발표한 토지법. 자영농의 수를 늘리기 위해 5년 동안 일정한 토지에 거주하며 개척하는 경우에 160에이커의 공유지를 무상으로 제공하고 6개월이 지나면 1에이커당 1달러 25센트의 낮은 가격에 구입할 수 있도록 했다.

올릴 수 있었기 때문이다. 철도 회사도 돈을 벌 수 있었다. 서부에 소비재를 배달한 후 뼈가 없었다면 빈털터리로 돌아왔을 것이기 때문이다.

뼈 줍기 산업은 활기를 띠었다. 정착민 가족이나 떠돌아다니는 뼈 주이bone picker 팀은 하루에 1톤의 뼈를 수확해서 마을로 가져간 다음, 그 지역의 철도 종착역에 5에서 8달러를 받고 팔 수 있었다. 한 가족이 일주일 생활비로 10달러를 쓰는 시대였다. 브로커들이 철로 노선을 따라 마을마다 등장했다. 그들은 뼈 주이들로부터 뼈를 사들여서 산더미처럼 쌓아 놓았다가 다음 기차편에 실어서 동부로 보냈다. 하지만 아메리카 원주민들은 수천 년 동안 그들에게 의식주를 제공한 들소에 대한 존중으로 뼈 줍기 산업에 동참하지 않았다.

새로운 철로가 서쪽으로 연장되자, 다닐 만한 거리 내에서 뼈를 주워 모아 실어 나르기도 쉬워졌다. 뼈 주이들 중에는 새로운 철로가 건설될 것을 예상하고 주워놓은 뼈를 몰래 숨겨둔 채 철길이 뚫릴 때까지 기다리는 사람들도 있었다. 캔자스와 네브래스카를 가로지르는 동서띠로 시작된 철로가 궁극적으로 남쪽으로는 텍사스, 북쪽으로는 캐나다 앨버타와 서스캐처원의 오지까지 연장되었다. 덕분에 호황을 누리게 된 서스캐처원의 주도州都 파일오본스Pile o'Bones(뼈 더미)는 리자이나Regina(여왕을 뜻하는 라틴어)로 개명하게 되었다.

경쟁이 격화되어 소뼈 줍기의 벌이가 신통치 않게 되자 뼈 주이들은 사슴뿔(이것도 뼈다)로 방향을 틀었고, 소문에 따르면 뼈를 얻으려고 원주민의 무덤을 파헤치는 족속들도 있었다고 한다. 브로커와 공장 소유주들은 사슴뿔이 됐든 원주민의 뼈가 됐든 아랑곳하지 않았다. 뜨내기 노동자들은 대평원에 불을 질러 키가 큰 풀 속에 숨어 있

1800년대 후반 수십 년 동안, 아메리카 대평원에서 어림잡아 200만 톤의 들소 뼈가 수집되었다. 동부로 운반된 이 뼈들은 가루가 되어 과인산 비료의 원료로 사용되었다.

던 뼈를 찾아내기도 했다. 약삭빠른 자들은 철로에 가까운 곳에 불을 지르고는 기관차에서 일어난 스파크 때문에 불이 났다고 둘러댔다.

대평원에서 수집된 뼈의 무게는 상상을 초월했다. 정확한 수치를 아는 사람은 아무도 없지만, 여러 가지 관찰 결과를 종합하면 대충 짐작할 수 있다. 예컨대 노스다코타의 마이놋을 거점으로 활동한 브로커들은 1887년과 1888년에 각각 375톤의 뼈를 실어 날랐다. 그랬던 것이 1890년에는 2200톤으로 증가했고, 같은 해 6월 중순에 뼈 주이들은 새스커툰● 한 곳에만 10만 마리분 이상의 들소 뼈를 운반했다. 그해 8월에 철도차량이 부족해지자 수송을 기다리는 16만 5000개의 뼈대가 커다란 산봉우리를 이루었고, 주변에 작은 봉우리들도 허다

했다.

뼈 줍기 산업에서 처리한 뼈는 총 200만 톤(유개화차[••]를 2열 횡대로 세우면 대륙을 가로질러 샌프란시스코와 뉴욕을 이을 정도)으로, 금액으로 환산하면 약 4000만 달러였다. 한편 한때 전성기를 구가했던 뼈 단추와 보석함 산업은 계속 위축되었다. 그러나 뼈 줍기 산업도 지속 불가능하기는 마찬가지였다. 1890년대 초, 철로는 한때 들소가 차지했던 곳들을 모두 연결했다. 그러자 대평원에 널려 있던 들소 뼈가 깨끗이 청소되면서 뼈 줍기 산업은 막을 내렸다. 비료 제조업자들은 광물 형태의 인으로 방향을 틀어 비료를 계속 만들어냈다.

그래도 골분이 완전히 사라진 것은 아니다. 오늘날에는 도축 산업의 부산물로 출시되고 있으며, 원예용품점에서 구입할 수 있다. 골분은 고품질의 인 영양소를 식물에 공급한다. 송아지가 정원의 풀을 뜯고, 도축자는 소를 잡고 그 뼈를 갈아 골분을 만들며, 골분은 정원의 풀을 다시 무성하게 한다. 인은 이처럼 지금도 돌고 돌지만, 들소는 그 순환 고리에서 영원히 사라졌다.

뼈 줍기 산업이 사라질 즈음, 대평원에는 제2의 뼈 산업이 등장했다. 조지프 서번Joseph Sherburne과 퐁카Ponca 부족의 추장인 하얀 수리White Eagle는 콘컵 파이프corncob pipe[•••]가 (30년 동안이나) 패션 광풍을 일으킬 거라고 미처 생각하지 못했다. 서번은 1878년 (오늘날의 오클라호마 동부에 해당하는 원주민 특별보호구에 거주하던) 퐁카 부족과의 교

• 캐나다 서스캐처원의 중남부에 있는 도시.

•• 철도에서 화물을 수송하는 열차.

••• 옥수수 속대로 만든 담배 파이프.

역권을 획득했다. 셔번이 판매하려고 가져간 상품 중에는 콘컵 파이프가 포함되어 있었는데, 특이하게도 가느다란 줄기 부분이 뼈로 되어 있었다. 그것은 순식간에 팔렸지만, 하얀 수리는 상품에 대해 일언반구도 하지 않았다. 다음번에 만났을 때, 하얀 수리는 셔번에게 정교한 목걸이를 보여주며 수백 개의 뼈 줄기를 추가로 주문했다. 그 목걸이는 담배 파이프에 달렸던 뼈 줄기bone stem를 빼내어 벅스킨• 가닥에 꿴 것이었다.

두 사람이 만나기 전, 아메리카 원주민들은 수 세기 동안 '길고 가느다란 대롱' 모양의 구슬을 꿴 목걸이를 선호했다. 그들의 무덤을 발굴한 사람들은 그 구슬이 새 뼈, (엄지손가락만 한 길이와 둘레의) 소라고둥 껍데기, 돌돌 말린 구리로 만들어졌다는 사실을 발견했다. 아메리카 원주민들은 그 구슬을 목에 걸거나 머리칼에 매달았는데, 그 구슬이 헤어 파이프hair pipe라고 불리는 것이 후자 때문인지 모르겠지만 확실히 아는 사람은 없다. 그러나 원주민들이 헤어 파이프를 귀하게 여기는 이유는 분명했는데, 그것은 초기 유럽의 상인 중 하나가 '소라고둥 껍데기 하나'의 가치를 '사슴 가죽 4장'으로 정했기 때문이었다. 1804년 5월 토머스 제퍼슨Thomas Jefferson 대통령의 명령에 따라 '발견의 항해Voyage of Discovery'를 떠난 루이스와 클락Lewis & Clark은, 부족의 추장 1명당 명성에 따라 1~2개의 헤어 파이프를 제공했다.

'아메리카 원주민들이 헤어 파이프를 좋아한다'라는 사실과 그것의 금전적 가치를 인식한 미국의 국영업체는 1800년대 초부터 그들에게

• 사슴이나 염소의 부드러운 가죽.

은으로 된 헤어 파이프를 공급하기 시작했다. 반면 일반 거래상들은 그보다 저렴한 서인도산 소라고둥 껍데기로 만든 헤어 파이프를 선호했다.

뉴저지의 경우, 소라고둥 껍데기로 조가비 구슬을 만드는 기술을 보유한 가내공업자들이 산업적 규모로 헤어 파이프를 만들기 시작했다. 1830년, 대량생산을 노린 캠벨Campbell 가문은 이웃들에게 돈을 주고 초기 가공을 맡긴 후, 뒷손질과 구멍 뚫기와 윤내기를 거쳐 구슬을 완성했다. 길이 10센티미터의 소라고둥 껍데기에 좁은 구멍을 뚫는다는 것은 기술적으로 어려운 일이었으므로, 캠벨 가문은 자신들만의 방법을 비밀에 부쳤다. 기술의 완성도는 대를 거듭할수록 높아져, 궁극적으로 한 사람이 하루에 400개를 생산할 수 있게 되었다.

모든 종류의 거래상이 헤어 파이프를 대평원의 원주민들에게 공급했고, 대부분 남성인 수요자들은 그것을 머리칼이나 귀에 장식용으로 매달았다. 미시시피강 동쪽에 거주하는 원주민들은 (아마도 뉴욕의 패션에 싫증이 난 듯) 시큰둥한 반응을 보였지만, 대평원에서 시작된 머리핀 유행은 로키산맥을 거쳐 서부로 서서히 확산되었다.

소라고둥 껍데기로 만든 헤어 파이프는 쉽게 부서졌으므로, 그 당시 촬영된 사진에서는 손상된 헤어 파이프를 착용한 사람들을 흔히 볼 수 있다. 그러나 셔번이 하얀 수리에게서 독특한 소재(콘컵 파이프용 뼈 줄기)를 대량 주문받으면서 사정이 달라졌다. 셔번은 거래처인 뉴욕의 도매상(그 이전까지 셔번에게 유리구슬을 납품한 업체)에 '뼈로 된 헤어 파이프를 대량생산해달라'라고 부탁했고, 도매상은 그의 부탁을 들어줬다. 시카고에 있는 아머Armour라는 도축 공장에서 소 다리뼈가 뉴욕으로 납품되었고, 소 다리뼈는 헤어 파이프로 가공되어 서부로 향했다.

뼈 구슬은 크기와 형태가 소라고둥 껍데기 헤어 파이프와 똑같았지만 내구성은 우수했다. 가격은 길이에 따라 10~15센트였는데, 그 정도면 소라고둥 껍데기의 50퍼센트 수준이었다. 사정이 이러하다 보니, 60년의 전통을 지닌 캠벨 가문은 10년을 버티지 못하고 소라고둥 껍데기 구슬 사업을 접었다.

뼈로 만든 헤어 파이프는 1880년대에 널리 보급되었는데, 그 시기는 대평원 원주민Plains Indians에게 경제적·정치적 불황기였다. 들소는 사라졌고, 원주민 보호구역에서의 생활은 이상하고 지루했으며, 정부에서 주는 보조금은 쥐꼬리만 했다. 뼈 구슬은 풍성하고 저렴했으며, 정교한 헤어 파이프 장식은 번영을 상징했다. 비록 소라고둥 껍데기는 색깔이 더 하얗고 (뼈의 전형적 특징인) 까만 줄이 없었지만, 가격과 내구성 면에서 경쟁력이 낮았다. 그리고 아메리카 원주민들은 약간의 자존감을 회복할 기회를 얻었다.

그들은 의식을 치를 때뿐 아니라 다른 부족들과 교류할 때도 헤어 파이프를 착용했다. 예컨대 워싱턴에 있는 백인 대권력자Great White Father•를 방문할 때나, 버팔로 빌 코디Buffalo Bill Cody••의 와일드웨스트

• 아메리카 원주민이 말하는 미국 대통령.

•• 미국 군인 출신의 들소 사냥꾼이자 쇼맨으로, 미국 서부 시대를 상징하는 가장 유명한 인물 중 하나다. 본명은 윌리엄 프레더릭 코디William Frederick Cody, 1846~1917인데, 1868년 철도 건설 노동자들에게 고기를 공급하는 일을 책임지면서, 4000여 마리의 들소 가죽을 벗겼다고 하여 이런 별명이 붙었다. 1872년부터 카우보이와 원주민을 소재로 한 서부 유랑극단 '버팔로 빌스 와일드 웨스트'를 만들어 미국 전역은 물론 유럽까지 순회공연을 하면서 명성을 떨쳤다.

1800년대 말 뉴욕에서 만들어진 뼈 구슬은 대평원에 거주하는 아메리카 원주민들 사이에서 장식품으로 큰 인기를 끌었다.

쇼Wild West Show에 참석할 때 말이다. 그 당시의 사진에는 정교한 초커형• 목걸이와 (기다란 가닥과 널따란 밴드가 어우러진) 밴덜리어bandolier형•• 헤어 파이프가 흔히 등장한다. 그러나 가장 인상적인 것은 뭐니 뭐니 해도 흉배breastplate(가슴을 가리는 갑옷)로, 수많은 헤어 파이프를 벅스킨으로 꿰어 1열 혹은 2열 종대로 수직 배열한 것이었다.

흉배는 1800년대에 코만치Comanche 부족에서 유행하기 시작하여, 대평원 전체로 급속히 확산되었다. 내구성이 우수하고 가격이 저렴한

• '목을 조이는 것'이라는 뜻에서 나온 말로, 목에 알맞게 감기는 목 장식을 말한다.

•• 병사들이 어깨에 걸치는 탄약대나 탄띠를 말한다.

뼈 버전이 등장하자 "내 흉배가 네 것보다 크다" 하는 경쟁의식도 생겨나는 듯했다. 최고 기록은 140개의 헤어 파이프를 2줄로 엮어 드리운 것이었다. 공예가의 솜씨도 중요하게 여겨져, 1900년대 초에는 잘 만들어진 흉배의 가격이 말 한 마리 값과 똑같았다.

그러나 헤어 파이프의 유행은 오래가지 않았다. 1917년 버팔로 빌이 사망하면서, 65명의 수Sioux 부족 공연자를 고용했던 와일드웨스트 쇼가 막을 내린 것이 원인으로 작용했을 것이다. 또한 그즈음 아메리카 원주민들은 반영구적인 헤어 파이프 장식을 보유하고 있었기 때문에 구슬 구매를 중단했다. 그리하여 거래상들은 구슬의 재고 비축을 중단했다.

헤어 파이프는 협동의 결과물이었다. 하얀 수리와 셔번이라는 2명의 개인, 그리고 대평원 원주민과 캠벨이라는 두 집단은 상대방이 원하는 것을 갖고 있었다. 두 문화권 간의 역사적 불화를 감안하면 아이러니한 일이지만, 그들의 협동은 윈윈이었던 것으로 밝혀졌다. 다른 한편, 헤어 파이프는 창조적 파괴의 결과물이기도 했다. 뼈라는 새로운 원재료가 조가비를 대체했고, 산업적 규모의 생산은 가내공업을 성공적으로 잠재웠다. 그러나 새로운 제품은 시장을 포화 상태로 만든 후 사라지기 마련이다. 익숙하지 않은가? 그러나 다음에 소개하는 비즈니스는 제법 오래 버틸 것 같은 느낌이 든다.

뼈는 다른 인체 조직보다 훨씬 더 서서히 분해되므로, 인구밀도가 높은 지역에서 장례 공간을 구하기는 결국 하늘의 별 따기가 된다. 역사적으로 볼 때, 유럽에서 신분이 높은 사람들은 교회 경내에 묻혔고 다른 사람들은 교회 밖 묘지에 묻혔다. 그러나 가족들은 땅을 임차할 수 있을 뿐이었고, 그 기간은 약 20년에 불과했다. 임차 기간이 만료되면 새로 사망한 사람들을 위해 공간을 확보하느라 오래된 뼈를 묘지에서 제거하는 것이 불가피했다. 인부들은 오래된 뼈를 파내 분류하고 차곡차곡 포개어 지하 묘지나 카타콤에 보관했다.

세계 최대의 카타콤은 단연 프랑스 파리의 지하에 있다. 그곳은 터널과 방의 방대한 네트워크로, 무려 600만 명분에 해당하는 뼈가 보관되어 있다. 파리의 상당 부분은 지하의 채석장에서 캐낸 석회암으로 건설되었으므로, 채석장의 통로와 방은 1700년대까지 텅 비어 있었다. 그런데 그즈음 묘지에 묻힌 오래된 뼈의 양이 위기 수준에 이르렀다.

일단 이장 계획이 수립된 후, 매일 밤 파리의 묘지에 묻혔던 유골들을 꺼내어 별도의 마차에 싣고 카타콤으로 운반하느라 2년여가 소요되었다. 그중에는 하나의 묘지에 600년 동안 누적된 200만 개 이상의 골격을 이장하는 프로젝트도 포함되어 있었다. 인부들은 채석장의 통로를 따라가며 넙다리뼈와 두개골로 옹벽을 쌓고, 나머지 뼈는 그 뒤에 아무렇게나 던져 넣었다. 비록 뒤죽박죽 섞여 있지만 외관상 질서를 부여하기 위해, 인부들은 (유골들이 원래 묻혀 있었던 묘지의 이름이 적힌) 대리석 명판을 붙였다.

그 후 수 세기 동안 파리의 카타콤에 대한 관심은 끊이지 않았다. 처음에는 1년에 몇 번씩 호기심 많은 사람들(대부분 귀족)이 찾아와 휘둘러보는 것이 고작이었지만, 오늘날에는 파리에서 가장 유명한 관광 명소 중 하나가 되어 일주일에 63시간 개방된다(단 크리스마스에는 쉰다). 온라인으로 한정된 예매권을 구입하면, 일반적인 대기 시간인

2시간을 절반으로 줄일 수 있다. 일단 입구를 통과하면 6층 높이쯤 되는 나선형 계단을 따라 내려간 다음 희미한 등불이 비치는 미로형 터널을 따라 1.5킬로미터를 걸어가야 한다. 탄산칼슘(석회암)이 마룻바닥과 낮은 천장을 형성하고 있으며, 눈에 보이는 벽들은 인산칼슘(뼈)이다.

파리의 카타콤에 있는 뼈들은 과학적 가치가 별로 없다. 뒤죽박죽 섞여 있어 개인별·집단별 건강 및 영양 상태, 수명, 사인死因에 대한 경향을 관찰하는 것이 불가능하기 때문이다. 하지만 그것들은 역사적인 교훈을 준다. 파리의 과거를 들여다보는, 독특하고 이상하고 잊을 수 없지만 그렇다고 해서 특별히 섬뜩할 것까지는 없는(적어도 나에게는 그렇다) 창문이라고나 할까?

파리의 카타콤을 방문한 사람들은 덤으로 삶의 본질에 대한 통찰을 얻을 수 있다. 매년 수만 명의 관광객이 땅속으로 들어가 자신의 운명을 일별하니 말이다. 그들은 45분 후 햇빛이 비치는 곳으로 다시 올라오는데, 그곳에서 그들을 기다리는 것이 뭘까? 바로 파리 카타콤의 기념품점이다.

지금까지 기술한 '뼈의 상업적 용도'는, 건물dry matter•의 가치가 기계적 구조 및 외관이나 화학적 조성의 관점에서 높이 평가되었기 때문이다. 양차 세계대전 사이에 신선한 뼈는 폭탄 제조와 비행기 조립용 접착제(아교) 생산을 위해 동원되었다. 폭탄의 핵심 원료인 (뼈에서 나온) 지방에서 추출된 글리세린glycerin이 매우 난폭한 니트로글리세

• 생물의 몸에서 수분을 제거한 후 남은 물질의 총칭.

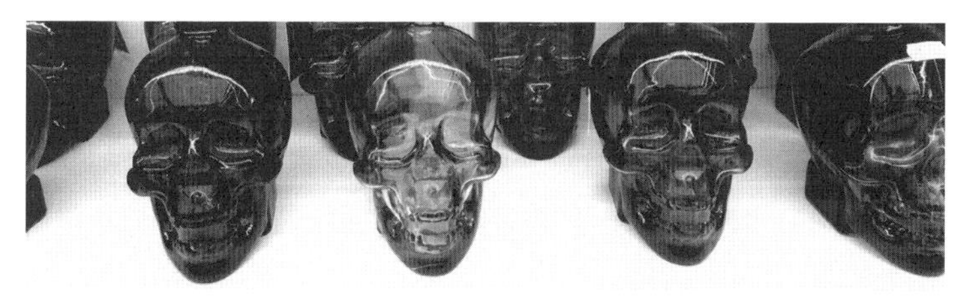

사람의 뼈가 천장까지 쌓여 있는 지하의 오래된 채석장을 따라 1.5킬로미터를 걷고 나면, 파리의 카타콤을 방문한 사람들은 햇빛이 비치는 곳으로 다시 올라와 기념품점 앞에 다다르게 된다.

린nitroglycerin으로 전환된 후, 그보다 약간 온순한 다이너마이트로 완성된다. 아교의 경우, 뼈의 핵심 원료인 콜라겐이 강력한 접착제로 전환된 것이다. 폭탄과 아교의 생산에 사용된 뼈를 제공한 사람들은 연합국 시민들이었다. 연합군 장교들은 시민들에게 요리용 뼈의 재활용을 촉구했다. 한 전쟁 포스터에는 다음과 같이 적혀 있었다. "우리는 폭발물 제조용 뼈가 필요하다. 요리하던 뼈를 집 밖에 내놓으라. 우리가 수거해 폭탄, 윤활유, 내화페인트, 동물용 사료, 비료, 비행기, 위장 재료camouflage material, 아교 등을 만들 것이다." 뼈의 용도는 무궁무진하다.

뼈의 현대적 상업화는 화석화된 뼈에까지 손을 뻗었다. 모든 비즈니스가 그렇듯, 상업화 과정에는 상충하는 (때로는 말도 안 되는) 이해관계가 개입한다. 그러나 지금껏 발견된 티라노사우루스 렉스의 화석 중에서 가장 크고 완벽한 '수'의 발견과 소유권을 둘러싼 이해관계만큼 복잡한 경우도 없을 것이다. 그 사건은 1990년 사우스다코타의 오지에서 펑크 난 타이어와 함께 시작되었다. 블랙힐연구소Black Hills Institute, BHI(세계 최대의 화석 거래상)의 탐사팀이 펑크 난 타이어를 고치기 위해 마을로 들어간 동안, 경험이 풍부한 아마추어 고생물학자 수 헨드릭슨Sue Hendrickson은 낯선 낭떠러지를 한번 둘러보기로 했다. 그녀는 낭떠러지 기슭을 따라 걷다가 조그만 화석 몇 조각을 발견했다. 이상한 예감이 들어 문득 위를 올려다보니, 커다란 화석의 끄트머리가 삐져나와 있는 것이 아닌가! 용무를 마치고 돌아온 탐사팀(팀장은 BHI의 오너인 피터 라슨Peter Larson이었다)은 그녀가 발견한 화석의 정체를 단박에 알아차렸다. 그것은 공룡시대 후기인 6600만 년 전 먹이사슬의 최정상에 군림하던 육식 공룡, 티라노사우루스 렉스였다. 발견자이자 당시의 여자친구인 그녀를 기념하기 위해, 라슨은 그 야수의 이름을 수라고 지었다. (그러나 그 당시에는 그 공룡뿐만 아니라 모든 공룡의 성별이 결정되지 않았다.)

땅 주인인 모리스 윌리엄스Maurice Williams와의 구두계약에서, 라슨은 5000달러를 주고 화석 전체를 발굴하기로 했다. 그 화석의 완성도는 90퍼센트로 밝혀졌으므로, 그때까지 발견된 티라노사우루스 렉스의 화석 중에서 가장 크고 보존 상태도 최상이었다. 라슨은 화석을 청소한 후 궁극적으로 전시하거나 판매하기 위해 사우스다코타의 힐시

티에 있는 BHI 연구실로 옮겼다. 그러나 전시와 판매가 이루어지기 전 미국연방수사국FBI의 요원들이 들이닥쳐, 수뿐만 아니라 라슨의 모든 화석 컬렉션과 비즈니스 기록을 압수했다. 사실 FBI는 수는 물론 다른 화석에도 전혀 관심이 없었다. 그들이 제기한 혐의는, 라슨이 공유지를 침범하여 화석을 발굴한 후 해외에 팔아넘길 요량으로 출처를 은폐했다는 것이었다. 결국에는 수의 소유권을 놓고 라슨, 윌리엄스, (윌리엄스에게 땅을 임대한) 연방 정부 사이에 법정 공방이 벌어졌다. 법원은 최종적으로 라슨에게 2년 징역형을 선고하고, 윌리엄스에게 수의 소유권을 부여했다.

이어서 윌리엄스는 소더비 경매 회사에 수의 판매를 의뢰했다. 그리하여 1997년에 벌어진 경매에서 몇 명의 개인 수집가가 수많은 자연사박물관과 소유권을 놓고 격돌했는데, 10분도 채 안 되어 단 한 명의 응찰자가 700만 달러라는 엄청난 호가를 제시했다. 그 가격은 시카고 필드자연사박물관의 대리인이 예정한 응찰가의 한계였으므로, 수의 소유권이 개인에게 넘어가는 것은 시간문제인 것처럼 보였다. 한 방이면 게임이 끝날 거라고 짐작한 필드의 대리인은 마지막으로 760만 달러를 불렀다. 경매인이 망치로 테이블을 두드렸다. "필드박물관에 760만 달러에 낙찰되었습니다." 소더비는 그 애물단지에 10퍼센트의 수수료를 얹었다.

필드박물관은 200만 달러를 추가로 투자하여 수의 주변에 맞춤형 지지 틀을 건설했다. 덕분에 고생물학자가 어떤 뼈를 꺼내더라도 다른 뼈를 헝클어뜨리지 않으면서 연구에 전념할 수 있게 되었다. 2000년 첫 전시, 마침내 인상적인 장면이 펼쳐졌다. 수는 입을 떡 벌리고 날카로운 이빨을 드러낸 채 달려드는 자세로 필드박물관의 메인 홀에서 17년 동안 박물관 방문객들을 맞이하고 있다. 장담하건대, 필드박물관은 입장권, 서적, 기념품 판매는 물론 박물관 회원권과 (연구와 교육에 전념하는 기관으로서의) 국제적 인지도로 본전의 2배를 뽑았을 것이다. 2018년, 필드박물관은 수를 별도의 기념관으로 옮기고 거금 1650만 달러를 투자하여 그녀가 차지했던 메인 홀에 훨씬 더 크고 오래된 초식 공룡 티타노사우루스*Titanosaurus*를 전시했다. 본전을 뽑으려면 티타노사우루스는 수보다 훨씬 더 열심히 일해야 할 것이다.

우연의 일치지만, 수가 대중적 인기를 끈 것은 영화 〈쥬라기 공원Jurassic Park〉이 개봉된 지 불과 몇 년 후였다. 〈쥬라기 공원〉은 컴퓨터 애니메이션을 이용하여 '현대에 부활한 공룡'을 그린 환상적이고 무시무시한 영화였다. 만약 공룡 마니아의 열정을 불태우는 것이 목표였다면, 수와 〈쥬라기 공원〉 듀오는 시너지 효과를 톡톡히 본 셈이었다. 수와 비슷한 표본의 발견과 발굴을 둘러싸고 수집가들 사이에서 100만 달러가 왔다 갔다 하자 화석 사냥 열기가 후끈 달아올랐다. 발굴자의 방법이나 의도와 무관하게, 많은 땅 주인들은 자신의 소유지의 화석 발굴권을 '최고가를 제시한 경매 응찰자'에게 팔아넘기기 시작했다.

화석의 상업적 가치에 관심을 가진 사람들이 반드시 '어떤 암석층에서 보물이 발견되는지'를 인식하거나 중시한 것은 아니었다. 그들에게는 화석의 맥락, 이를테면 동일한 지층에 존재하는 식물과 다른 동물의 화석은 무엇인지 등을 고려할 만한 동기가 없었다. 그와 대조적으로, 철저히 훈련된 고생물학자들은 화석을 체계적으로 발굴했으며 (상업적 가치를 훨씬 뛰어넘는) 과학적·교육적 의미를 존중했다. 전문가들은 모든 화석의 정확한 위치를 3차원으로 신중히 기록했고, 공룡들이 존재하던 당시의 맥락을 이해하는 데 도움이 되는 주변의 지층을 꼼꼼히 검토했다.

상업적으로 발굴된 화석들이 매물로 나오면 자금 사정이 안 좋은 대학교와 박물관들이 기회를 놓치는 일이 속출하게 된다. 새로운 소유자가 자신의 보물을 집안에 전시한다고 생각해보라. 화석의 과학적·교육적 가치는 물론, 전문적인 고생물학자들의 자긍심도 곤두박질할 것이다. 《슬레이트Slate》의 기고자는 다음과 같이 논평했다. "아마추어 부인과 의사가 불필요한 것과 마찬가지로, 자칭 고생물학자는 아무짝에도 쓸모없다." 상업적 가치를 추구하는 사람들은 이렇게 반박한다. "노출된 화석을 우리가 발굴하지 않는다면, 부서지거나 풍화되어 아무에게도 도움이 되지 않을 것이다." 그들은 아마추어 부인과 의사라도 하나 있는 것이 없는 것보다 낫다고 여기는 듯하다. 판단은 독자 여러분의 몫이다.

14장

가정용 뼈

뼈가 산업의 일부가 되기 오래전, 초기 인류는 가정에서 일상생활의 편의를 위해 뼈를 다듬었다. 지금으로부터 최소한 30만 년 전부터 인간은 살코기를 발라내는 것 말고 다른 목적으로 석기를 이용하여 뼈를 가공하기 시작했다. 다양한 형태의 뼈가 특별한 용도로 사용되기 위해 변신을 거쳤다. 두개관은 그릇으로 쓰였고, 넙다리뼈는 나팔이 되었다. 메모지만 한 크기의 납작한 물건은 고래의 턱뼈나 다른 대형동물의 어깨뼈에서 유래한 듯하다. 빨대의 출발점은 새의 날개 뼈였다.

그러나 가공용으로 가장 애용되었던 뼈는 그 기원을 단박에 알아채기 어렵다. 그것은 인간에게는 없지만 주변에서 쉽게 구할 수 있었던 다재다능한 뼈, 포골砲骨, cannon bone이다. 말·소·들소는 물론 사슴·염소·양은 모든 다리에 포골을 하나씩 갖고 있다.

단단하고 치밀한 데다 골수강이 흔적으로만 남아 있어, 유제류(사진에서는 소와 염소)의 포골은 낚싯바늘, 화살촉, 가정용품, 장식 판을 만드는 주재료로 사용되었다.

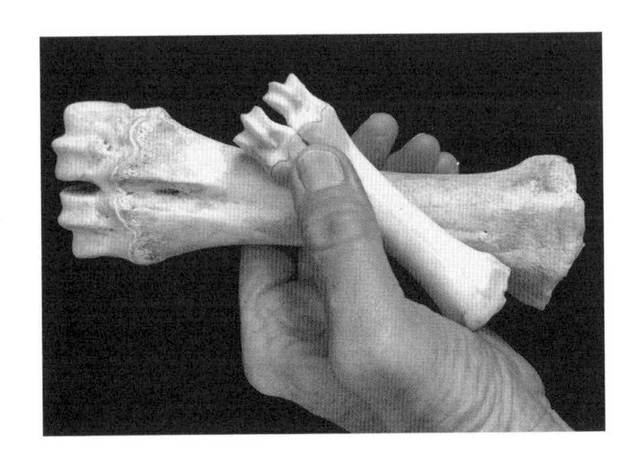

방금 언급한 유제류ungulate(발굽 있는 동물)에게 있는 포골은 사실상 2개의 기다란 손허리뼈metacarpal(앞다리의 경우)나 발허리뼈metatarsal(뒷다리의 경우)가 융합된 것이다. 말단의 갈라진 틈을 보면 2개의 뼈가 융합되었음을 짐작할 수 있으며, 엑스선 검사를 해보면 확실히 알 수 있다. 그 틈은 2개의 '얼레처럼 생긴 돌출부'를 분리하는데, 신체의 어느 부분을 들여다봐도 그처럼 독특한 특징을 가진 뼈를 찾아볼 수 없다.

고대의 사냥꾼들은 포골을 그냥 버렸다. 내부에 골수가 거의 없고 외부에는 살점이 전혀 달라붙어 있지 않았기 때문이다. 그러나 얼마 안 지나 곧바른 형태, 비교적 널따랗고 평평한 표면, 상당한 길이와 두께, 흔함 등의 장점을 인정받아 다양한 분야에서 제2의 삶을 살게 되었다. 다양한 문화권의 진취적인 장인들이 포골을 가공하여 수많은 가정용품을 만들었으며, 그것들을 세로로 세워(쉽게 말해서, 뼈를 율석으로 이용하여) 도로를 포장하기도 했다.

최초의 뼈 도구들은 변형할 필요가 별로 없었던 것 같다. 말단이 울

통불통한 길고 무거운 뼈, 특히 넙다리뼈는 몽둥이로 사용되었고, 턱뼈도 같은 목적으로 사용되었다. 몽둥이가 부러지거나 긴뼈를 일부러 부러뜨린 후 골수를 후루룩 마시고 나면, 날카로운 말단은 손쉽게 단검이 되었다. 뉴기니 원주민들은 화식조cassowary(날개 없는 대형 조류)나 사람의 넙다리뼈를 구해 한쪽 말단을 가느다랗게 만들고 정교한 문양을 새겨 넣었다. 그들은 사람(특히 아버지나 지역사회 원로)의 넙다리뼈를 최고로 쳤는데, 뼛속에 임자의 권력이 깃들어 있다고 여겼기 때문이었다.

얼마 후 초기 인류는 단검과 몽둥이를 사용할 경우 사냥감에 너무 가까이 접근해야 하므로 위험하다는 사실을 깨닫고, 날카로운 뼛조각을 멀리서 던지거나 발사하기 시작했다. 사냥의 안전성을 높이는 요소로 화살, 창, 작살(끈이 달린 창)이 추가된 것이다. 추측건대, 원시인들은 뾰족한 막대기가 사냥감에 부딪혀 튀어나오거나, 피부를 관통하여 반대쪽으로 삐져나올 때도 위험을 느꼈으리라. 그래서 사냥꾼들은 날카로운 돌멩이나 뼛조각을 막대기 끝에 부착하기 시작했다. 이로써 효과적이고 안전하게 사냥감을 찌를 수 있게 되었고, 미늘barb을 추가할 경우 사냥감에 오랫동안 박혀 있을 수 있었다. 또 하나의 기발한 발명품인 투창기throwing stick는 뼈를 (완전히 또는 부분적으로) 이용한 것으로, 투척하는 팔의 길이를 50퍼센트 정도 연장하고 투척된 막대기의 속도와 비거리를 늘렸다. (오늘날에는 플라스틱 발사기를 이용해 개들에게 놀이용 테니스공을 던져준다.)

사냥감이 화살과 창의 사정거리를 벗어났을 때, 이누이트인은 뾰족한 뼈 두 가지를 교묘한 방법으로 이용했다. (비위가 약한 사람은 다다음 금속제 낚시 혹은 사냥 도구를 만들거나 구입할 수 있게 되기 전에, 많은 문화권의 원주민들은 미늘 달린 뼈를 이용하여 낚시나 사냥 도구를 손수 만들었다. (a) 기원전 약 3000년경, 신석기시대 영국에서 만들어진 화살촉. (b) 뉴질랜드의 마오리족이 만든 낚싯바늘. (c) 기원전 200년 페루에서 만들어진 투창기. (d) 기원전 2000~기원전 400년 일본의 조몬繩文시대(신석기시대)에 만들어진 낚싯바늘. (e) 미국 샌환섬에서 발견된 작살촉.

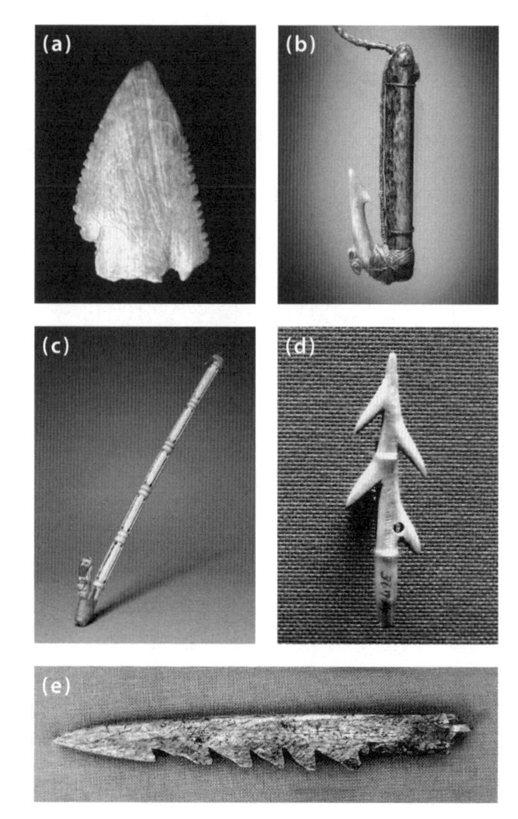

쪽으로 넘어가기 바란다.) 첫 번째 방법은 늑대와 여우를 잡을 때 썼다. 사냥꾼은 길이 20센티미터의 가느다란 뼈를 뾰족하게 갈고 부드럽게 만든 다음 3번 접어 끈으로 감았다. 그 상태에서 뼈를 말린 다음, 끈을 풀고 개과 동물이 사족을 못 쓰는 것(아마도 고래기름이나 물고기 껍질)을 발라 사냥감들이 잘 다니는 곳에 방치했다. 뼈를 발견한 사냥감은 몇 번 씹어보려다 어렵다는 것을 알고 통째로 삼킨다. 위장 속의 수분과 열기 때문에 그 뼈는 본래의 형태를 회복하여 필수적인 기관을 치명적으로 관통한다.

두 번째 방법으로는 굶주린 갈매기를 잡았다. 사냥꾼은 미늘 달린 뼛조각을 끈에 매달아 작은 물고기의 뱃속에 집어넣었다. 다음으로 끈의 반대쪽 끝에 무거운 물체(그때그때 달랐다)를 연결했다. 영문을 모르는 갈매기는 하늘에서 내려와 미끼를 덥석 물고 날아가려고 한다. 그러나 미늘이 목에 걸려, 갈매기는 무거운 물체와 함께 추락한다.

식단의 다양화를 위해 모든 기후대의 원주민들은 물고기를 잡았다. 미늘은 여기서도 진가를 발휘했는데, (뼈 혹은 나무에 묶인 뼈로 된) 낚싯바늘뿐만 아니라 창날로도 사용되었다.

새는 또 다른 뼈 무기의 희생자가 되었으니, 바로 볼라bola였다. 볼라란 여러 개의 커다란 뼈 구슬을 서로 연결된 끈으로 꿴 것을 말한다. 볼라를 던지면 사냥감의 다리를 휘감아 도망치지 못하게 한다. 뼈는 구멍을 뚫기 쉬워 용도에 완전히 알맞았다. 돌은 너무 단단해 구멍을 뚫기가 어려웠고, 나무는 너무 가벼워 힘껏 던질 수가 없었다.

마찬가지 이유로 어부들은 뼈를 이용하여 어망추•를 만들었고, 뼈바늘을 이용하여 그물을 짰다. 남극의 원주민들은 뼈를 이용하여 카약의 부품을 만들고, 썰매견용 마구harness를 만드는 신공을 발휘했다. 뼈로 버클과 단추를 만드는 일은 실용적일 뿐만 아니라 길고 어두운 겨울을 나는 동안 소일거리로 안성맞춤이었다. 그런 휴대용 액세서리 중 일부는 오늘날 개 목줄이나 배낭에서 볼 수 있는 것과 같은 원리로 길이를 조절할 수도 있었다. 대평원의 원주민들은 렌치를 이용해 화

• 그물 아래에 매달아, 바닥에 가라앉게 하는 어로용 도구.

살을 곧게 폈는데, 그 렌치란 다름 아닌 한복판에 구멍이 뚫린 평평한 뼛조각이었다. 사냥꾼은 화살의 '나무 축'을 가열한 다음, 그것을 렌치의 구멍에 삽입해 구부러진 부분을 폈다. 이 경우 뼈는 사냥감을 죽이는 데 직접 사용되지 않았지만 화살의 유지 보수를 위한 보조 도구를 담당했다.

뼈는 (이누이트인이 크게 의존하는) 바다표범을 사냥하는 데도 일익을 담당했다. 그들은 대개 고래의 갈비뼈로 만든 길고 가느다란 더듬이로 두껍게 쌓인 눈을 뚫어, 바다표범의 숨구멍의 위치와 형태를 탐지했다. 그런 다음 사냥꾼은 끈질기게 기다린다. 이따금 (뼈로 만든) 괭이 비슷한 긁개로 얼음을 박박 긁음으로써 '주변에서 또 다른 바다표범이 새로운 구멍을 뚫고 있다'라는 신호를 보낸다. 그러다가 방심한 바다표범이 구멍 밖으로 모습을 드러내면 작살을 던지는 것이다. 성공적인 사냥꾼은 그 자리에서 바다표범의 배를 갈라 간을 꺼내 먹은 다음, (짧고 튼튼하고 뾰족한 뼛조각으로 만든) '수술용 바늘'을 이용하여 복부 절개부를 꿰맨 후 집으로 가져간다. 만약 바다표범이 너무 커서 카약에 실을 수 없다면 꽁무니에 매달고 예인한다. 사냥물이 물에 뜨게 하려고 사냥꾼은 바다표범의 피부에 작은 구멍을 뚫은 다음 (새 뼈로 만든 빨대를 이용해) 지방층에 공기를 불어 넣는다. 그러고는 원뿔 모양의 뼈 마개로 구멍을 막는다. 집을 향해 출발하기 전에 사냥꾼은 (뼈나 상아로 만든) 스노 고글을 매만진다. 스노 고글은 스키용 마스크처럼 얼굴에 밀착되며, 매우 좁은 수평 틈 덕분에 (설맹snow blindness을 초래할 수 있는) 자외선의 통과를 최소화한다.

여러 박물관이 앞서 언급한 도구들을 소장하고 있는데, 흔한 것도

이누이트인들은 뼈로 만든 긁개로 얼음을 박박 긁어 바다표범을 작살이나 총의 사정거리 내로 유인했다.

있지만 뼈로 만든 방호복처럼 드문 것도 있다. 방호복은 수십 개의 5×20센티미터짜리 뼈 판(재료는 아마도 포골인 듯하다)을 가죽끈으로 엮어 만든 조끼로, 턱에서부터 허벅지 중간까지를 보호해줬다.

온난한 기후대의 원주민들은 수천 년 동안 칠면조 날개 뼈를 이용해 칠면조 호출기를 만들어왔다. 인터넷으로 검색하면 만드는 과정과 그것으로 칠면조를 부르는 장면이 담긴 동영상을 쉽게 찾아낼 수 있다. 나는 건조하고 깨끗한 칠면조 날개 뼈 한 세트를 인터넷에서 구입해 나만의 칠면조 호출기를 직접 만들었다. 날개 뼈는 3개의 관상골로 이루어져 있는데, 3개 모두 한쪽 끝으로 갈수록 약간 가늘어진다. 3개의 말단을 모두 잘라 내부의 성긴 해면뼈를 깨끗이 제거한 다음, 3개의 뼈를 조립하면 하나의 작은 팡파르용 악기가 완성된다. (그러나 칠면조를 부르지는 못했다. 입술을 오므린 채 구멍에 대고 키스하듯 빨아들여야 하는데, 숙련된 전문가가 아니면 불가능하다.) 트럼펫 소리는 숲속에 멀리 울려 퍼진다고 하는데, 나의 경우에는 집 안에 울려 퍼졌다. 칠면조 뼈로 칠면조 살상용 액세서리를 만드는 데 별로 관심이 없다면 연습 삼아 칠면조 대신 닭의 날개 뼈를 사용할 수도 있다. 나도 만들어 봤는데 그런대로 잘 작동했다. 꽥꽥 소리가 났지만 닭이 한 마리도 나타나지 않았다는 뜻이다.

이쯤 됐으면 다들 짐작하겠지만, 사람들은 '필요에 따라' '가능한 범위 내에서' 뼈를 재활용했다. 적절한 예로 포경업이 있다. 포경업은 고래기름이 등불용으로 사용되던 19세기에 거대 산업으로 부상했다. 고래기름을 수확하는 과정에서 선원들은 엄청난 무게의 뼈를 폐기하고 조각용으로 약간의 뼈만 챙겼다. 고래 사냥 사이사이에 시간이 날 때, 독창적인 고래 사냥꾼들은 흔히 구할 수 있는 공예품 재료인 고래 뼈로 개인용품 및 도구를 만들었다. 그즈음 웬만한 물건은 금속으로 만들어졌지만, 고래 뼈는 구하기 쉽고 녹슬지 않으며 주머니칼만 있으면 원하는 형태를 빚어낼 수 있다는 장점이 있었다. 그래서 만들어진 실용적 도구 중에 돛 꿰매는 바늘과 솔기 제거기(바느질한 후 천을 문질러 평평하게 만드는 도구)가 있었고, 밧줄걸이와 피드fid도 있었다. 랜드러버landlubber●를 위해 알기 쉽게 설명하면, 밧줄걸이란 밧줄을 고정하는 데 쓰이는 튼튼한 막대기다. (요즘에는 밧줄걸이용 막대를 클리트cleat라고 부른다.) 피드는 원뿔 모양의 튼튼한 송곳으로 천의 매듭과 구멍을 고정하거나 꼬인 밧줄 가닥을 푸는 데 사용되었다. 비록 소설이지만, 고래 뼈가 '사냥의 보조 도구'로 사용된 극단적 사례는 『모비 딕

● 선원들의 은어로 육지 사람이란 뜻이지만 '육지의 바보'란 야유의 뜻이 다소 포함되어 있다.

Moby Dick』에서 찾아볼 수 있다. "모비 딕이 에이허브 선장의 다리를 쩝쩝거리며 먹어 치우자, 피쿼드호의 목수는 고래 뼈를 이용해 꼭 맞는 의족을 만들어줬다."

인류가 발견한 뼈의 용도 중에서, 문명이 시작될 때 비롯되어 오늘날까지 끈질기게 남아 있는 것은 하나밖에 없다. 바로 식용이다. 야수들이 뼈를 아작아작 씹은 후 흘러나온 골수를 포식하는 장면을 목격하고, 초기 인류는 대형동물의 다리를 바위로 깨뜨려 '맛있고 부드러운 속심'을 꺼내 먹는 방법을 터득했을 것이다. 고고학자들은 수많은 고대 집터의 불구덩이와 돌무더기에서 발견된 부서지고 새까맣게 탄 동물 뼈에 근거하여 그리 추정한다.

오늘날의 도축자들은 골수를 쉽게 빼내기 위해 소 다리뼈를 가로로 썰어 여러 개의 짧은 원통으로 만들거나, 세로로 썰어 2개의 기다란 반쪽으로 만든다. 요리용 접시에 배열하면 원통형 뼈들은 작은 나무 등걸을 연상케 하며 세로로 양분된 뼈들은 미니 카누처럼 보인다. 뜨거운 오븐에서 약 20분 동안 가열하면 골수는 부드러운 크림처럼 되어 토스트에 부드럽게 발린다. 미식가들은 그 풍부하고 반질반질한 질감과 맛을 사랑한다.

수프와 소스의 향미를 더하고자 많은 요리사가 예로부터 물고기, 가금류, 또는 네발 동물의 뼈를 우려낸 진국을 사용한다. 최근에는 본브로스 바bone broth bar가 등장해 손님들에게 커피나 차를 대체하는 무카페인 영양 음료로 사골 국물을 제공하고 있다. 건강을 더욱 신경 쓰는 업소들의 경우, 자신들이 제조하는 묘약의 포만감·세척·해독 효과를 강조한다. 사골 국물은 베트남 쌀국수 전문점인 포Pho의 핵심 식자재이기도 하다.

그러나 골수와 사골 국물은 뼛속에 들어 있는 내용물일 뿐이다. 그렇다면 뼈 자체를 먹는 것은 어떨까? 설치류는 건조한 뼈를 갉아 먹는데, 칼슘과 인을 섭취하기 위해서일 것이다. 연어와 정어리 통조림에도 작은 뼛조각이 들어 있는데, 조금 아삭아삭하지만 입에 착 달라붙는다.

서아시아를 비롯한 아시아의 여러 문화권에서는 사람의 엄지손가락만 한 작은 새 한 마리(새끼 참새)를 통째로 먹는 풍습이 있다. 나는 몇 년 전 수부외과와 관련한 문화 교류차 중국을 방문했을 때 만찬회에서 그것을 먹어봤다. 골절편이 입천장을 찌르지 않도록, 주최 측에서는 참새 튀김의 뼈를 천천히 씹으라고 권했다. 그 충고를 이행하는데 온통 정신이 팔려 있었기 때문에 정작 참새 튀김의 맛을 전혀 기억할 수 없다. 생각나는 것이라고는 그저 바삭바삭한 식감밖에 없다.

요리에 관한 한 둘째 가라면 서러워할 프랑스인들도 만만치 않아, 한 입 크기의 회색머리멧새를 통째로 먹는다. 미식가들은 전통적으로 머리에 냅킨을 뒤집어쓴 채 회색머리멧새를 먹는데, 거기에는 세 가지 이유가 있다. 첫 번째 이유는 야만적인 행동을 신에게 들키는 것이 두려워서이고, 두 번째 이유는 미묘한 향을 (눈을 가린 채) 코로만 음미하기 위해서이고, 세 번째 이유는 동석한 사람들에게 침 흘리는 모습을 감추기 위해서이다. 앤서니 보데인Anthony Bourdain은 자신의 저서 『미디엄 로*Medium Raw*』에 다음과 같이 적었다. "씹을 때마다 '얇은 뼈와 지방층', 고기, 피부, 내장이 어우러져, 예로부터 전해 내려오는 다양하고 경이로운 풍미를 연출한다. 날카로운 뼈가 입안을 콕 찌를 때,

내 피의 짭짤한 맛이 무화과, 아르마냑[*], 까만 살코기에 살짝 스며든다."

오늘날 회색머리멧새가 멸종위기에 몰렸기 때문에 프랑스에서는 이러한 풍습을 금지하고 있다. 극동에도 이와 비슷하게 파괴적이고 오래된 인습이 존재하는데, 그 내용인즉 호랑이 뼈로 술(이른바 호골주虎骨酒)을 담가 먹는 것이다. 그들은 호랑이 뼈를 소주에 넣은 후 오랫동안 우려내는데, 듣자 하니 그것이 (믿거나 말거나) 만병통치약이라고 하지만 야생호랑이 개체군에는 상당히 위협적이다.

문명의 출발점부터 이어져온, 덜 충격적이지만 훨씬 더 흔한 풍습도 있다. 뼈를 이용해 식량을 수집·조리·상차림·저장하는 풍습이다. 예컨대, 다양한 문화권에서는 자귀[**] 비슷하게 생긴 쟁기를 이용하여 농사를 지었다. 어떤 쟁기에는 갈비뼈처럼 구부러진 뼈로 된 날과 나무로 된 손잡이가 장착되어 있고, 어떤 쟁기는 뼈로 된 손잡이와 돌로 된 날로 구성되어 있다. 때로는 사슴의 턱뼈가 낫으로 사용되기도 했다. 나중에는 '짐 나르는 동물'을 이용해 쟁기질했는데, 쟁기에는 긴뼈로 된 스파이크가 달려 있어 토양을 뒤집어엎을 수 있었다.

사람들은 엘크와 들소의 커다랗고 평평한 어깨뼈를 가공하여 괭이의 날을 만들었고, 부드러운 식물성 재료를 토막 낼 요량으로 한쪽 날을 갈아 소위 짓누르기용 칼squash knife을 만들었다. 고기를 썰 요량으로 어깨뼈의 한쪽 모서리를 톱니 모양으로 만들어 스테이크 나이프로

[*] 역시 프랑스산인 코냑과 함께 쌍벽을 이루는 프랑스산 브랜디.

[**] 나무 다듬는 도구.

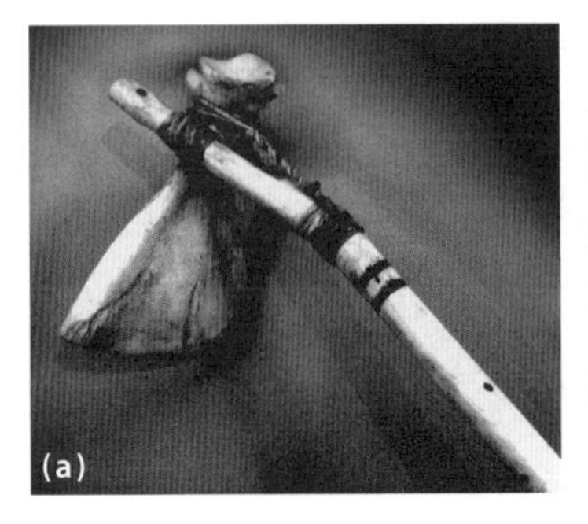

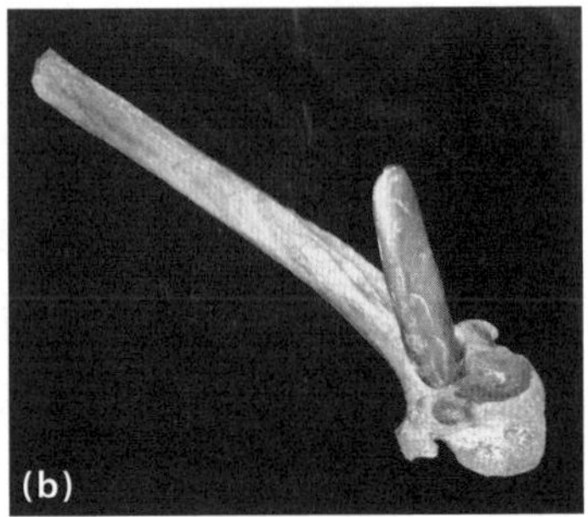

아메리카 원주민과 그 밖의 많은 문화권의 원주민들은 농사일에 쓰기 위해 뼈를 재활용했다. (a) 들소의 뼈로 만든 괭이. (b) 뿌리 쑤시개. 날은 돌이고, 손잡이는 들소의 척추뼈다.

사용하기도 했다.

뼈로 만든 도구는 다른 식량을 준비하는 데도 도움이 되었다. 가장 흔한 방식은, 뼈로 된 손잡이에 예리한 점판암과 규석 조각을 고정해 칼로 사용하는 것이었다. 물가에 사는 사람들은 뼈의 납작하고 날카로운 부분을 이용해 장어를 자르거나 물고기의 껍질을 벗겼다. 두개골은 막자사발로 사용되었고, 설사 막자사발이 돌이더라도 막자는 뼈일 수 있었다. 어떤 아메리카 원주민들은 조그만 새의 뼈를 발라내는 대신 막자사발과 막자를 이용하여 새를 통째로 갈아 요리한 다음 오물오물 씹어 먹으면서 뼛조각을 뱉어냈다. 그들은 어쩌면 앤서니 보데인처럼 '미식가의 황홀경'을 기대했는지도 모르겠다.

부드럽고 가느다란 뼈로 만든 바구니와 동그란 상자는 식료품을 보관하는 데 사용되었다, 크기는 작지만 스타일이 멋진 솔트 셰이커•와

• 뚜껑에 구멍이 뚫린 식탁용 소금 그릇.

육두구 강판●이 그랬던 것처럼 말이다. 예컨대 17세기 초부터 19세기까지, 귀족들은 멋지게 장식된 (호주머니만 한 크기의) 육두구 강판을 휴대하고 다녔다. 은과 상아(또는 뼈)로 만들어진 육두구 강판은 향긋한 알코올음료와 사과주cider에 신선한 향신료를 제공했고, 페스트를 예방했다. 멋진 본차이나 세트와 함께 육두구 강판을 가정에 비치하면 찰떡궁합이었으리라.

바닷가에 살았던 초기 인류는 속을 파낸 돌고래·고래의 척추뼈, 거북 껍데기, 또는 두개골을 수프 그릇으로 사용했을 것이다. 숟갈로 수프를 퍼 먹는 방법이 점차 '후루룩 마시기'를 대체했고, 뒤이어 포크가 등장했다. 처음에는 뼈 자체가 숟갈이나 포크였지만, 나중에는 손잡이로만 사용되었다. 지구상의 다른 지역에서는 뼈로 만든 젓가락이 비슷한 목적으로 사용되었다. 뼈로 만든 주방용품 중에는 (단단한 포골로 만들어진) 사과 씨방 제거기apple corer와 골수 숟갈marrow spoon이 있었다. 길고 가느다란 골수 숟갈은 뼈의 '맛있는 속심'을 마지막 한 모금까지 긁어내기 위해 설계된 것으로, 사람의 뼈에 영양분을 공급하기 위해 동물의 뼈를 파먹는 특이한 사례라고 할 수 있다.

원초적으로 인간에게 필요한 것 중 하나는 피난처였다. 동굴, 암석 돌출부, 집채만 한 나무가 드문 장소에서 유일한 해결책은 뼈 집bone home을 짓는 것이었다. 우크라이나와 시베리아의 70여 개 곳에서 고고학자들은 매머드 뼈로 지어진 지름 8미터짜리 집(지금은 붕괴되었다)을 발견했다. 아마도 그들은 매머드 뼈들을 끈으로 엮은 다음 동물

● 육두구 씨앗을 가루로 만드는 데 사용하는 작은 원뿔형 강판.

의 가죽으로 덮어 바람을 피한 것 같다.

전 세계에서 가장 이상한 뼈 집은 아마도 TV 다큐멘터리 〈리플리의 믿거나 말거나Ripley's believe It or Not〉에서 '세상에서 가장 오래된 오두막집'이라고 소개한 구조물일 것이다. 건물 자체는 1932년에 지어졌지만, 공룡 뼈로 구성되어 있었기 때문에 '가장 오래된'이라는 주장이 설득력을 얻는다. 코프와 마시가 한 절벽에 노출된 '선사시대의 보물'을 둘러싸고 전쟁을 벌인 지 수십 년 후, 한 아마추어 고생물학자는 와이오밍의 어느 골층骨層에서 공룡 뼈를 수집하기 시작했다. 그 호사가는 완벽한 공룡 골격을 조립해 주유소를 찾는 여행자들의 시선을 끌려고 작정했다. 그러나 결국 불가능한 것으로 밝혀지자 그는 그동안 모아놓은 약 8000개의 화석을 이용하여 오두막집을 지었다. 그 집은 와이오밍 남동부의 메디슨보라는 마을 주변에 지금까지 버티고 서 있다.

더욱 그럴듯한 뼈 집은 캐나다 북부의 이누이트 부족이 거주하는 곳이다. 그들은 고래의 턱뼈와 갈비뼈로 돔과 비슷하게 생긴 지중해풍의 집 이글루igloo를 지었다. 우선 길이 5.5~7미터의 갸름한 턱뼈로(61쪽 참조) 거의 완벽한 아치를 세웠다. 크고 깊은 구덩이 주변에 커다란 돌을 놓고 16개 이상의 아치를 세운 다음, 한복판에서 만나는 아치들을 꽁꽁 묶어 지름 4.5미터의 원형 가옥을 형성했다. 그러고는 고래 가죽, 이끼, 뗏장, 눈으로 덮어 아늑하게 인테리어를 꾸몄다. 마지막으로 텅 빈 원통형 척추체를 이용해 굴뚝을 세웠다.

이누이트인들은 뼈를 건축용 액세서리로도 사용했다. 예컨대 커다란 음경골은 텐트 말뚝으로 사용되었다. 마체테machete* 비슷하게 생긴 눈 칼snow knife은 본래 뼈로 만든 것으로, 이글루 건축 시 눈 벽돌snow block을 만드는 데 사용되었다. 눈 벽돌을 쌓은 다음, 안전성을 더하기 위해 여성과 어린이들이 (카리부[••]의 어깨뼈로 만든) 부삽을 이용해 돔 위에 눈을 수북이 쌓았다.

온대 지역에서는 길이 15센티미터의 이엉 잇기용 바늘thatching needle을 만드는 데 작은 동물의 갈비뼈가 사용되었다. 지붕을 이는 사람은 그 무시무시한 발톱 같은 도구(한쪽 끝은 날카롭고 뾰족했으며, 다른 쪽에는 구멍이 뚫어져 있었다)에 끈을 꿴 후, 바느질을 하듯 이엉을 대들보에 고정했다. 아주 작은 동물의 뼈로 만든 바늘은 여러 초기 문화에서 옷을 꿰매는 데 사용되었다. 바느질의 역사는 매우 길지만, 고고학자들은 (최초의 뼈 바늘이 발견된) 2만 년 전에 바느질이 처음 시작되었을 것으로 추정하고 있다.

만족감과 안전감을 느낀 원시인들은 그제야 서로가 (동물 가죽으로 만든) 로인클로스loincloth[•••]와 치렁치렁한 망토를 걸치고 있음을 깨달았을 것이다. 그리하여 패션 산업이 시작되었는데, 여기서도 뼈는 처음부터 중추적인 역할을 수행했다.

자루의 한쪽 표면이 제거된 포골은 긁개로 사용되었다. 한쪽 표면이 제거되면 2개의 길고 날카로운 모서리가 드러나, 가죽을 긁어 부드럽게 하고 남아 있는 살점을 발라내는 데 썼다. 얇은 가장자리를 따

• 날이 넓고 무거운 칼. 무기로도 쓰인다.

•• 북미산 순록.

••• 고대 그리스 시대에 허리에 둘러서 입는 옷. 남녀 공용으로, 길이가 매우 짧은 것부터 발목에 내려오는 것까지 종류가 다양하다.

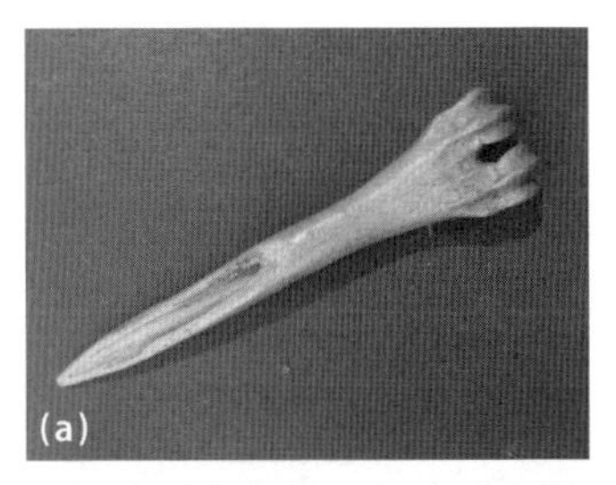

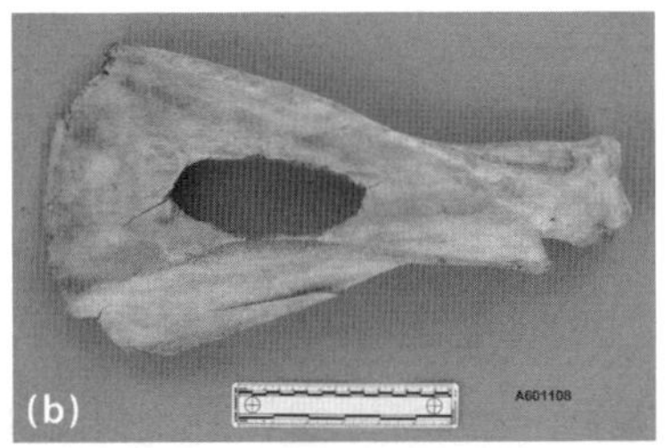

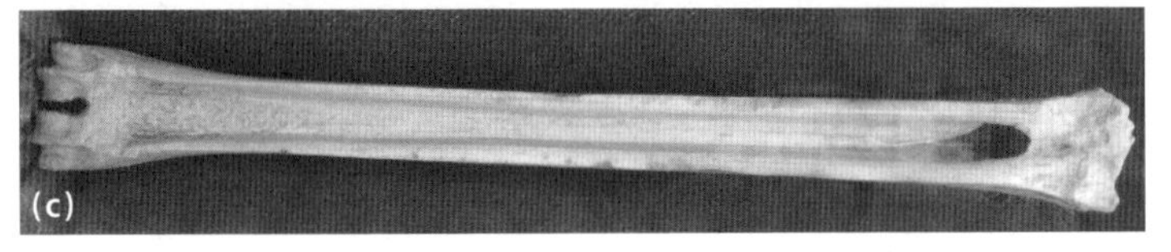

동물의 가죽을 다루는 데 뼈로 만든 도구가 사용되었다. (a) 포골로 만든 송곳으로, 가죽을 끈으로 꿰기에 앞서서 구멍을 뚫는 데 쓰였다. (b) 어깨뼈에 뚫려 있는 구멍은 끈 다듬개로 사용되었다. 즉, 가죽끈이 이 구멍을 들락날락하면 살점이 제거되고 부드러워졌다. (c) 포골로 만든 긁개로, 가죽에 달라붙어 있는 살점을 벗기고 가죽을 부드럽게 만드는 데 쓰였다.

라 조그만 톱니가 새겨진 어깨뼈도 같은 용도로 사용될 수 있다. 어깨뼈의 한복판에 지름 2.5~5센티미터의 구멍을 뚫으면 끈 다듬개thong stopper가 되어, 구멍을 드나드는 가죽끈을 부드럽게 하고 남은 살점을 제거할 수 있었다. 초기 재봉사들은 (길고 반짝이는 스파이크 형태의) 뼈 송곳을 이용해 가죽에 커다란 구멍을 뚫은 다음, 그 구멍에 뭉툭한 뼈 바늘에 꿴 끈을 집어넣어 새로운 패션을 창조했다.

직물의 기원은 선사시대까지 거슬러 올라간다. 직물에 아주 작은 구멍을 뚫을 수 있는 가느다란 바늘과 꼬인 아마 섬유 가닥이 선사시대 유적지에서 발견된다는 것은, (옷감 짜기든, 뜨개질이든, 그물 짜기든) 직물이 최소한 1만 년 이상의 역사를 지니고 있다는 것을 의미한다. 그 과정에서 뼈는 직물 생산의 핵심적인 역할을 했다. 직물 생산을 시

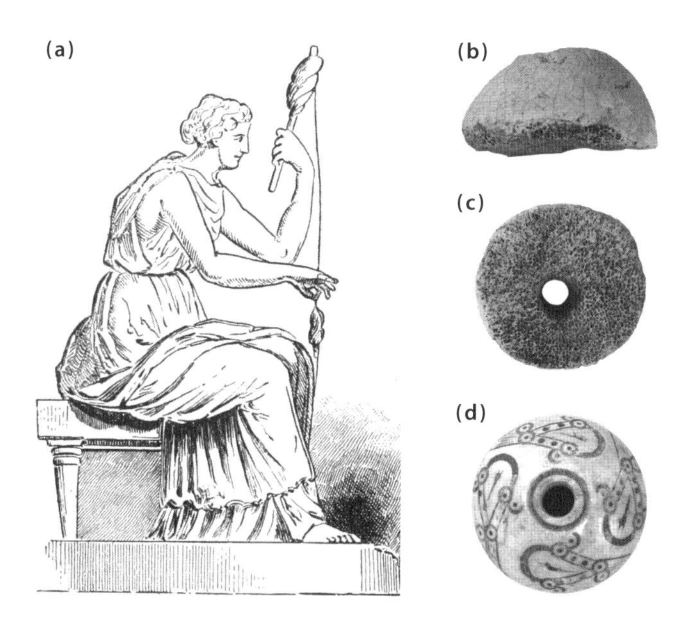

(a) 물레가 발명되기 전 3000년 동안 사람들은 (종종 뼈로 만들어진) 실패와 방추차를 이용하여 동식물의 섬유를 실과 방적사로 만들었다. 주로 여성들이 하던 일로, 왼손으로는 헝클어진 섬유 뭉치가 끼워진 기다란 막대기(실패)를 잡고, 오른손으로는 한 번에 몇 가닥의 섬유를 뽑아내 꼬았다. 무릎 위에서는 (종종 소의 엉덩관절 공이로 만들어진) 무거운 방추차가 회전력을 유지하며 실을 만들었다. 방추차의 크기와 형태는 작업에 적당했으며, 표면은 민짜(b, c)인 것도 있었고 문양이 새겨진 것(d)도 있었다.

작하려면 먼저 식물이나 동물의 섬유에서 실(또는 방적사)을 뽑아내야 했는데, 이 과정에서 (종종 뼈로 만들어진) 실패와 방추차•가 사용되었다. 직물 생산은 주로 여성들의 일이었기에, 많은 르네상스 미술가가 직물을 짜는 사랑스러운 여성을 낭만적으로 묘사했다. 그녀의 어깨

• 섬유를 꼬아 실을 만드는 바퀴 모양의 기구로, 중앙의 둥근 구멍에 축이 될 막대를 고정해 만든다.

위에서는 긴 막대기(실패)가 아마나 양모의 섬유 뭉치를 지탱하고 있고, 무릎 위에서는 (대롱대롱 매달린) 짧은 막대기를 중심으로 동그란 추(방추차)가 회전하고 있다. 여성이 실패에서 섬유를 뽑아내 손가락으로 꼬면 방추차가 회전하며 실이 완성된다.

직물 생산을 돕는 보조적인 도구도 뼈로 만들어졌다. 베틀의 경우, 뼈는 북•을 만드는 데도 사용되었지만 (바이킹들이 길고 가느다란 고래턱뼈 조각을 이용해 만든 것으로, 북이 날실 사이로 씨실을 운반한 후 씨실을 빽빽이 채우는 역할을 하는) 직조 검weaving sword을 만드는 데도 쓰였다.

카드 직조card weaving(태블릿 직조tablet weaving라고도 불린다)는 베틀 없이 직물을 생산하는 기술 중 하나인데, 처음에는 선택된 날실이 (작고 가느다란 정사각형이나 삼각형 모양의) 뼈·나무껍질·뿔을 통과하는 방식이었다. 그 후 방식이 진화하여, 중첩된 카드 중에서 하나 이상을 회전시키면 씨실이 가로질러 통과할 때마다 서로 다른 날실들이 오르내리며 맞물리게 되었다. 카드 직조는 폭이 좁은 띠나 줄을 만드는 데 특히 유용했다. 다양한 고고학 유적지에서 뼈로 된 카드가 발견되었는데, 간혹 카드 직조 방식으로 만들어진 직물 띠도 함께 발견되었다는 점이 그것을 방증한다. 나무나 뿔로 된 카드는 세월의 시련을 견뎌내기 힘들었던 것으로 보인다. 오늘날 카드 직조의 인기가 높지만, 카드의 재질은 플라스틱이나 (카드놀이에 사용하는) 트럼프다.

뼈가 '실 엮기 도구'로 사용된 그 밖의 사례로는 그물 치수 게이지, 대바늘, 코바늘, 루셋lucet, 돗바늘이 있다. 루셋이란 손잡이가 달린 양

• 베틀의 한 부분으로, 씨실이 날실 사이로 쉽게 지나갈 수 있도록 도와주는 역할을 한다.

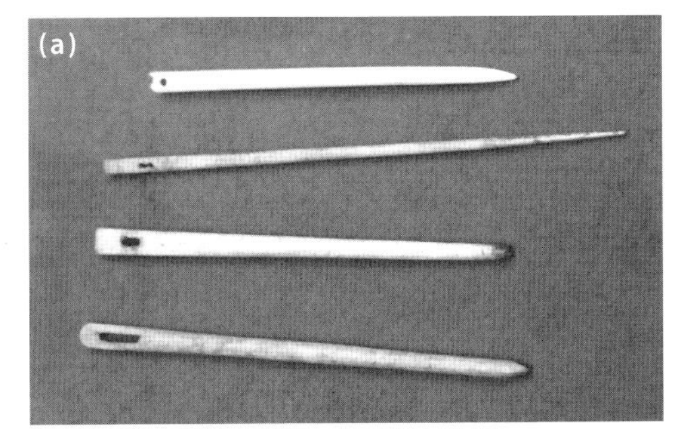

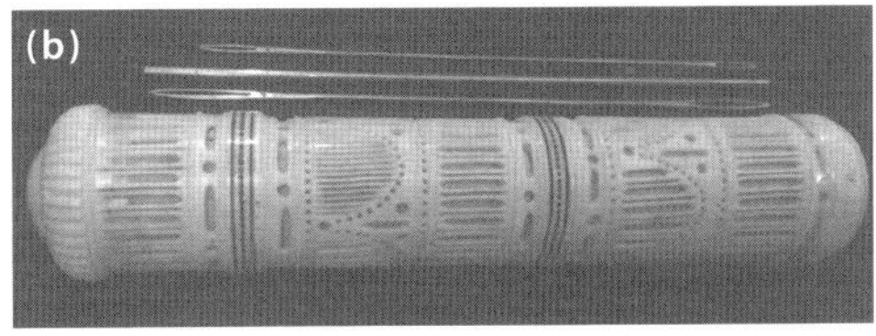

뼈로 된 도구는 바느질, 코바늘뜨기, 뜨개질, 그물 짜기의 발달에 이바지했다. (a) 이 바느질용 바늘들은 뼈로 만들어졌으며, 로마 시대의 보르도 지역에서 발견된 것이다. (b) 이 그물 짜기용 바늘통은 뼈로 만들어졌으며, 19세기 잉글랜드에서 사용되었다.

갈래 도구로, 조임 끈과 구두끈을 만드는 데 유용한 일종의 미니 베틀이라고 할 수 있다. 뼈로 된 루셋의 대표적 사례는 바이킹의 도구에서 종종 발견된다. 한편, 레이스 짜는 사람들은 실을 돗바늘(기다란 얼레)에 감곤 했는데, 이때 돗바늘을 '비교용 짝'으로 활용했다. 레이스를 짤 때 '다음 실이 들어갈 곳'에 대한 혼동을 줄이기 위해, 각각의 돗바늘 쌍은 '똑같은 모양의 머리'를 갖고 있었다. 그러므로 둘 중 하나의 번지수가 틀리면 다른 하나는 외톨이 돗바늘이 되어 쉽게 눈에 띄었다.

직물 판을 홈질•하는 방법은 금속 바늘이 뼈 바늘을 대체했을 때 더 다채로워졌다. 그럼에도 뼈는 그 과정의 일부로 여전히 남았다. 원

• 헝겊을 겹쳐 바늘땀을 성기게 꿰매는 것을 말한다.

통형의 뼈 상자는 바늘을 보관하는 데 사용되었고, 뼈 골무는 바늘을 무거운 직물 속으로 들어가도록 미는 데 사용되었으니 말이다. 솔기를 해체할 필요가 있다면 (자연스레 구부러졌고 한쪽 끝이 뾰족한) 너구리의 음경골이 제격이었다.

옷을 여미고 머리 모양을 고정하는 데 있어서 뼈는 뛰어난 내구성과 범용성을 자랑했다. 뼈로 된 핀은 유행의 첨단을 걸었지만, 궁극적으로 단추와 (여성용) 머리핀에 자리를 내줬다. 뼈로 된 허리띠 버클과 띠 말단은 기능성과 스타일 면에서 타의 추종을 불허했다. 일본의 네쓰케根付는 단추와 유사한 토글●로 진화해 패션을 예술의 수준으로 끌어올렸다. 그것은 원래 (개인의 소유물이 들어 있는 주머니를 예복의 띠에 고정하는) 조임 끈으로, 처음에는 철저히 실용적이었다가 점점 더 세련화되어 일본의 생활과 전통을 반영했다. 여러 네쓰케 컬렉션에 뼈로 된 표본이 포함되어 있지만, 표본 대부분은 상아로 되어 있다.

뼈는 의복의 청결과 관리에도 이바지했다. 고래 사냥꾼들은 뼈로 옷핀을 만들었고, 병사들은 (멋진 문양이 새겨진 뼈로 만든) '버튼 스틱button stick'을 이용해 자신들의 군복에 달린 단추를 광이 나도록 닦았다. 버튼 스틱은 뼈 판으로 구성되어 있고 한복판에 길고 가느다란 구멍이 뚫려 있는데, 그 구멍이 한쪽 말단에 있는 '단추만 한 구멍'에 연결되어 있다. 단추를 구멍에 삽입하고 버튼 스틱을 쭉 밀면 단추가 군복에서 격리되므로, 군복을 더럽히지 않고 단추를 닦을 수 있다.

초기 인류는 뼈를 이용해 의식주를 해결했을 뿐 아니라, 건강함과

● 외투 등에 다는 짤막한 막대 모양의 단추.

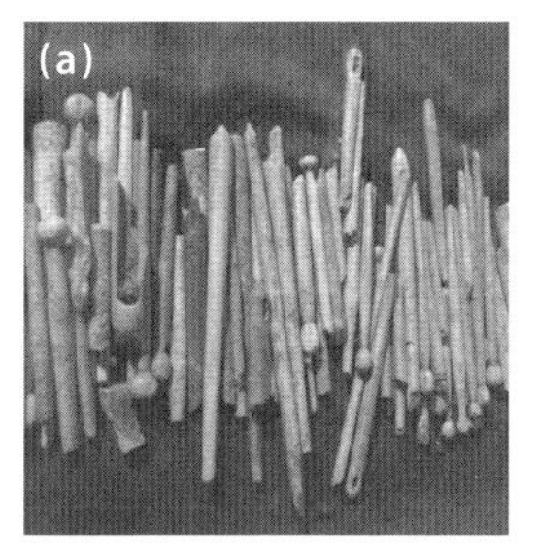

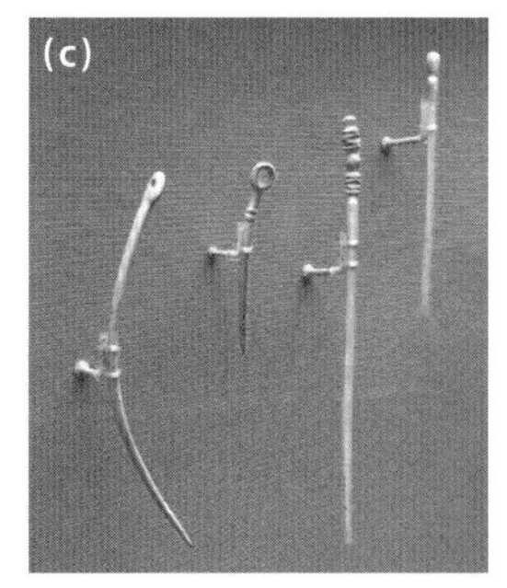

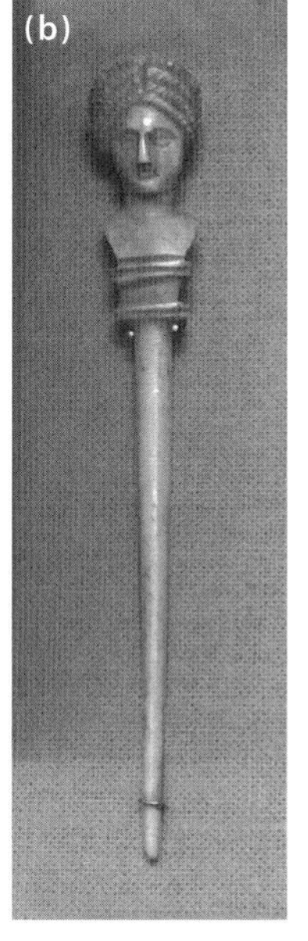

단추가 발명되기 전, 핀은 머리 모양을 고정할 뿐만 아니라 헐렁한 모피(나중에는 직물)를 몸에 고정하는 데도 사용되었다. 사진에 나오는 핀은 모두 뼈로 만든 것이다. (a) 기원전 200~기원후 500년, 로마의 점령지였던 에스파냐에서 사용된 핀. (b) 기원후 200년경 로마 시대의 런던에서 사용된 핀. (c) 기원전 2000~기원전 400년, 조몬시대 일본에서 사용된 핀.

안락함과 편리함을 추구했다. 박물관에는 100퍼센트 뼈로 만든 주사기, 화려하게 장식된 참빗, 완벽한 틀니 세트, 안경테부터 온갖 사치품이 소장되어 있다.

뼈는 단조로운 일상생활을 편리하게 만들어줬다. 뼈로 만들어진 일상용품들을 통해 그곳의 문화와 그 문화권의 사람들에게 무엇이 필요했는지 알 수 있고, 뼈의 다재다능함도 경험할 수 있다. 박물관과 경매 회사의 웹사이트에는 실용적이고 예술적인 뼈 제품들이 수두룩하다. 촛대, 수세미 자루, 장갑 늘리개glove stretcher, 큐티클 리무버, 빗, 면도칼 손잡이, 지갑, 세안기, 빨대, 족집게, 구둣주걱, 지팡이, 우산 손잡이, 장화 벗는 기구, 나선형 손잡이, 의자, 눈 세정기, 칫솔, 귀이개, 효자손, 이 잡는 도구(참빗) 등이다. 이 물건들을 사용할 양초, 장갑, 병마개, 이louse는 사라진 지 오래지만, 뼈 제품은 지금까지 존재하며 인류 문화의 진화를 묵묵히 증명한다. 뼈 제품은 실용성 이상의 이유로 사랑받았다.

15장

아름답고 즐거운 뼈

이쯤 됐으면 독자들은 뼈가 일상생활에서 사용된다는 데 매력을 느낀 나머지 연구 혹은 개인적인 즐거움을 위해 멋진 뼈 제품을 구입하고 싶은 충동을 느낄 것이다. 그러나 흥분을 가라앉히기 바란다. 골동품 상점에서 정체불명의 '아름답고 새하얀 공예품'과 마주쳤을 때를 대비해, 뼈와 상아를 구분할 수 있는 능력을 길러야 하기 때문이다. 제품의 원료에 대한 상점 주인의 말을 신뢰할 것인가? 그 분야의 권위자로는 박물관의 큐레이터와 미국어류및야생동물국Fish and Wildlife Service, USFWS의 담당자들이 있다. 그들은 그것을 도대체 어떻게 구별할까?

먼저, 멀찍한 거리에서 물건의 크기와 형태를 살펴볼 수 있다. 만약 곡선형이고 길이가 1미터쯤 되고 코끼리의 엄니 모양이라면 상아다. 만약 짧고 통통하고 원뿔형이고, 19세기 선원의 작품이라면 고래 이

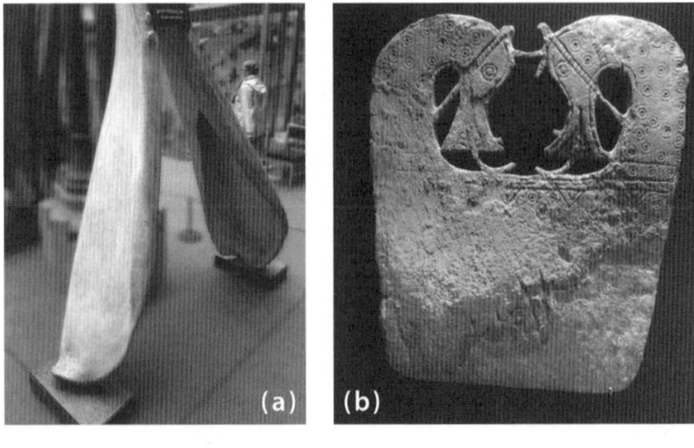

(a) 장인들은 그림, 에칭, 조각을 위해 향유고래의 턱뼈에서 '커다란 판' 모양의 부분을 이용했다. (b) 예컨대 이 20×23센티미터짜리 판은, 9세기에 바이킹이 쟁반이나 도마로 사용한 것으로 보인다. (c) 1831년, 에드워드 버데트Edward Burdett는 17×32센티미터짜리 뼈 판에 항해하는 선박을 새겼다.

빨이다. 가로와 세로가 8센티미터 이상이고 납작하다면, 고래의 턱뼈로 만들어진 것이다. 참고로 향유고래의 턱뼈는 길이가 7~8미터이고, 두개골과 만나는 부분에서 얇고 넓어지며 18×25센티미터짜리 판을 형성할 수 있다. 이만한 크기에 필적할 수 있는 상아는 없다.

다음으로 크기와 형태를 무시하고 맥락을 따져볼 수 있다. 만약 18세기 왕실의 보물이고 에메랄드가 박혀 있다면 상아일 가능성이 크다. 납작하고 풍경화나 초상화가 그려져 있다면 뼈일 가능성이 크다.

귀중한 상아에 그림을 그린다는 것은 '무늬가 아로새겨진 금'을 알루미늄 포일로 덮는 것이나 마찬가지이기 때문이다. 만약 일리노이에 있는 아메리카 원주민의 봉분에서 발굴된 것이라면, 뼈처럼 보이겠지만 아마 매머드의 엄니일 것이다. 그곳은 코끼리나 해양 포유동물의 서식지와는 거리가 멀어도 한참 멀기 때문이다.

가장 좋은 방법은 돋보기로 들여다보는 것이다. 먼저, 상아에는 십자 방격 패턴의 선(이것을 슈레거선Schreger's line이라고 부른다)이 그어져 있는데, 코끼리와 매머드의 상아는 '2개의 선이 교차하는 각도'가 각각 다르다. 또 뼈의 표면에는 슈레거선 대신 '미세한 흑점'과 '짧은 선'들이 있다. 그것들은 하버스관(55쪽 참고)이라는 미세한 통로로, 뼈세포에 영양분을 공급하는 혈액이 흐르는 곳이다.

마지막으로, 뜨거운 바늘을 이용하는 방법(일명 열침 검사)이 있다.

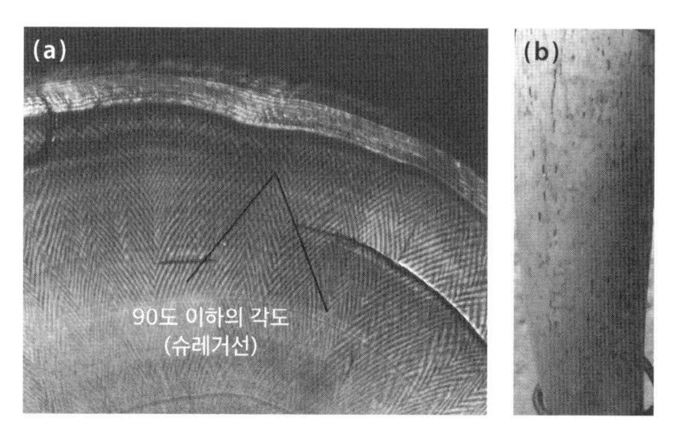

(a) 10배 확대해보면 상아에는 독특한 십자 방격 패턴의 선이 그려져 있다. (b) 246쪽에 나오는 구토 주걱을 확대한 사진이다. 굳이 확대하지 않더라도 작은 구멍과 짧은 선들을 볼 수 있는데, 혈관이 지나간 통로를 나타내는 뼈의 독특한 흔적이다. 이 흔적을 정면에서 바라본 사진은 55쪽에 수록되어 있다.

시뻘겋게 달군 바늘을 상아에 갖다 대면 아무렇지도 않지만, 뼈에 갖다 대면 '머리카락 타는 냄새'가 난다.

가장 무난한 방법은 금전적·법적·정서적 이해관계가 없는 전문가에게 감정을 의뢰하는 것이다. 과거에는 멋모르는 구매자들에게 뼈를 상아로 속여 파는 딜러들이 간혹 있었다. 요즘에는 상아의 국제 거래가 예외 없이 엄격하게 금지되고 있으며, 미국의 경우에는 점점 더 많은 주(이를테면 캘리포니아, 뉴저지, 뉴욕, 워싱턴, 하와이)에서 상아 거래를 완전히 금지하고 있다. 그러므로 더는 판매할 수 없는 상아를 뼈라고 속이려는 사람이 있을 수도 있다.

루브르에서 넘어지면 코 닿을 곳에 있는 골동품 상점에서 나는 우아한 효자손을 본 적이 있다. 상점 주인은 오래된 뼈 제품이라고 강조하며 높은 가격을 불렀다. 세련된 공예품이었고, 촉감이 매우 부드러웠으며 까만 점이나 줄이 하나도 없었다. 크기와 형태로 미루어볼 때 그것은 뼈일 수도 있고 상아일 수도 있었다. 어쩌면 상아일지도 모른다는 생각도 들었고, 그러면 USFWS의 요원에게 걸려 교도소에 갈 수도 있다는 두려움 때문에 구입을 포기했다. "뼈가 확실한가요? 아무래도 다른 선물을 사야 할까 봐요. 다른 뼈 제품은 없나요?"

장담하건대, 내가 최근 뒷마당에서 캐낸 족지골knucklebone(복사뼈나 발목뼈 중 하나를 말하며, 공기놀이에 사용된다)은 네발 동물의 뼈다. 내가 6개월 전 거기에 (한 정육점 주인에게서 얻은) 염소 다리를 묻었기 때문이다. 그동안 토양미생물이 뼈를 완전히 청소해준 덕분에, 무릎 아래의 다리뼈, 소중한 족지골, 포골, 발가락뼈 일습一襲을 얻을 수 있었다. 염소의 족지골은 사탕만 한 크기이며, 직육면체에 가까운 모양을 갖고 있다. 한 손바닥에 네다섯 개가 거뜬히 들어가기에 그것을 손안에 넣고 흔들다 던지고 싶은 충동을 억제하기 어렵다. 만지고 보고 듣는 데서 느끼는 스릴과 기대감이란! 그것은 고대 이집트나 오늘날의 튀르키예에서 시작된 것으로 추정되는 공기놀이의 원조로, 지난 수천 년 동안 모든 사람에게 단순한 즐거움을 선사했다.

4개의 면은 비교적 평평하지만 형태가 조금씩 달라 각각의 면이 땅바닥에 닿을 확률은 모두 다르다. 나머지 2개의 면은 둥글둥글하므로 그쪽이 땅바닥에 닿을 확률은 0이다. 어린이들은 어떤 면이 바닥에 닿든 개의치 않고 족지골을 갖고 놀았고, 때로는 공중으로 던진 후 손등으로 받기도 했다. 어른들은 각각의 착지 면에 상이한 수치를 부여한 후 노름을 했다. 주사위 던지기를 의미하는 '롤 더 본즈Roll the bones'라는 표현은 여기에서 유래한다. 점쟁이들은 모든 족지골의 개별적 상태와 상대적 위치에 다양한 의미를 부여했다.

뼈가 됐든 다른 재료(이 경우에는 공깃돌의 형태가 모두 동일하다)가 됐든, 족지골이 고고학 기록에 자주 등장하는 것을 보면 족지골을 이용한 공기놀이가 큰 인기를 끌었던 것이 분명하다. 조각가와 화가 들은 시대를 초월하여 족지골의 움직임을 실감 나게 포착했다.

원래 뼈에서 출발한 주사위는 정육면체형으로 진화하여 '특정한 면이 바닥에 닿을 확률'이 동등해졌다. 뒤이어 정육면체 이외의 형태들이 줄을 이어, 사면체에서부터 이십면체까지 입체기하학의 진수를 보여줬다. 뼈를 굴리는 데 싫증을 느낀 사람들을 위해 티토텀titotum이나 드레이델dreidel과 같은 주사위형 팽이가 등장했는데, 발상지는 중국이나 일본(또는 둘 다)인 것으로 보인다. 뼈는 픽업 스틱(잭스트로 혹은 스

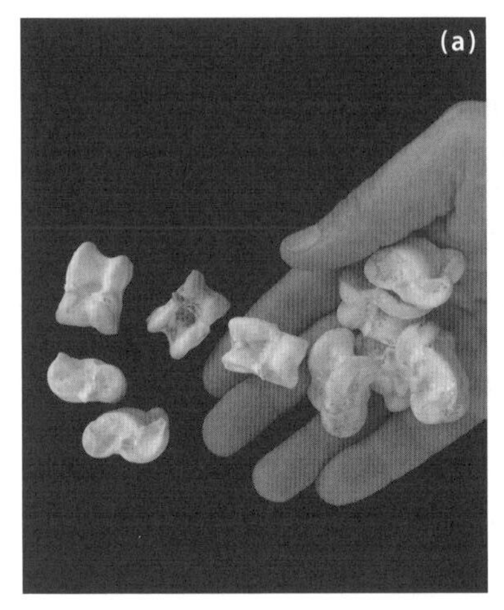

(a) 염소와 양의 발목뼈에서 유래한 족지골은 고대 이후 도박, 점치기, 게임용으로 널리 사용되었다. (b) 1734년에 그려진 그림 속의 여성은 하나의 공과 4개의 족지골을 갖고서 탁자에서 공기놀이를 하고 있다. (c) 기원전 350년경의 그리스 도자기에 새겨진 그림의 주제는 사랑놀이다. 놀이의 핵심은 족지골을 공중에 던지고 손등으로 받는 것이다. 님프들이 사티로스(그리스신화에 나오는 반인반수의 모습을 한 숲의 정령)와 놀이를 하고 있다.

필리킨으로도 알려져 있다)●, 도미노, 마작의 초기 버전 재료로도 사용되었다.

게이머들은 주사위 던지기를 통해 '누적 점수 경쟁'에 돌입했지만, 시각적으로 더욱 흥미로운 것은 보드게임이었다. 백개먼과 체커스는 모두 5000여 년 전 서아시아에서 시작되었고, 체스는 거의 2000년 전 인도에서 시작되었다. 반면 영국에서 시작된 크리비지●●의 역사는 고작해야 400년밖에 안 된다. 상아와 뼈로 된 놀이 도구가 고고학 유적지에서 종종 발견되지만, 시간 경과에 따른 변화가 포착되지 않아 연대를 가늠하기가 어렵다.

1400년, (뼈에 정교한 문양이 새겨진 제단화altarpiece와 보석함으로 널리 알려진) 이탈리아의 엠브리아키 작업장에서는 양면 보드게임 판도 제작되었다. 뼈로 된 게임 판의 한쪽 면에는 백개먼 문양이, 다른 면에는 체스 문양이 새겨져 있었다.

앵글로색슨족 게이머들은 고래 뼈를 깎아 커다란 체스 말을 만들었다. 중세 시대에 체스는 재미있을 뿐만 아니라 신사도와 기사도의 장으로 여겨졌다. 체스는 경쟁자의 전략적·전술적 능력을 규칙과 스포츠맨십의 틀 안에서 제압하는 것으로, 승부도 중요하지만 우아하게 승리하거나 패배하는 기술도 중요했다. 이러한 맥락에서 뼈를 포함한 다양한 재료를 이용해 화려하게 장식된 체스 세트가 등장했다. 뼈의 자연적 형태를 감안할 때 정육면체와 원반형으로 가공하기가 가장 쉬

● 얇은 막대기 따위를 쌓아놓고, 다른 것을 무너뜨리지 않고 하나씩 빼내는 놀이.
●● 카드 게임의 일종.

(a) 900년, 앵글로색슨족이 뼈로 만든 체스와 유사한 게임의 도구. (b) 훨씬 세련된 체스 세트로, 1700년경 프랑스의 디에프에서 뼈를 이용해 만들어졌다.

웠지만, 장인들은 독창성을 발휘하여 정교한 형태의 체스 말을 만들었다. 그들은 뼈의 다양한 부분을 이용하여 '납작한 기저부'와 '가느다란 줄기 및 꼭대기 장식'과 '두껍고 텅 빈 중간 부분'을 각각 만든 다음, 3개를 꿰맞춰 공예품을 완성했다.

아메리카 원주민들은 '뼈로만 할 수 있는' 독특한 게임을 고안했는데, 가능한 경우 퓨마의 뼈를 이용해 자신들만의 게임 도구를 만들었다. 퓨마는 교활함 때문에 그들에게 숭배를 받았는데, 장인들은 퓨마의 그런 속성을 게임에 고스란히 옮기고 싶어 했던 것 같다.

캐나다 원주민들First Nations의 소일거리용 게임 중에서, 뼈에 기반한

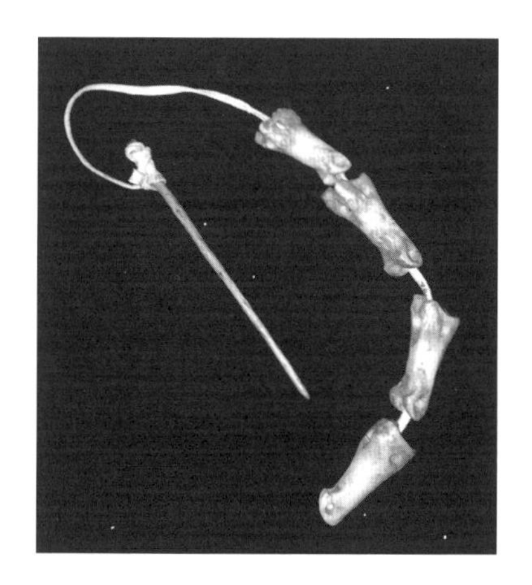

대평원에 살았던 아라파호Arapaho 부족은 하나의 뼈 바늘과 4개의 사슴 발가락뼈를 이용하여 자신들만의 독특한 '고리와 핀 게임'을 했다.

'컵과 볼 게임'과 '고리와 핀 게임'이 전 세계에 널리 알려져 있다. 줄에 묶인 공을 컵 안에 집어넣거나 고리를 튕겨 핀에 거는 게임으로, 손과 눈의 협응이 필요하다. 그린란드에서는 공 대신 구멍이 많이 뚫린 토끼의 두개골이 사용되었다. 이누이트 부족의 경우 가죽끈으로 묶은, 속이 빈 사슴 발가락뼈가 공을 대신했다.

고대에는 뼈를 깎아 만든 인형이 흔했다. 그중에서 가장 간단한 것은 막대 인형으로, 몸통이 갸름하고 팔이 없었다. 그보다 복잡한 것은 팔과 다리를 상체에 핀으로 연결한 인형이었다. 모든 인형은 크기가 작았고 재료(뼈)의 속성을 반영했다. 박물관의 소장품에는 제목이나 안내문이 별로 붙어 있지 않으므로, 원래 용도(장난감, 장식품, 성물)를 판단하는 것은 관람객의 몫이다.

이누이트 부족의 성인들은 뼈로 된 눈 칼을 이용해 이글루를 건설했고, 어린이들은 이야기 칼이라는 소형 버전을 이용해 눈 위에 자신들의 환상을 그렸다 지웠다 다시 그리곤 했다. 그들에게는 에치어스케치Etch-a-Sketch•가 따로 필요하지 않았다.

전 세계의 어린이들은 뼈로 된 다른 장난감들도 갖고 놀았다. 재료의 제한 때문에 크기가 작을 수밖에 없었지만, 제작자의 창의력에 따라 모양이 매우 다양했다. 거친 사용을 견뎌내고 오늘날 박물관에 남아 있는 것 중에는 치발기teether••, 인형 가구, 회전목마, 스크래블•••과 유사한 단어 판, 미니 마차, 썰매, 카약이 있다.

뼈를 이용한 오락이 반드시 좌식이거나 저에너지를 요구하는 활동은 아니었다. 중세 영국과 스웨덴의 고고학 유적지에서는 길고 납작한 포골로 만든 스케이트화가 발굴되었다. 12세기 런던의 생활상을 연대기적으로 기술한 윌리엄 피츠스티븐William FitzStephen은 스케이터들을 다음과 같이 묘사했다. "어떤 스케이터들은 소의 정강뼈를 후벼 파 발이 들어갈 공간을 만든 후, 뼈가 발목까지 덮이게 하려고 노력했다. 그런 다음 쇠못이 달린 지팡이로 얼음을 규칙적으로 지쳐, 하늘을 나는 새나 새총에서 발사된 볼트처럼 빨리 달렸다."

원시인들은 간단한 게임이 등장하기 전부터 기도문을 읊조리고 노래를 부르고 악기를 연주했는데, 최초의 악기는 아마도 새카맣게 탄 한 쌍의 마스토돈 갈비뼈였을 것이다. 어떤 동굴 거주자들은 갈비뼈들을 부딪쳐 딸깍딸깍 소리를 내며 흥겨워했을 것이다. 기악은 그렇

• 새빨간 테두리, 회색 스크린, 그리고 하얀색 플라스틱 손잡이 장식이 있는 그림판으로, 20세기 장난감의 아이콘이었다. 하얀 손잡이를 조종하는 이 장난감으로 전 세계 수백만 명의 어린이들은 한 줄 긋기에서부터 복잡한 인물화에 이르기까지 무엇이든 그릴 수 있었다.

•• 이가 나기 시작할 때 아이의 씹고자 하는 욕구를 충족시킬 수 있는 놀잇감.

••• 십자말풀이에서 힌트를 얻어 만들어진 단어 만들기 게임.

갈비뼈를 서로 부딪쳐 리드미컬한 소리를 내는 방법의 기원은 알 수 없다. 그러나 윌리엄 시드니 마운트는 1856년에 그린 그림에서 그런 연주 방식의 예술성을 기렸다.

게 탄생했다.

뼈로 음악을 연주하는 풍습은 시대를 초월하여 계속되었으며, 셰익스피어는 그런 연주 방식의 예술적 가치를 익히 알고 있었던 것 같다. 『한여름 밤의 꿈A Midsummer Night's Dream』에서 바텀은 이렇게 말한다. "나는 음악에 조예가 깊다. 부젓가락과 뼈를 애용하자." 일상생활 묘사의 달인으로 유명한 윌리엄 시드니 마운트William Sydney Mount는 1856년 〈뼈 연주자The Bone Player〉라는 그림을 그렸다.

민속 음악가들은 아직도 뼈로 연주하며, 나무로 만든 모조품들도 판매되고 있다. 진짜 뼈로 연주하고 싶다면 약간의 돼지갈비 바비큐에서 살을 깨끗이 발라낸 다음 갈비뼈끼리 부딪쳐보라. 지금으로부터 4만 년 전 우리 조상들이 그랬던 것처럼 말이다.

하나의 뼈가 갈비뼈 위에 가로놓여 있는 아주 오래된 타악기도 있었다. 그 뼈로 갈비뼈를 두드릴 경우, 갈비뼈끼리 부딪치는 것보다 덜

거덕 소리의 템포가 빨라질 수 있었으리라.

울림널bull-roarer은 예로부터 전해 내려오는 또 하나의 악기이자 딱따기이자 장난감이자 의사소통 기구로, 기다란 끈에 매달린 납작한 판이다. 머리 위에서 빙빙 돌리면 회전 속도와 회전 방향과 끈의 길이에 따라 각양각색의 나지막한 진동 소리가 난다. 울림널은 1만 8000년 전의 고고학 유적지에서도 발견된다. 가장 많이 발견되는 재료는 소형 동물의 포골로, 한복판을 길게 관통하는 구멍이 뚫려 있다. 끈은 발견되지 않지만, 구멍을 꿴 '꼬인 끈'에 매달려 회전하며 윙윙 소리를 냈으리라고 능히 짐작할 수 있다.

더 진보한 문화에서 뼈를 이용해 연주한 방법들을 알고 싶다면, 내가 최근에 방문한 피닉스의 악기박물관을 방문하여 전 세계 거의 모든 인종 집단의 사례를 둘러보기 바란다. 물론 많은 악기의 주요 재료는 나무와 금속이지만 뼈의 역할을 결코 과소평가할 수 없다. 뼈로 된 악기의 (작지만 중요한) 구성 요소로는 바이올린의 너트·새들·브릿지·활끝판, 기타의 너트·피크·슬라이드, 백파이프의 각종 부품, 다양한 악기의 튜닝 펙tunning peg이 있다. 그 밖의 악기에서는 뼈로 된 내부 장식이 나무와 아름다운 대조를 이룬다. 아르마딜로의 갑옷은 뼈인데, 많은 진취적인 악기 제조자가 아르마딜로의 딱딱한 껍데기를 우쿨렐레형 악기의 몸통으로 변신시켰다. 악기박물관에서 내 마음을 사로잡은 것은 100퍼센트 뼈로 된 악기였다. 말의 턱뼈로 만들어진 타악기였는데, 말의 약간 듬성듬성한 치아를 손바닥으로 쳤더니 정말로 음악 소리가 났다. (박물관에 전시된 악기가 아니라 기념품 상점에서 모조품을 갖고서 한 일이다.) 심지어 염소의 포골로 만들어진 흉갑●을 워시보

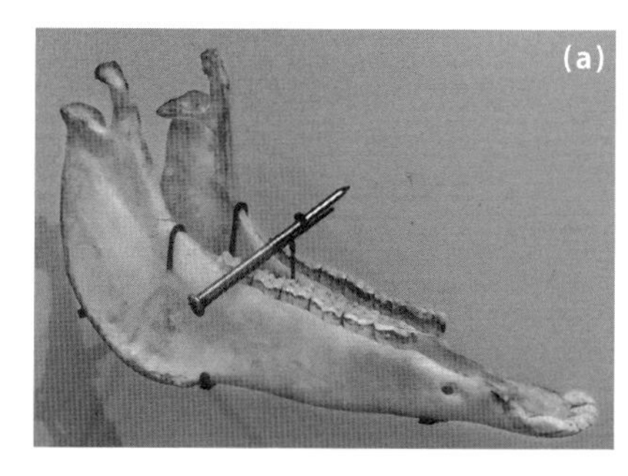

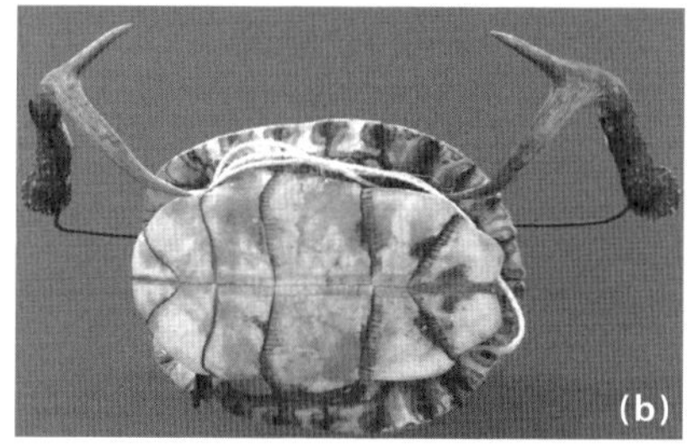

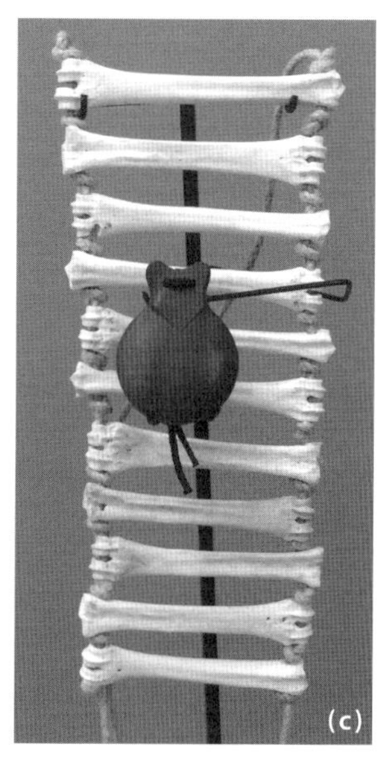

구하기 쉽고 견고하기 때문에 뼈는 악기를 만드는 데 적합하다. (a) 말의 치아는 턱뼈에 약간 듬성듬성하게 박혀 있어 두드리면 음악 소리가 난다. 치아를 쇠못으로 두드리거나, 턱의 좁은 쪽을 손으로 잡고 넓은 쪽을 (마치 탬버린을 연주하는 것처럼) 두드리면 각각 다른 소리가 난다. (b) 음악가들은 멕시코산 거북의 껍데기를 사슴뿔로 두드려 소리를 낸다. (c) 에스파냐의 뼈 긁개는 포골로 만들어졌으며, 음악가들은 거기에 대고 캐스터네츠를 두드려 소리를 낸다.

드••처럼 연주할 수도 있었다.

이번에는 관악기를 생각해보자. 전 세계에는 뼈로 만들어진 피리가 넘쳐나며, 복잡성·크기·예술적 장식·역사의 측면에서 그 스펙트럼이 광범위하다. 어떤 피리는 3만 5000년의 역사를 갖고 있는데, 전문가

• 가슴을 가리는 갑옷.

•• 빨래판처럼 생긴 악기. 무릎 위에 얹고, 골무나 막대로 긁어서 리듬을 만든다.

들은 간혹 '여러 개의 구멍이 뚫린 뼛조각'을 보고 인간이 만든 것인지 맹수에게 물린 것인지를 놓고 갑론을박을 벌인다. 그보다 역사가 짧은 '속이 텅 빈 뼈'에 대해서는 이론의 여지가 없다. 어떤 것은 (오늘날의 플루트처럼) 끝부분에 입을 대고 불고, 어떤 것은 피콜로처럼 옆구리에서 불며, 관이 여러 개인 것도 있다. 장담하건대, 속이 텅 빈 뼈는 엔터테인먼트와 영적 수행에 대한 인간의 관심을 잘 충족해왔다.

악기박물관을 방문할 형편이 안 된다면 고래박물관을 방문해보기 바란다. 고래 사냥꾼들은 뼈 공예 못지않게 음악을 사랑했기 때문이다. 뉴베드퍼드고래박물관New Bedford Whaling Museum에는 거의 100퍼센트 뼈로 만들어진 밴조와, 뼈로 된 지판과 선 걸이를 가진 바이올린이 전시되어 있으며, 낸터킷역사협회Nantucket Historical Association에는 뼈로 만들어진 보면대가 전시되어 있다.

음악만으로 맹수에 대한 공포감을 달랠 수 없을 때 담배·코담배·아편에 눈을 돌리는 사람들이 있었는데, 이때 뼈로 된 액세서리가 (바늘 가는 데 실 가듯) 따라붙었다. 화려하게 장식된 담배 파이프, 다지개, 성냥갑, 코담뱃갑, 아편 숟갈 등의 액세서리는 (사회적 교환뿐만 아니라 종교적 수행을 동반하는) 습관성 기호품의 탐닉에 일조했다.

뼈를 영적·실용적·기분 전환용 목적으로 변형하기도 했지만, 오로지 미적 쾌락을 추구하기 위해 공예품으로 빚어내기도 했다. 뼈의 단단하고 차갑고 창백한 표면은 시각과 촉각을 사로잡는 묘한 매력을 발산한다. 나무와 돌의 중간쯤 되는 굳기 덕분에, 가공하기가 비교적 쉬우면서도 수 세기 동안 견뎌낼 수 있다. 뼈의 미적 속성을 극찬하며 혹자는 이렇게 자문할지도 모른다. "살아 있는 상태(근육으로 뒤덮이고,

연골이 덧붙여지고, 지방으로 가득 찬 상태)에 있던 것이 '불활성이고 건조하고 만족스러운 상태'로 변신하여 널리 전시되고 각광받다니! 이게 도대체 무슨 조화일까?"

시신이 비바람에 계속 노출된다면, 뼈를 뒤덮은 연조직이 풍화되고 내부의 지방이 미생물과 곤충들(이 미세한 청소부들은 한때 혈관이 사용했던 것과 같은 통로로 드나든다)에게 먹혀 완전히 제거되는 데 1~2년쯤 걸린다. 다행스럽게도, 자연계에서 말끔히 청소되고 건조된 뼈가 때마침 해변·사막·숲속을 거닐던 장인들의 눈에 띈다면 공예품으로 거듭나는 것은 시간문제라고 할 수 있다. 그러나 안타깝게도 청소부 동물들이 서서히 변화하고 있는 뼈를 다른 곳으로 가져가거나 파괴할 수도 있다.

자연의 처리 기간을 앞당기고, 처리가 완료되자마자 장인이나 박물관의 스태프들이 뼈를 작업장이나 전시장으로 가져가도록 도와주는 방법은 없을까? 미국 해병대가 구사하는 세 가지 접근법 '땅, 바다, 하늘'이 여기에도 그대로 적용된다. 피부와 근육과 내용물을 인위적으로 제거해 기간을 단축할 수도 있지만, 육해공 전술을 사용할 경우 더욱 자연스러운 결과물을 얻을 수 있다. 그러나 세 가지 전술은 각각 장단점을 갖고 있다.

첫 번째는 땅 전술이다. 동물의 시신을 (청소부의 개입을 막을 수 있을 정도로) 깊이 매장하면 악취가 나지 않는다. 매장하기에 앞서서 이 귀중한 보물을 나일론 망으로 감싼다면, 나중에 때가 됐을 때 아무리 조그만 뼈라도 빠짐없이 회수할 수 있다. 이 과정은 통상적으로 6~12개월이 소요된다. 나는 요즘 다람쥐 한 마리(차에 치여 죽었다), 무스의 포골 하나(알래스카의 사냥꾼 친구에게서 얻었다), 닭 한 마리(홀푸즈 Whole Foods에서 구입했다), 그리고 작은 돼지 한 마리(하와이의 루아우공 연장에서 구입했다)를 이런 방식으로 처리하고 있다.

그다음은 바다 전술이다. 시신을 물동이(만약 코끼리를 처리한다면, 거대한 통) 속에 담가두면 '지저분한 몰골'을 '아름다운 모습'으로 바꾸는 데 걸리는 기간을 크게 앞당길 수 있다. 그러나 이 방법은 냄새가 지독하므로 주택가에서 멀리 떨어진 곳에서 시행해야 한다. 몇 주마다 한 번씩 물을 갈아주는 것이 좋은데, 폭풍이 불 때나 당신의 콧구멍이 완전히 막혀 있을 때 갈아주면 가장 이상적이다. (고래 사냥꾼들은 턱뼈를 배꼬리에 매달아놓고 한두 달 동안 예인함으로써 이 문제를 해결했다.)

마지막은 하늘 전술이다. 이 방법은 악취를 별로 풍기지 않지만 여전히 외부에서(특히 열려 있는 창문 밑이 아닌 곳에서) 시행해야 한다. 포식자에게 먹히는 것을 막기 위해, 뼈를 방충망이나 아연 도금 철망으로 덮어놓자. (나를 비롯해 이 방법을 시도하는 사람들은 [주로 아내에게 들키지 않기 위해] 지붕 위에서 이 같은 부담스러운 준비 작업을 한다).

공기로 인한 전환 과정을 가속하기 위해, 대학교 및 박물관의 연구실과 상업용 뼈 수요자들은 종종 수시렁잇과 dermestid의 딱정벌레를 고용한다. 딱정벌레는 썩어가는 고기를 사랑하고, 뼈를 순식간에 깨끗이 청소하며, 뼈 내부의 내용물을 처리하는 일은 자신들의 애벌레 군단에게 맡긴다. 원한다면 딱정벌레는 인터넷에서 구경할 수도 구입할 수도 있다. 딱정벌레의 구입을 고려하기 전에 규칙적으로 먹이를 줘야 한다는 점을 명심해야 한다. 따라서 실용적 관점에서 볼 때, 추

수시렁잇과 딱정벌레는 썩어가는 고기를 좋아하지만 뼈는 전혀 건드리지 않기에 뼈대 전시를 준비하는 사람들의 사랑을 한 몸에 받고 있다. 사진에 나오는 뼈는 여우의 두개골과 턱뼈다.

수감사절 때 먹은 칠면조의 뼈대 하나를 수확하기 위해 딱정벌레를 구입하는 것은 그다지 바람직하지 않다.

어떤 방법으로든 청소 작업이 완료되고 나면, 과산화수소 용액을 이용해 뼈를 진주처럼 하얗게 표백하게 된다. 그러나 어렵사리 얻은 표본을 완전히 망쳐버리는 두 가지 방법이 있다. 가정용 표백제는 뼈를 영구적으로 부드럽게 만드는 데다 아예 구멍을 뚫어버리므로, 다루는 과정에서 불쾌감을 초래하며 공예와 전시에 적당하지 않다. 물에 넣고 팔팔 끓여도 뼈가 무용지물이 된다. 열을 가하면 외부의 지방이 내부로 들어가 골수의 지방이 치밀하게 되며, 모든 종류의 짐승이 골수 속의 지방에 접근할 수 없어 뼈가 영구적으로 번드르르하게 되기 때문이다.

물론, 초기 인류는 다른 곳에 사용할 요량으로 뼈를 건조하거나 표백하지는 않았다. 그들은 의식주와 관련된 생존 필요를 충족하기 위해 '이미 준비된 뼈'를 집어 들어 변형했을 뿐이다. 공예하는 데 드는 잉여 시간과 에너지가 생겼을 때 비로소 인간은 미적·영적 욕구를 충족하려고 뼈를 이용해 세상을 해석하기 시작했다. 따라서 오늘날 발견된 선사시대의 뼈 공예품은 인간이 영혼을 성찰해온 역사를 보여주며, 추상적 사고와 영성의 기원 및 발달을 연대기적으로 파악하는 데 도움이 된다. 이러한 맥락에서 인류학자들은 주어진 발견의 의미를 해석하느라 여념이 없으며, 이런 발견의 지평을 통해 인간의 정신적 발달과 문화적 진화의 개념을 다시 정립하고 있다. 그들은 전 세계의 유적지에서 최소한 4만 년 전(우리 조상들이 유랑하는 수렵 채집인에서 농경 정착인으로 전환하기 시작한 시기와 거의 일치한다)부터 누적된 고고학적 편린들을 발굴하여 추리함으로써 전반적인 추세를 추적한다.

그러나 뼈 기록bone record에 따르면 추상적 사고는 그보다 훨씬 먼저 시작된 것으로 보인다. 예컨대 10만 년 전의 매장지에서 유골과 함께 부장품이 발견됐다는 것은, 사자의 가족이나 부족이 내세라는 개념을 이해했다는 뜻이다. 그러나 고차원적인 사고와 문화적 현대성을 향한 신속한 진보의 증거가 광범위하게 발견된 것은 그로부터 6만 년 뒤다. 우리는 다시 한번 뼈 기록의 도움을 받아 이러한 변화가 여러 지역에서 동시다발적으로 일어났음을 명백히 알 수 있다. 그 예로 한국의 한 동굴에서는 그 시기에 살았던 인간의 유골과 함께 사슴이 새겨진 뼈가 발견되었다.• 그와 비슷한 시기의 유럽에서 초기 인류는 동굴의 벽에 위대한 예술품과 상상력의 흔적을 남겼다. 뼈로 된 줄rasp과 피리, 사슴 뼈로 된 목걸이와 펜던트, 그 밖의 공예품도 함께 발견되

• 충청북도 청주시 상당구 문의면 노현리 시남부락의 두루봉에 있는 흥수굴을 말한다.

었다. 초기 인류가 생존 수요를 충족한 후에 자신의 영혼을 위로할 만한 여유 시간을 얻었다는 것을 시사한다.

북아메리카의 경우 '상징적 사고의 지표'인 뼈가 발견된 역사는 겨우 1만 3000년으로 매우 짧다. 그즈음의 유물로서, 플로리다에서 발견된 뼈에는 매머드의 옆모습이 새겨져 있다. 그로부터 1000년 후 오클라호마에 살았던 들소의 두개골에는 빨간색 지그재그 표시가 되어 있다. 그 뼈는 미국에서 발견된 가장 오래된 미술품으로 기록되었다.

그 후 수천 년 동안, 인간은 생물인 듯한 형체와 추상적인 모양을 동물 뼈에 잇따라 그리고 새기고 조각했다. 이런 것들이 장식이거나 부적이거나 생식을 숭배하는 징표였을까, 아니면 단지 즐거움 및 장식의 수단이었을까? 도무지 알 수 없는 경우가 태반이다. 그러나 유물 자체는 인간이 생존의 질곡에서 벗어난 후 어떻게 발전해왔는지를 연대기적으로 보여준다. 신속히 변화하던 그 시기에 제작된 뼈 공예품들을 유심히 살펴보면, 일상적인 것(반지, 팔찌)에서부터 특별한 것(입, 귀, 코에 피어싱하기 위한 스터드stud와 기다란 핀), 완전히 엽기적인 것(페니스 장식물)에 이르기까지 다양하다. 맨 마지막 것이 문화적 진보인지 퇴행인지를 판단하는 것은 독자들의 몫이다.

최근 수 세기 동안의 공예사를 살펴보면, 인간이 뼈를 이용해 얼마나 능숙하게 그리고 새기고 조각할 수 있는지를 보여주는 모범 사례는 단연 19세기의 고래 사냥꾼들이었다. 그들은 한번 출항했다 하면 몇 년 동안 바다에서만 살며, 무제한 공급되는 고래 뼈와 이빨 속에서 풍요로운 시간을 보냈다. 허먼 멜빌Herman Melville은 『모비 딕』에서 다음과 같이 지적했다. "그러나 일반적으로 볼 때, 그들은 잭나이프 하나만 갖고서 장시간 힘들게 작업했다. 그들은 거의 전지전능한 '뱃사람의 도구'를 이용하여 원하는 모든 것에 자신들만의 상상력을 담아냈다." 선원들의 수공예품은 다양한 형태를 취했고 오늘날 매우 높은 소장 가치를 갖고 있지만, 위조품이 범람하는 민속예술품이기도 하다. 대부분 선원이 자신의 작품에 서명을 하지 않아 작자 미상으로 남아 있기 때문이다.

그들은 아무런 체계적 훈련도 받지 않았지만 항해 장면과 고향에 대한 추억을 '고래 턱뼈의 크고 평평한 판'과 '고래 이빨의 원뿔형 표면'에 묘사했다. 또 고향에 돌아갔을 때 연인에게 선물하기 위해 길고 좁은 뼛조각을 멋지게 장식하기도 했다. 그런 뼛조각을 버스크busk라고 하는데, 빅토리아시대 코르셋의 가슴 부분에 끼우는 지지대로 사용되었다. 버스크에는 종종 감성적인 글씨와 그림이 새겨졌고, (또다시 이별에 아파할) 연인의 마음을 달래기 위해 그녀의 심장 근처에 착용하도록 설계되었다. 그보다 덜 낭만적인 것으로, (아마도 스웨터를 짜는 데 도움을 주기 위해) 고래 사냥꾼들은 길고 가느다란 뼛조각을 이용해 물레를 만들었다. 물레에 실을 감아놓으면 공간을 절약할 수도 있고, 뜨개질이나 옷감 짜기를 할 때 수시로 사용할 수 있어 편리했다.

고래 사냥꾼들은 뼈를 이용해 파이 주름기pie crimper를 만들기도 했다. 파이 주름기는 깔쭉이 바퀴jagging wheel라고도 하는데, 디저트용 파이뿐 아니라 고기나 다진 고기가 포함된 메인 코스용 파이의 크러스트 윗부분에 주름을 잡는 데 사용되었다. 19세기의 고래 사냥꾼들이 (오늘날 널리 사용되는) 파이 주름기를 그렇게 많이 만든 것은, 파이 껍질에 주름 잡는 것이 그 당시부터 유행이었기 때문이기도 하지만 그

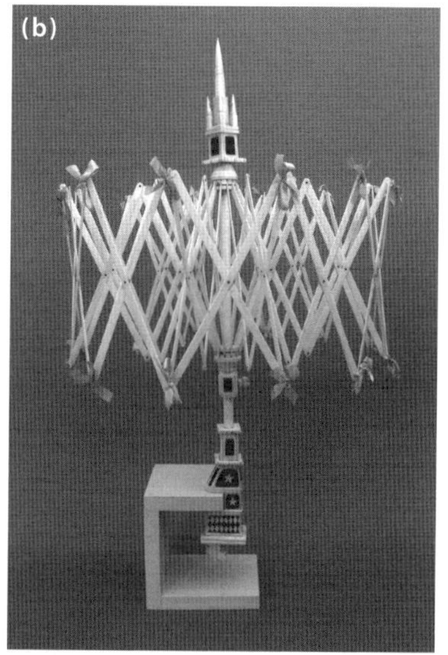

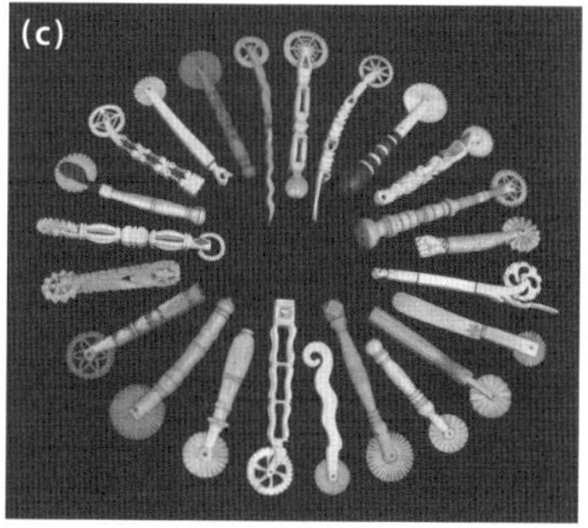

19세기의 고래 사냥꾼들은 무료함을 달래기 위해 고래 뼈를 이용하여 다양한 공예품을 만들었다. (a) 버스크(코르셋 지지대)에는 사랑과 애정의 상징물이 새겨져 운이 좋은 여성의 심장 근처에 착용되었다. (b) 뜨개질용 실을 감아놓는 데 사용된 물레. (c) 파이 주름기는 고래 사냥꾼 공예가들의 놀라운 창의력과 기술을 보여주는 대표적 사례다.

들의 조각 솜씨를 과시하기 위해서였을 수도 있다. 깔쭉이 바퀴에는 종종 섬세한 세선 세공•이나 기발한 동물 모양이 새겨져 있었는데, 이는 그들이 기능성보다는 예술성을 추구했다는 증거라고 할 수 있다.

장인들은 뼈를 이용해 장식품만 만든 것이 아니라, 테이블·의자·상자에 납작한 뼛조각을 붙여(이러한 장식 기법을 상감象嵌이라고 한다) 실용적 가구를 기능적 예술로 승화시켰다. '새까만 바탕과 새하얀 뼈의 대비' 그리고 '지지용 수지supportive resin'는 놀랍도록 복잡하고 눈부신 기하학적 배열을 탄생시켰다. 상감 기술은 고대 이집트나 동남아시아에서 기원해 중세 시대에 무역 길이 열리면서 서쪽으로 전파되어 유럽에 도착한 것으로 보인다. 가구 외에도 고급 안장, 개머리판, 보석함 등 기본적으로 모든 목제품이 상감의 대상이었다. 제프리 초서Geoffrey Chaucer는 『캔터베리 이야기*The Canterbury Tales*』에서 토파스 경에 대해 이렇게 말한다. "그의 헬멧은 빛나는 황동이고, 갑옷은 햇빛을 받아 반짝인다. 그는 고래 뼈로 만든 안장 위에 앉아 다른 모든 기사를 압도한다."

뼈를 이용한 상감 장식의 전형은 페르시아의 유서 깊은 커탐커리khatamkari 공예일 것이다. 고대 페르시아의 공예가들은 길고 (폭이 0.2센티미터 미만인) 가느다란 낙타 뼈·금속·나뭇조각을 하나의 막대에 (접착제를 이용해) 부착했다. 그런 막대들을 나란히 이어 붙인 후, 톱을 이용해 아주 얇은 웨이퍼wafer를 썰어내 대롱, 악기 등 온갖 기기

• 금·은의 연성을 이용해, 가느다란 실 모양 또는 입자로 만들어 바탕 쇠에 땜질함으로써 장식 효과를 높이는 귀금속 공예 기술.

고대 페르시아의 커탐커리 공예품에는 '얇게 썬 막대'로 상감 장식된 부분이 있다. 그 막대들은 (공예가들이 촘촘하게 나란히 이어 붙인) 길고 가느다란 낙타 뼈, 나무, 철사 등으로 구성되어 있다.

묘묘한 물체의 곡면에까지 부착할 수 있도록 만들었다. 그 결과 가로세로 1인치(6.5제곱센티미터)의 커탐khatam에 무려 400여 개의 미세한 뼛조각과 재료들이 배열되어 눈부신 기하학적 패턴을 연출했다. 한편 프랑스의 보석 세공사 르네 랄리크Rene Lalique는 자신의 아르누보art nouveau• 공예품인 브로치와 펜던트에 뼛조각을 접목하여 뼈 공예의 새로운 지평을 열었다.

지금까지 언급한 뼈의 미적 응용을 살펴보면, 예술가들은 초자연적 존재에 대한 경의, 배우자에 대한 사랑, 심지어 주름이 잘 잡힌 파이에 대한 기쁨 등 모종의 메시지를 전달하는 매개체로 뼈를 사용해 왔다. 또한 예술가들은 다양한 매개체를 통해 뼈, 특히 두개골을 의미심장한 메신저(통상적으로 죽음의 조짐을 나타낸다)로 각인시켰다. 그러

• '새로운 예술'이라는 뜻으로, 19세기 말에서 20세기 초에 걸쳐 서유럽 전역 및 미국에까지 널리 퍼졌던 장식 기법을 말한다.

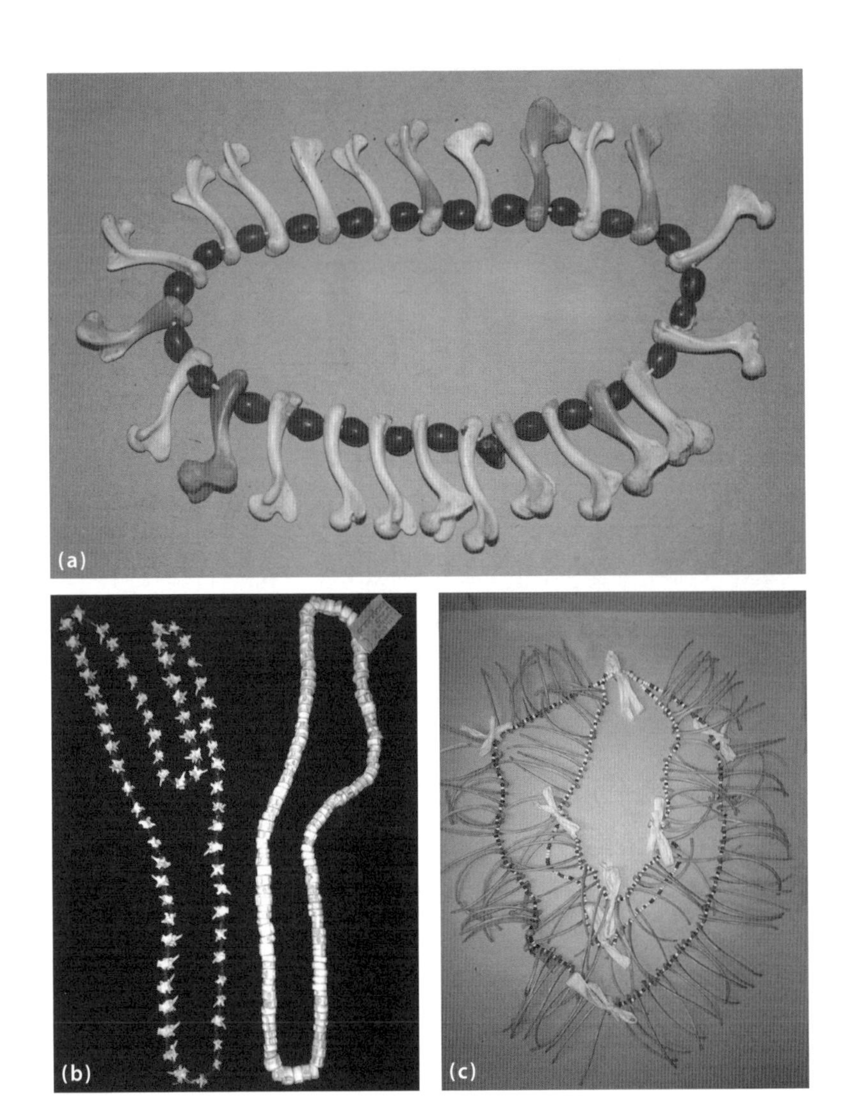

하나의 줄에 연결된 뼈들의 부드러운 흐름은 다양한 원주민들의 장식 욕구를 만족시키는 데 안성맞춤이다. (a) 거북의 넙다리뼈, 오클라호마. (b) 방울뱀의 척추뼈(왼쪽)와 물고기의 척추뼈(오른쪽), 둘 다 멕시코. (c) 보아뱀의 갈비뼈, 남아프리카공화국.

나 예술가들이 뼈를 활용한 가장 흥미롭고 경탄할 만한 방법은, 뭐니 뭐니 해도 뼈 자체를 메시지로 제시한 것이었다. 예를 들어 '가공되지 않은 뼈'들(방울뱀이나 물고기의 척추뼈, 거북의 넙다리뼈, 또는 보아뱀의 갈비뼈)을 줄에 주르륵 꿴 목걸이를 생각해보라. 그건 뼈가 스스로 "날 봐, 나는 아름답다고. 게다가 난 아름다운 동물의 몸에서 나왔어"라고 말하게 하는 것이나 마찬가지다.

다양한 해변의 공동체에서는 오래전 고래의 턱뼈로 된 기념 아치를 세웠다. 장구한 세월 동안 자연의 손길이 작용하여 기념물들의 포물선을 더욱 우아하게 가다듬었다. 건축가 중에 그 형태에 주목한 사람들이 있었다. 그리하여 시드니오페라하우스Sydney Opera House, 세인트루이스의 게이트웨이아치Gateway Arch, 그리고 많은 교회 및 교량의 구조 지지물들이 그 형태를 기리며 세워졌다. 그러나 분명히 말하지만, 그 디자인의 원작자는 고래다.

1904년, 안토니 가우디는 종전에 주목받지 못했던 집을 광범위하게 리모델링하여 매끄러운 아르누보 정면facade을 추가했다. 그 이후 바르셀로나 사람들은 이 집에 '뼈의 집'이라는 별명을 붙였다.

에스파냐의 안토니 가우디Antoni Gaudí(1852~1926)는 포물선 아치를 자신의 경이로운 건축에 도입했을 뿐 아니라, 뼈의 매끄러운 윤곽을 자신의 기발한 건축물인 카사바트요Casa Batlló의 외장에 광범위하게 도입했다. 그 이후 이 집은 바르셀로나 사람들에게 '뼈의 집'이라는 별명을 얻었다.

미국의 조지아 오키프는 가우디가 '돌'로 표현한 것을 '그림물감'으로 표현했다. 그녀는 뉴멕시코의 내륙지역을 오랫동안 탐사하던 중, 햇빛에 바랜 동물의 두개골과 골반에 흠뻑 빠져 자신의 화폭에 옮겨 담았다. 그녀는 풍화된 뼈의 세부 사항을 일부러 생략하고 무한하고 우아한 곡선을 포착하여, (음지에서 양지로 서서히 나왔다가 다시 음지로 들어가는 듯한) 다소 추상적인 장면을 연출했다.

개인적 의견이지만, 뼈를 이용하여 영혼을 살찌운 최고의 작가는 영국의 조각가 헨리 무어Henry Moore(1889~1986)다. 그는 전 세계의 조각공원에 자리 잡은, 비스듬히 누운 여성을 묘사한 반추상적 청동 조각상으로 유명하다. 그의 기념비적인 작품에서는 '텅 빈 공간 및 구멍'과 '커다란 곡선'이라는 모티브가 자주 발견되는데, 관람객들에게 무어의 고향인 요크셔의 풍경을 떠올리게 한다. 그러나 뼈를 더 유심히 살펴봐야 한다. 1940년, 런던에 살던 무어는 독일군의 폭격을 피해 호글랜즈Hoglands라는 적절한 이름의 농가로 이사했다. 호글랜즈 인근에는 돼지 농장이 있었다(호그hog란 비육돈•을 의미한다). 무어는 집 근처를 걸을 때마다 여기저기 흩어진 뼈들을 주워 자신의 스튜디오로

• 질 좋은 고기를 많이 내기 위하여 특별한 방법으로 살이 찌도록 기르는 돼지.

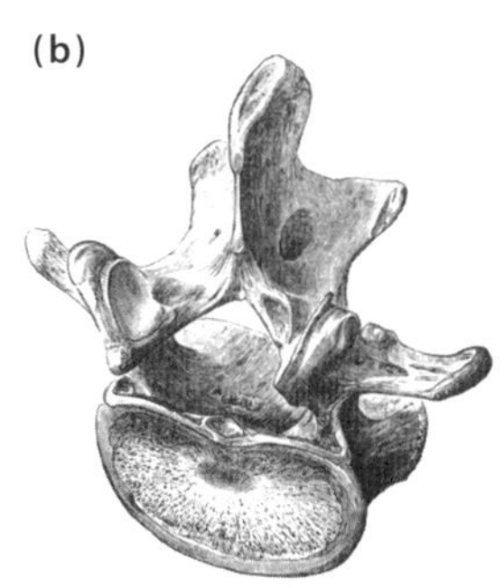

(a) 창의력을 북돋기 위해, 영국의 유명한 조각가 헨리 무어는 농장에서 주운 뼈를 자신의 스튜디오에 진열했다. (b) 척추뼈를 가만히 살펴보면 여러 개의 곡면이 우아하게 융합되는 것을 알 수 있다. (c) 무어의 주특기인 '자연을 모방한 추상적 조각'에서 곡면들의 우아한 융합이 두드러진다.

가져왔다. 그의 설명에 따르면, 그의 주요 관심사는 인간의 형태였지만 자연스러운 무생물 형태(이를테면 뼈, 자갈, 조개껍데기)에도 관심이 많았다고 한다. 그는 척추뼈를 유심히 관찰하다 '동그란 구멍'과 '융합되는 곡면'에서 영감을 얻었음이 분명하다. 그리하여 그는 자신만의 독특한 형태(이것만으로도 기념비적이다)를 창조했고, 뼈를 '아름다움과 무한함'의 기준으로 삼았다. 말이 나왔으니 말인데 뼈는 거의 무한하다.

16장

드러난 뼈의 미래

뼈는 지금껏 우리에게 엄청난 정보를 제공했다. 임자가 세상을 떠난 후에 펼쳐진 뼈의 두 번째 삶은, 46억 년에 걸친 지구의 역사 중 최근 5억 년간의 정보를 제공해줬다. 또한 뼈에는 최근 10만 년에 걸친 인류의 발달 및 문화사가 기록되어 있다. 뼈는 앞으로도 지금껏 해왔던 역할을 계속 수행할까?

단도직입적으로 말해서, 우리가 지금까지 뼈에서 배운 것은 '뼛속에 들어 있는 정보'에 비하면 빙산의 일각에 불과하다. 지구상에 살았던 동물들의 뼈 중 일부가 화석화되어 수백만 년 동안 붕괴하지 않고 견뎌냈다는 것은 놀랍고 경탄할 만하다. 궁극적으로 화석화된 일부 뼈의 정체가 드러나 지구의 역사를 밝히는 데 도움을 준다고 생각하니 등골이 오싹해진다.

땅속에 묻혀 있는 화석 중 지금까지 발굴되어 연구된 것의 비율은 얼마나 될까? 아무도 모르지만 소수, 아니 극소수일 가능성이 크다. 화석 사냥꾼들이 고생물의 흔적을 발견한 것은 순전히 행운이었다는 점을 명심해야 한다. 모든 대륙(남극 포함)에 존재하는 것으로 알려진 방대한 화석 포함층을 체계적으로 철저히 발굴하려면, 지금의 고생물학자, 연구 기금, 굴착기로는 턱없이 부족하다. 그리고 어떤 면에서 그건 잘된 일이다. 방대한 화석 발굴 과정에서 대부분의 화석이 파괴될 수 있기 때문이다. 화석 사냥꾼들은 지금까지 해왔던 것처럼 자연력에 의존하거나 뜻하지 않은 계기로 오랫동안 묻혀 있던 보물이 발굴되기를 기다려야 할 것이다.

발견의 수단과 방법을 불문하고, 오래된 뼈의 소유를 둘러싼 호사가와 전문가 사이의 대립은 계속될 가능성이 크다, 일각에서는 국립공원이나 세계 문화유산 지정을 통해 비옥한 화석 출토지를 보호하자고 제안한다. 그렇게 된다면 이미 알려진 종의 더욱 완벽한 골격이 발굴되는 것은 물론 새로운 종의 발견이 극대화되어 지구의 역사에 대한 이해가 증진될 것이다. 바라건대, 코끼리의 상아가 그랬던 것처럼 언젠가 화석의 상업 거래도 금지되었으면 좋겠다.

고생물학이라는 단어는 200년 전에 만들어졌고, 19세기를 지나며 전문적인 학술 분야로 신속히 발달했다. 그러나 화석화된 뼈의 발견·복구·문서화·보존법은 처음과 비교해 본질적으로 바뀐 것이 없다. 뼈를 우연히 발견하여, 치과용 이쑤시개와 양복 솔로 신중히 발굴하고, 측정하고, 기술하고, 선행 발견과의 관련성을 추론하여 연구실이나 박물관의 서랍에 보관한다. 다만 이러한 과정의 몇몇 측면은 현재 바뀌고 있으며, 나머지도 그렇게 될 것으로 보인다.

첫째로 발견을 생각해보자. 미래의 고생물학자들은 에어컨이 나오는 SUV에 앉아 골층으로 드론을 날린 후, 인공지능이 장착된 카메라와 컴퓨터를 이용하여 암석과 뼈를 구분할 것이다. 적외선을 비롯한 기타 초인적 지각을 갖춘 드론은 훈련된 육안을 능가할 수 있다. 먼 훗날의 일인 것처럼 들릴 수도 있지만, 컴퓨터화된 안면 인식도 수십 년 전에는 그렇게 들렸다.

복구는 어떨까? 현재 보조 로봇을 이용한 수술이 시행되고 있으므로 보조 로봇을 이용한 화석발굴 역시 가능성이 있다. 물론 이때도, 고생물학자는 시원한 그늘에 앉아 감독만 하면 된다.

화석의 측정과 기술에 관한 한, 현재 기념비적인 변화가 진행 중이며 앞으로 가속화될 것으로 보인다. 당연한 이야기지만 고생물학자들은 화석이 손상될까 봐 침습적 방법을 꺼리기 때문에, 지금껏 화석화된 뼈의 내부 구조는 알려지지 않았다. 전통적인 엑스선은 화석이나 돌을 잘 통과하지 못한다(고생물학자들은 1895년 엑스선이 발견된 후 몇 달이 채 안 지나서부터 엑스선 분석을 시도하기 시작했다). 그러나 연구자들은 (자칫하면 살아 있는 조직을 순식간에 태울 수도 있는) 극강의 엑스선과 CT 스캐너를 결합하여 화석의 내부 윤곽을 비파괴적으로 분석할 수 있다. 이렇게 얻은 새로운 정보를 이용하면 수학적 모델링 분석이 가능하므로, 공룡이 얼마나 큰 힘으로 깨물었는지와 과연 뒷다리만으로 중심을 잡았는지를 알아낼 수 있다. 고해상도 CT 스캐닝을 이용하면 화석과 그를 둘러싼 돌 용기를 디지털적으로 구분할 뿐만 아니라 분리할 수도 있다. 이러한 기술의 범위를 확장하면 고생물학자들이 치과용 이쑤시개로 하던 일을 박물관에 떠넘길 수도 있다.

뼈 표면의 자세한 특징은 레이저 스캐닝laser scanning으로 포착할 수 있다. 이 기법은 원거리에서도 작동하며, 휴대가 가능하고 가격도 저렴하다. 따라서 표본을 현장에서 스캐닝할 수 있다. 쉽게 움직일 수 없고 CT 장치에 집어넣을 수 없는 박물관의 커다란 표본에 대한 공간적·기하학적 자료를 수집할 수도 있다. 이렇게 수집한 정보를 3D 프린터에 입력하면 짠! 가벼운 고해상도 복제품이 탄생하며, 원본을 손상시키지 않고 전 세계 어디에서든 연구하고 강의할 수 있다.

두개골은 화석화 과정에서 종종 납작해지거나 파괴되고, 발굴 및 취급 과정에서 추가로 손상될 수 있다. 그러나 정확한 해부학적·기능적 연구는 두개골의 원본 형태에 의존한다. 과거의 연구자들은 사진 촬영, 스케치, (기계가 아니라 손으로 만든) 플라스틱 충전재를 이용해 그 형태를 추정했다. 그러나 오늘날에는 스캐닝된 데이터와 디지털 재구성을 통해 실금을 제거하고 누락된 부분을 대체하며 분리된 부분을 재배열하고 납작해진 표본을 다시 부풀릴 수 있다. 작업자의 해석과 무의식적인 편향의 영향을 최소화하기 위해, 컴퓨터는 반복 가능한 수학적 기법을 자동적으로 냉정하게 적용함으로써 면밀한 검토와 토론에 필요한 재현품을 만들 수 있다.

오늘날 연구자와 연구 기관 들은 지난 200년 동안 수집된 '디지털 스캐닝 데이터'를 온라인에 탑재하고 있다. 이러한 추세가 계속됨에 따라, 연구자들은 그런 빅데이터를 이용하여 '골격의 형태'는 물론 '구성 요소의 기능과 화학조성'의 대규모 진화 패턴에 관해 훨씬 더 완벽한 그림을 그릴 수 있다. 생명의 역사에 대한 우리의 이해는 이제 '코끼리를 기술하는 맹인'과 같지 않다. 인공지능은 그 과정에서 일익을 담당해, 인간 연구자들의 눈에는 무작위성밖에 보이지 않는 방대한 데이터로부터 모종의 패턴을 찾아낼 것이다.

이상과 같은 진보는 고생물학은 물론 인류학에도 그대로 적용되므로, 연구실에서 첨단 분석 도구를 이용해 기존의 인공물들을 정밀 분석하는 시간이 늘어날 것이다. 일례로 석기의 모서리를 재분석하는 일을 생각해보면, 과거에는 맨눈으로 평가하던 것을 오늘날에는 1000배로 확대해 분석하므로 훨씬 강력하다. 연구자들은 미세한 뼛조각을 채취한 후 거기에서 DNA를 추출하여 유전학 연구도 진행하고 있다. 장담하건대 앞으로 이 분야에서 더욱 광범위한 연구가 가능하게 될 것이다. 까마득히 오래된 뼈에서 추출된 DNA를 이용하여 지금까지 몰랐거나 오해했던 '상이한 멸종동물 간의 관계'를 밝혀내는 연구도 있다. 과거에는 고작해야 개략적인 신체적 비교만이 가능했는데 말이다. 비슷한 사례로, 멸종한 생물 형태와 현존하는 생물 형태(이를테면 네안데르탈인과 현생인류) 간의 디테일한 화학적 비교가 진행되고 있다.

멸종한 동물의 뼈에서 추출된 DNA를 이용해 고생물을 복제하거나 재도입하는 날이 올 수 있을까? 윤리학과 실용성을 논외로 하면, 정답은 '동물이 얼마나 오래전에 멸종했는가'에 달려 있다. 실제로 연구자들은 멸종하기 직전의 고생물(4000여 년 전의 매머드 포함)이 남긴 뼈에서 추출한 DNA를 복원하고 있다. 지금까지 완벽히 복원된 유전자 세트 중에서 가장 오래된 것은, 캐나다의 영구동토대인 유콘 준주에서 발견된 70만 년 전 멸종한 말의 포골에서 나온 것이다. DNA 분자가 사망 직후부터 붕괴한다는 점을 감안할 때 괄목할 만한 일이다. 'DNA는 화석화를 견딜 수 없다'라는 도그마가 지배하고 있지만, 연구자들은 유콘 말보다 100배나 더 오래된 공룡의 화석에서도 DNA 단편을 추출하고 있다. 그러나 전문가들은 '공룡의 뼈에서 (유전적 정보를 담을 수 있을 만큼) 기다란 DNA 조각이 추출될 수 있다'라는 설에 대해 매우 회의적이다.

그러나 몇 가지 단백질의 경우에는 이야기가 다르다. 연구자들이 350만 년 된 포유동물의 화석에서 콜라겐의 아미노산 배열을 성공적으로 추출해 분석했기 때문이다. 단백질은 DNA에 의해 코딩되므로, 단백질의 아미노산 배열을 분석하면 오래전 사라진 DNA를 간접적으로 들여다볼 수 있다. '복사기로 복사한 사진'을 보면 음화 필름이 어떻게 생겼을지 짐작할 수 있는 것과 마찬가지 원리라고 할 수 있다. 연구자들은 이런 방법으로 오래된 콜라겐을 연구하며, DNA 중에서 콜라겐 생성을 조절했던 작은 부분을 역추적하고 있다. 그러나 신체 조직 중에서 장구한 세월을 견딜 수 있는 부분은 뼈와 치아밖에 없으므로, 연조직에서 추출된 단백질은 존재하지 않는다. 따라서 역추적 기법을 이용해 (중생대의 공룡을 재창조하는 데 필요한) DNA 배열의 완성체를 만드는 것은 어림도 없다.

아이스맨 외치, 다양한 매머드, 유콘 말의 포골이 얼어붙은 무덤에서 발견된 것은 기후변화 때문이다. 미래에는 다른 동물들이 깊은 냉동고에서 나와 '지구상의 생명체'에 대한 이해를 증진할 것으로 보인다. 수천 년, 또는 수만 년 후 현생인류의 뼈가 도처에서 발견되어 후속 연구가 진행될까? 전 세계적으로 급증하고 있는 화장이 이것의 걸림돌이 될 수 있다. 심지어 매장의 경우에도, 문화적 감수성과 사자에 대한 예우 때문에 연구와 보존을 위한 유골 발굴은 궁극적으로 더 많은 한계에 봉착하게 될 것이다. 사실이 이러하므로 '설사 전통적 묘지에서 나오는 재료에 관한 연구가 제한되더라도 산사태, 눈사태, 화산 폭발이 미래의 연구자들에게 고용 기회를 제공할 것'이라는 지적은 섬뜩하지만 현실적이다. 그런 암울한 지적에도 불구하고, 드러난 뼈의 미래는 지구의 역사에 대한 이해를 계속 증진한다는 점에서 밝고 흥미롭다.

드러난 뼈의 다른 능력, 즉 인류의 문화를 기록하는 뼈의 미래는 어떨까? 단어적 의미에서 볼 때, 이 방면에서 뼈는 지속적인 역할을 하지 못할 것이다. 호사가들을 제외하면 뼈가 바늘·피리·낚싯바늘·참빗·순갈·머리빗·주사위의 재료로서 (어떤 경우 수만 년 동안) 장기 집권하던 시대는 끝났다고 봐야 한다. 그러나 많은 박물관은 이러한 '인류 문화의 아이콘'들을 영구적으로 보관하고 전시하기 위해 진땀을 흘리고 있다. 더욱이 이와 관련하여, 박물관들은 전 세계적인 감상과 연구를 촉진하기 위해 자신들의 완벽한 컬렉션을 인터넷에 게시하고 있다. 내 말이 맞는지 확인하려면, 구글 검색창에서 '뼈'라고 입력하고 엔터를 쳐보라. 당신이 선호하는 인류학·고생물학·자연사·과학·의학·수의학·악기·장식미술·순수미술 박물관에 관한 정보가 화면을 가득 메울 것이다. 나는 종종 검색해보며 많은 것을 배운다. 보너스로, 인터넷을 통해 박물관의 소장품에 접근하면 표본의 '반복적인 취급'과 '불가피한 붕괴'를 방지할 수 있다.

미래의 연구자들은 현대에 만들어진 뼈 단추나 화살촉을 발견해 연구할 기회가 없겠지만, 뼈가 문화적 표지로서 새로운 역할을 하는 빈도는 더욱 늘어나리라고 본다. 뼈의 아름다운 윤곽에서 영감을 받는 진취적인 건축가, 공학자, 제품 디자이너 들이 점점 증가할 것이다. 뼈의 형태는 자연이 지난 5억 년에 걸쳐 완성한 것으로, (임자를 효율적으로 지지하는) 살아 있는 뼈의 기능을 반영하기 때문이다. 컴퓨터 디자인과 (앞으로 더욱 확장될) 3D 프린팅의 능력은 이러한 추세를 가속할 것이다. 전통적인 공정으로는 감히 흉내 낼 수도 없었던 생물 형태를 얼마든지 복제할 수 있기 때문이다. 뼈의 아름다움을 이미 간파한 조각가와 화가들은 다른 예술가들을 견제하기 위해 진입 장벽을 높이고 있다.

요컨대, 뼈의 아름다움과 효율성과 무한함은 아무리 해를 거듭해도 퇴색하지 않을 것이며 많은 면에서 경외와 찬탄의 대상이 될 것을 믿어 의심치 않는다.

◆◆◆◆

내가 지금까지 소개한 것은 '불멸의 뼈'에 관한 위대한 이야기다. 서로 연결되고 칼슘 결정으로 코팅된 단백질 사슬들은 독특한 물질을 형성함으로써 고등동물의 형태를 뒷받침한다. 임자가 살아 있는 동안 첫 번째 삶을 영위하는 뼈는 (극소수의 예외를 제외하면) 숨겨진 상태를 유지한다. 임자가 죽은 후 부여받은 제2의 삶에서, 드러난 뼈는 지구의 역사와 인류의 활동에 대해 우리가 미처 몰랐던 많은 것을 드러내 보인다. 뼈는 인류의 유산인 동시에 전설이며, 세계 최고의 건축자재다. 지금까지 늘 그래왔고, 앞으로도 늘 그러할 것이다.

감사의 글

유능한 에이전트 길리언 매켄지는 '뼈를 포괄적으로 다루는 책을 쓰겠다'라는 나의 생각을 즉각적으로 열렬히 지원했다. 그는 앨리슨 데브뢰와 함께 출판 제안서를 작성하고, 나와 W. W. 노턴 출판사 사이에 다리를 놓아줬다. 쿠인 도가 이끄는 노턴의 재능 있는 편집팀은 실로 모든 저자의 소원인 '세련된 완제품'을 만들어내는 데 일가견이 있었다. 그래픽 아티스트 르네 풀비는 이 책에 필수적인 이미지들을 처음부터 끝까지 깔끔하고 우아하게 빚어냈다. 로스앤젤레스 스코어의 경영자 겸 멘토인 피터 오닐은 일찍이 소셜 미디어의 잠재력을 간파해, 내 블로그를 널리 알리고 궁극적으로 이 책의 인지도를 향상하는 데 이바지했다.

내가 정형외과 의사로 활동하는 동안 근골격계 질환 치료를 내게 일임한 수천 명의 환자는 이 책의 '숨은 일등 공신'이다. 그들과의 상호작용을 통해 온갖 희로애락을 공유하는 동안, 뼈에 대한 나의 이해도와 존경심이 무한히 깊고 넓어졌다. 수많은 의대생, 전공의, 전임의들도 환자들에 못지않은 숨은 일등 공신이다. 그들은 표면상으로 나의 제자지만, 실제로는 나의 스승이었다. 그들의 에너지와 열정 덕분에 자칫 엄숙하고 딱딱할 수 있는 사제 관계가 활기차고 풍요로운 동반자 관계로 탈바꿈했다. 중학교 때부터 줄곧 과학에 대한 사랑과 호기심을 불어넣어준 '진짜 스승'들도 공로를 인정받아 마땅하다.

단백질 화학에서부터 대중문화에 이르기까지, 이 책에 수록된 광범위한 정보는 다양한 전문가들의 전문 지식에 힘입은 바 크다. 많은 동료와 친구와 현자들(종종 1인 3역을 한 사람도 있었다)이 이 책을 위해 지혜와 제안과 비평과 열광적 지지를 아끼지 않았다. 그중에서 특별한 공로를 인정하고 고마움을 표시하고 싶은 분들은 다음과 같다. 스탠리 체르니코프(워싱턴대학교 지질학과 교수), KT 하제이안(로스앤젤레스자연사박물관 인류학 소장품 관리자), 러셀 존슨(UCLA도서관 특별장서 큐레이터), J. 마이클 카보(캘리포니아주립대학교 노스리지캠퍼스 기계공학과 명예교수), 데이비드 크로넨(본클론스 전무이사), 나탈리 랭글리(메이오의과대학 해부학과 선임 컨설턴트), 다이애나 맨스필드(더본룸 소유주), 마크 프로크닉(뉴베드퍼드포경박물관 사서), 데이비드 A. 루빈 박사(워싱턴대학교 세인트루이스캠퍼스 영상의학과 퇴임교수 겸 성루이스박물관 영상의학 컨설턴트), J. 크리스 세이지빌(텍사스척추고생물학박물관 소장품 관리자), 윌리엄 F. 심슨(필드자연사박물관 지질학 전시실 책임자), 줄리 K. 스타인(버크박물관 상무이사), 대니얼 C. 스완(오클라호마대학교 인류학과 교수), 미셰리 타벵키(본클론스 골학자), 제이 빌레마렛(골학박물관 소유주).

인터넷을 통해 전 세계 자료원에 수시로 접근할 수 없었다면 이 책은 불가능했을 것이다. 수백 개의 인류학·고생물학·자연사·과학·악기·포경·순수미술 박물관에 소장된, 수만 개의 뼈 이미지와 설명은 엄청난 가치가 있는 연구 자료였다. 이 책에 수록된 이미지를 제공한

박물관은 물론 개인 소장가들에게 감사드린다. 동서고금을 넘나드는 광범위한 문헌과 학술지를 통해 즐거움과 깨우침을 선사한 UCLA전자도서관에 감사드린다.

참고 문헌

1장 뼈의 독특한 조성과 다양한 구조

Alexander, R. McNeill. *Bones. The Unity of Form and Function*. New York: Nevraumont, 1994.

Alexander, R. McNeill. *Human Bones. A Scientific and Pictorial Investigation*. New York: Nevraumont, 2005.

Ashby, Michael. *Materials Selection in Mechanical Design*. 4th ed. Burlington, MA: Butterworth-Heinemann, 2011.

Associated Press. "Walrus Penis Sells for $8,000 at Beverly Hills Action [sic]." Accessed September 21, 2019. https://web.archive.org/web/20071106050910/http://www.sfgate.com/cgi-bin/article.cgi?f=/n/a/2007/08/26/state/n154935 D40.DTL

Burt, William. *Bacula of North American Mammals*. Ann Arbor: University of Michigan Press, 1960.

Currey, John. *Bones, Structure and Mechanics*. Princeton, NJ: Princeton University Press, 2006.

Duncker, Hans-Rainer. "Structure of the Avian Respiratory Tract." *Respiration Physiology* 22, no. 1–2 (1974): 1~19.

Farmer, C. G. "On the Origin of Avian Air Sacs." *Respiratory Physiology and Neurobiology* 154, no. 1–2 (2006): 89~106.

Goodsir, John. "The Structure and Economy of Bone." In *Classics of Orthopaedics*, 79–81. Edited by Edgar Bick. Philadelphia: Lippincott, 1976.

"A History of the Skeleton." Accessed September 21, 2019. https://web.stanford.edu/class/history13/earlysciencelab/body/skeletonpages/skeleton.html

Jellison, W. L. "A Suggested Homolog of the Os Penis or Baculum of Mammals." *Journal of Mammalogy* 26, no. 2 (1945): 146~147.

Johnson, Robert Jr. "A Physiological Study of the Blood Supply of the Diaphysis." *Journal of Bone and Joint Surgery* 9, no. 1 (1927): 153~184.

Lambe, Lawrence. "The Cretaceous Theropodous Dinosaur Gorgosaurus." *Canada Department of Mines Geological Survey Memoir* 100, no. 83 Geological Series (1917): 1~84.

Lambe, Lawrence. "On the Fore-Limb of a Carnivorous Dinosaur from the Belly River Formation of Alberta, and a New Genus of Ceratopsia from the Same Horizon, with Remarks on the Integument of Some Cretaceous Herbivorous Dinosaurs." *Ottawa Naturalist* 27, no. 10 (1914): 129~135.

Layne, James. "The Os Clitoridis of Some North American Sciuridae." *Journal of Mammalogy* 35, no. 3 (1954): 357~366.

O'Connor, Jingmai, Xiao-Ting Zheng, Xiao-Li Wang, Xiao-Mei Zhang, and Zhou Zhong-He. "The Gastral Basket in Basal Birds and Their Close Relatives: Size and Possible Function." *Vertebrata PalAsiatica* 53, no. 2 (2015): 133~152.

Parry, David, and John Squire. *Fibrous Proteins: Structures and Mechanisms*. Cham, Switzerland: Springer, 2017.

Ramm, Steven. "Sexual Selection and Genital Evolution in Mammals: A Phylogenetic Analysis of Baculum Length." *American Naturalist* 169, no. 3 (2007): 360~369.

Roycroft, Patrick D, and Martine Cuypers. "The Etymology of the Mineral Name 'Apatite': A Clarification." *Irish Journal of Earth Sciences* 33 (2015): 71~75.

Schmitz, Lars, and Ryosuke Motani. "Nocturnality in Dinosaurs Inferred from Scleral Ring and Orbit Morphology." *Science* 332, no. 6030 (2011): 705~708.

Singer, Charles. "Galen's Elementary Course on Bones." *Proceedings of the Royal Society of Medicine* 45, no. 11 (1952): 767~776.

Steele, Gentry, and Claud Bramblett. *The Anatomy and Biology of the Human Skeleton*. College Station: Texas A and M University Press, 2008.

Weishampel, D. B. "Acoustic Analysis of Vocalization of Lambeosaurine Dinosaurs (Reptilia: Ornithischia)." *Paleobiology* 7, no. 2 (1981): 252~261.

Yamashita, Momo, Takuya Konisi, and Tamaki Sato: "Sclerotic Rings in Mosasaurs (Squamata: Mosasauridae): Structures and Taxonomic Diversity." *PLoS One* (February 18, 2015). Accessed September 21, 2019. http://dx.doi.org/10.1371/journal.pone.0117079

Young, Barbara, and John Heath. *Wheater's Functional Histology*. Edinburgh: Churchill Livingstone, 2000.

2장 뼈의 생애와 그 친척들

Alexander, Robert. *Bones. The Utility of Form and Function*. New York: Nevraumont Publishing Company, 1994.

Alexander, Robert. *Human Bones, A Scientific and Pictorial Investigation*. New York: Pearson Education, 2005.

Blount, Walter, and George Clarke. "Control of Bone Growth by Epiphyseal Stapling." In *Classics of Orthopaedics*, 371~384. Edited by Edgar Bick. Philadelphia: Lippincott, 1976.

Bronikowski, Anne. "The Evolution of Aging Phenotypes in Snakes: A Review and Synthesis with New Data." *Age* 30, no. 2–3 (2008): 169~176.

Dobson, Jessie. "Pioneers of Osteogeny: Clopton Havers." *Journal of Bone and Joint Surgery* 34 B, no. 1 (1952) 702~707.

Dykens, Margaret, and Lynett Gillette. "Giant Sloth." Accessed September 21, 2019. https://www.sdnhm.org/exhibitions/fossil-mysteries/fossil-field-guide-a-z/giant-sloth/

Feagans, Carl. "Artificial Cranial Modification in the Ancient World." Accessed September 22, 2019. http://www.academia.edu/278283/

Foerster, Brien. *Elongated Skulls of Peru and Bolivia: The Path of Viracocha*. San Bernadino: Brien Foerster, 2015.

Halliday, T. R., and P. A. Verrell. "Body Size and Age in Amphibians and Reptiles." *Journal of Herpetology* 22, no. 3 (1988): 253~265.

Hariharan, Iswar, David Wake, and Marvalee Wake. "Indeterminate Growth: Could It Represent the Ancestral Condition?" *Cold Spring Harbor Perspectives in Biology* 8, no. 2 (2016): 1~17.

Jones, H. H., J. D. Priest, W. C. Hayes, C. C. Tichenor, and D. A. Nagel. "Humeral Hypertrophy in Response to Exercise." *Journal of Bone and Joint Surgery, American* 59, no. 2 (1977): 204~208.

Kontulainen, Saiji, Harri, Sievanen, Pekka Kannus, Matti Pasanen, and Vuori Ilkka. "Effect of Long-Term Impact-Loading on Mass, Size, and Estimated Strength of Humerus and Radius of Female Racquet-Sports Players: A Peripheral Quantitative Computed Tomography Study between Young and Old Starters and Controls." *Journal of Bone Mineral Research* 18, no. 2 (2003): 352~359.

Madsen, Thomas, and Richard Shine. "Silver Spoons and Snake Body Sizes: Prey Availability Early in Life Influences Long-Term Growth Rates of Free-Ranging Pythons." *Journal of Animal Ecology* 69, no. 6 (2000): 952~958.

McLean, Franklin, and A. Baird Hastings. "The State of Calcium in the Fluids of the Body." In *Classics of Orthopaedics*, 292–315. Edited by Edgar Bick. Philadelphia: Lippincott, 1976.

Reynolds, Gretchen. "How Our Bones Might Help Keep Our Weight in Check." *New York Times*, January 17, 2018. Accessed September 21, 2019. https://www.nytimes.com/2018/01/17/well/move/how-our-bones-might-help-keep-our-weight-stable.html

Shine, Richard, and Eric Charnov. "Patterns of Survival, Growth, and Maturation in Snakes and Lizards." *American Naturalist* 139, no. 6 (1992): 1257~1269.

Tiesler, Vera. "Studying Cranial Vault Modifications in Ancient Moamerica." *Journal of Anthropological Sciences* 90 (2012): 33~58.

Trinkaus, Erik. "Artificial Cranial Deformation in the Shanidar 1 and 5 Neandertals." *Current Anthropology* 23, no. 2 (1982): 198~199.

3장 뼈가 부러질 때

Amstutz, Harlan, Eric Johnson, Gerald Finerman, Roy Meals, John Moreland, William Kim, and Marshall Urist. "New Advances in Bone Research." *Western Journal of Medicine* 141, no. 1 (1984): 71~87.

Court-Brown, Charles, James Heckman, Margaret McQueen, William Ricci, Paul Tornetta III, and Michael McKee, eds. *Rockwood and Green's Fractures in Adults*. 8th ed. Philadelphia: Lippincott Williams & Wilkins/Wolters Kluwer Health, 2015.

Flynn, John, David Skaggs, and Peter Waters, eds. *Rockwood and Wilkins' Fractures in Children*. 8th ed. Philadelphia: Lippincott Williams & Wilkins/Wolters Kluwer Health, 2015.

Jones, Robert. "An Orthopaedic View of the Treatment of Fractures." In *Classics of Orthopaedics*, 348~360. Edited by Edgar Bick. Philadelphia: Lippincott, 1976.

Miller, Timothy, and Christopher Kaeding, eds. *Stress Fractures in Athletes: Diagnosis and Management*. Cham, Switzerland: Springer, 2014.

Peltier, Leonard. *Fractures. A History and Iconography of Their Treatment*. San Francisco: Norman Publishing, 1990.

Thomas, Hugh. "Diseases of the Hip, Knee and Ankle Joint with Their Deformities Treated by a New and Efficient Method." In *Classics of Orthopaedics*, 469~474. Edited by Edgar Bick. Philadelphia: Lippincott, 1976.

4장 다양한 뼈 질환과 치료법

"Abaloparatide (Tymlos) for Postmenopausal Osteoporosis." *The Medical Letter on Drugs and Therapeutics* 59, issue 1523 (2017): 97~98.

Aegeter, Ernest, and John Kirkpatrick Jr. *Orthopedic Diseases: Physiology, Pathology, Radiology*. Philadelphia: W. B. Saunders, 1975.

Blount, Walter, and George Clarke. "Control of Bone Growth by Epiphyseal Stapling. A Preliminary Report." *Journal of Bone and Joint Surgery* 31A, no. 3 (1949): 464~478.

Doherty, Alison, Cameron Ghalambor, and Seth Donahue. "Evolutionary Physiology of Bone: Bone Metabolism in Changing Environments." *Physiology* 30, no. 1 (2015): 17~29.

Doherty, Alison, Danielle Roteliuk, Sara Gookin, Ashley McGrew, Carolyn Broccardo, Keith Condon, Jessica Prenni, et al. "Exploring the Bone Proteome to Help Explain Altered Bone Remodeling and Preservation of Bone Architecture and Strength in Hibernating Marmots." *Physiological and Biochemical Zoology* 89, no. 5 (2016): 364~376.

Everett, E. T. "Fluoride's Effects on the Formation of Teeth and Bones, and the Influence of Genetics." *Journal of Dental Research* 90, no. 5 (2011): 552~560.

Freese, Barbara. *Coal: A Human History*. New York: Perseus, 2003.

Hillier S., H. Inskip, D. Coggon, and C. Cooper. "Water Fluoridation and Osteoporotic Fracture." *Community Dental Health*, Supplement 2 (1996): 63~68.

Kanavel, Allen. *Infections of the Hand. A Guide to the Surgical Treatment of Acute and Chronic Suppurative Processes in the Fingers, Hand, and Forearm*. Philadelphia: Lea and Febiger, 1912.

Kohlstadt, Ingrid, and Kenneth Cintron, eds. *Metabolic Therapies in Orthopedics*. 2nd ed. Boca Raton, FL: CRC Press, an imprint of Taylor and Francis Group, 2019.

McGee-Lawrence, Meghan, Patricia Buckendahl, Caren Carpenter, Kim Henriksen, Michael Vaughan, and Seth Donahue. "Suppressed Bone Remodeling in Black Bears Conserves Energy and Bone Mass during Hibernation." *Journal of Experimental Biology* 218 (2015): 2067~2074.

Meals, Roy. *The Hand Owner's Manual. A Hand Surgeon's Thirty-Year Collection of Important Information and Fascinating Facts*. College Station, TX: Virtualbookworm.com, 2008.

Meals, Roy, and Scott Mitchell. *One Hundred Orthopedic Conditions Every Doctor Should Understand*. 2nd ed. St. Louis, MO: Quality Medical Publishing, 2006.

Møller, P. Flemming, and Sk V. Gudjonsson. "Massive Fluorosis of Bones and Ligaments." *Acta Radiologica* 13, no. 3~4 (1932): 269~294.

Olson, Steven, and Farshi Guilak, eds. *Post-traumatic Arthritis: Pathogenesis, Diagnosis and Management*. New York: Springer, 2015.

Pandya, Nirav, Keith Baldwin, Atul Kamath, Dennis Wenger, and Harish Hosalkar. "Unexplained Fractures: Child Abuse or Bone Disease? A Systematic Review." *Clinical Orthopaedics and Related Research* 469, no. 3 (2011): 805~812.

Paschos, Nikolaos, and George Bentley, eds. *General Orthopaedics and Basic Science*. Cham, Switzerland: Springer, 2019.

Petrone, Pierpaolo, Michele Giordano, Stefano Giustino, and Fabio Guarino. "Enduring Fluoride Health Hazard for the Vesuvius Area Population: The Case of AD 79 Herculaneum." PLoS One (June 16, 2011). https://doi.org/10.1371/journal.pone.0021085

Phipps, Kathy, Eric Orwoll, Jill Mason, and Jane Cauley. "Community Water Fluoridation, Bone Mineral Density, and Fractures: Prospective Study of Effects in Older Women." *British Medical Journal* 321, no. 7255 (2000): 860~864.

Picci, Piero, Marco Manfrini, Nicola Fabbi, Marco Gammbarotti, and Daniel Vanel, eds. *Atlas of Musculoskeletal Tumors and Tumorlike Lesions: The Rizolli Case Archive*. Cham, Switzerland: Springer, 2015.

Prada, Diddier, Elena Colicino, Antonella Zanobetti, Joel Schwartz, Nicholas Dagincourt, Shona Fang, Itai Kloog, et al. "Association of Air Particulate Pollution with Bone Loss over Time and Bone Fracture Risk: Analysis of Data from Two Independent Studies." *Lancet Planetary Health* 1, no. 8 (2017): PE 337~E347.

Rozbruch, Robert, and Reggie Hamdy, eds. *Limb Lengthening and Reconstruction Surgery Case Atlas*. Cham, Switzerland: Springer, 2015.

Shapiro, Frederic. *Pediatric Orthopedic Deformities. Volume 1, Pathobiology and Treatment of Dysplasias, Physeal Fractures, Length Discrepancies, and Epiphyseal and Joint Disorders*. Cham, Switzerland: Springer, 2015.

Staheli, Lynn. *Fundamentals of Pediatric Orthopedics*. Philadelphia: Wolters Kluwer, 2016.

Taylor, Robert Tunstall. *Orthopaedic Surgery for Students and General Practitioners: Preliminary Considerations and Diseases of the Spine; 114 Original Illustrations*. Baltimore: Williams & Wilkins, 1907.

Whitney, William. Bulletin of the Warren Anatomical Museum, no. 1, *Pathological Anatomy, Bones, Joints, Synovial Membranes, Tendons*. Boston: Harvard Medical School, 1910.

Wojda, Samantha, Richard Gridley, Meghan McGee-Lawrence, Thomas Drummer, Ann

Hess, Franziska Kohl, Brian Barnes, and Seth Donahue. "Arctic Ground Squirrels Limit Bone Loss during the Prolonged Physical Inactivity Associated with Hibernation." *Physiological and Biochemical Zoology* 89, no. 1 (2016): 72~80.

5장 뼈 수술의 역사

Andry, Nicholas. *Orthopédie*. Paris: La Veuve Alix, 1741.

"A. T. Still: A Profile of the Founder of Osteopathy." Accessed September 25, 2019. https://web.archive.org/web/20120426232748/http://www.osteohome.com/SubPages/Still.html

Chambers, Caitlin, Stephanie Ihnow, Emily Monroe, and Linda Suleiman. "Women in Orthopaedic Surgery: Population Trends in Trainees and Practicing Surgeons." *Journal of Bone and Joint Surgery, American* 100, no. 17 (2018): e116.

Duncan, Gregory, and Roy Meals. "One Hundred Years of Automobile-Induced Orthopaedic Injuries." *Orthopedics* 18, no. 2 (1995): 165~170.

Dydra, Laura. "8 Orthopedic Surgeons Who Are Famous Outside of Orthopedics." Accessed October 3, 2019. https://www.beckersspine.com/spine-lists/item/24430-8-orthopedic-surgeons-who-are-famous-outside-of-orthopedics

Freedman, Eric, Marc Safran, and Roy Meals. "Automobile Air Bag-related Upper Extremity Injuries. A Report of Three Cases." *Journal of Trauma* 38, no. 4 (1995): 577~581.

Harness, Neil, and Roy Meals. "The History of Fracture Fixation of the Hand and Wrist." *Clinical Orthopaedics and Related Research* 445 (2006): 19~29.

Jones, Robert. "An Orthopaedic View of the Treatment of Fractures." *Clinical Orthopaedics and Related Research* 75 (March–April 1971): 4~16.

LeVay, David. *The History of Orthopaedics*. Carnforth, UK: Parthenon, 1990.

Lyons, Albert, and R. Joseph Petrucelli II. *Medicine. An Illustrated History*. New York: Harry N. Abrams, 1978.

Manjo, Guido. *The Healing Hand: Man and Wound in the Ancient World*. Cambridge, MA: Harvard University Press, 1975.

Meals, Clifton, and Roy Meals. "Hand Fractures: A Review of Current Treatment Strategies." *Journal of Hand Surgery, American* 38, no. 5 (2013): 1021~1031.

Meals, Roy. "Surgical Teaching vs. Surgical Learning." *Loyola University Orthopaedic Journal* 2 (1993): 35~38.

Meals, Roy. "Teaching Clinical Judgement. Teaching the Choice of Surgical Procedures in

the Treatment of Arthritis of the Hip." *British Journal of Medical Education* 7, no. 2 (1973): 100~102.
Meals, Roy, and Christof Meuli. "Carpenter's Nails, Phonograph Needles, Piano Wire and Safety Pins: The History of Operative Fixation of Metacarpal and Phalangeal Fractures." *Journal of Hand Surgery, American* 10, no. 1 (1985): 144~150.
Meals, Roy, and Hugh Watts. "Clinicians Teaching Orthopaedics: Effective Strategies." *Instructional Course Lectures* 47 (1997): 583~594.
Melchior, Julie, and Roy Meals. "The Journal Club and Its Role in Hand Surgery Education." *Journal of Hand Surgery, American* 23: no. 6 (1998): 972~976.
Paré, Ambroise. *The Apoligie and Treatise of Ambroise Paré Containing the Voyages Made into Divers Places with Many of His Writings Upon Surgery*. Edited by Geoffrey Keynes. New York: Dover Publications, 1968.
Peltier, Leonard. *Orthopedics. A History and Iconography*. San Francisco: Norman Publishing, 1993.
Singer, Charles. "Galen's Elementary Course on Bones." *Proceedings of the Royal Society of Medicine* 45, no. 11 (1952): 767~776.
Smith, G. Elliot. "The Most Ancient Splints." *British Medical Journal* 1, no. 2465 (March 28, 1908): 732~734.
Thomas, Hugh. *Diseases of the Hip, Knee and Ankle Joint with Their Deformities Treated by a New and Efficient Method*. 3rd ed. London: H. K. Lewis, 1878.
Yang, Paul, and Roy Meals. "How to Establish an Interactive eConference and eJournal Club." *Journal of Hand Surgery, American* 39, no. 1 (2014): 129~133.

6장 정형외과계의 여섯 거인들

American Academy of Orthopaedic Surgeons. "Arresting Development. Paul Harrington, MD." Accessed December 1, 2019. http://www.aaos75.org/stories/physician_story.htm?id=8
Bagnoli, Gianfanco. *The Ilizarov Method*. Philadelphia: B. C. Decker, 1990.
Born, Christopher, Tyler Pidgeon, and Gilbert Taglang. "75 Years of Contemporary Intramedullary Nailing." *Journal of Orthopaedic Trauma* 28, Supplement 8 (2014): S1~S2.
Brand, Richard. "Marshall R. Urist, 1914–2001." *Clinical Orthopaedics and Related Research* 467, no. 12 (2009): 3049~3050.
Charnley, John. "Arthroplasty of the Hip: A New Operation." In *Classics of Orthopaedics*,

447~451. Edited by Edgar Bick. Philadelphia: Lippincott, 1976.

Charnley, John. *Low Friction Arthroplasty of the Hip: Theory and Practice*. Berlin: Springer-Verlag, 1979.

Douglas, Martin. "Dr. Jacquelin Perry, Surgeon Who Aided Polio Victims, Dies at 94." New York Times. Accessed September 23, 2019. https://www.nytimes.com/2013/03/24/health/dr-jacquelin-perry-who-aided-polio-victims-dies-at-94.html

Elliot, Carol, and Joan Headley. "Paul Randall Harrington, MD." Polio Place. Accessed September 24, 2019. https://www.polioplace.org/people/paul-r-harrington-md

Festino, Jennifer. "Giants in Orthopaedic Surgery: Jacquelin Perry MD, DSc (Hon)." *Clinical Orthopaedics and Related Research* 472, no. 3 (2014): 796~801.

Finerman, Gerald. "Marshall R. Urist, MD, 1914–2001." *Journal of Bone and Joint Surgery, American* 83, no. 10 (2001): 1611.

Huggins, Charles. "The Formation of Bone under the Influence of Epithelium of the Urinary Tract." *Archives of Surgery*, 22, no. 3 (1931): 377~408.

Ilizarov, Svetlana. "The Ilizarov Method: History and Scope." In *Limb Lengthening and Reconstructive Surgery*. Edited by S. Robert Rozbruch and Svetlana Ilizarov. Boca Raton: CRC Press, 2007.

Jackson, John: "Father of the Modern Hip Replacement: Professor Sir John Charnley (1911–82)." *Journal of Medical Biography* 19, no. 4 (2011): 151~156.

Jackson, Robert. "A History of Arthroscopy." *Arthroscopy* 26, no. 1 (2010): 91~103.

Lindholm, Ralf. *The Bone-Nailing Surgeon G. B. G. Kuentscher and the Finns*. Oulu, Finland: University of Oulu, 1982.

Özyener, Fadil. "Gait Analysis: Normal and Pathological Function." *Journal of Sports Science and Medicine* 9, no. 2 (2010): 353.

Peltier, Leonard. Orthopedics. *A History and Iconography*. San Francisco: Norman Publishing, 1993.

Perry, Jacquelin. *Gait Analysis. Normal and Pathological Function*. Thorofare NJ: SLACK, 1992.

Reynolds L. A., and E. M. Tansey, eds. "Early Development of Total Hip Replacement." *Wellcome Witnesses to Twentieth Century Medicine*, 29 (2007): 1~167.

Ridlon, John, Hugh Thomas, and Robert Jones. *Lectures on Orthopedic Surgery*. Philadelphia: E. Stern, 1899.

Saxon, Wolfgang. "Dr. Marshall Raymond Urist, 85; Identified Bone-Mending Protein." *New York Times*. Accessed September 24, 2019. https://www.nytimes.com/2001/02/12/us/

dr-marshall-raymond-urist-85-identified-bone-mending -protein.html
"Spines of Steel." *Time* 76, no. 20 (1960): 56.
Watts, Geoff. "Jacquelin Perry." *Lancet* 381, no. 9876 (2013): 1454.
Whitman, Royal. *A Treatise on Orthopedic Surgery*. Philadelphia: Lea Brothers, 1903.

7장 정형외과계의 혁신들

Ackman, J., H. Altiok, A. Flanagan, M. Peer, A. Graf, J. Krzak, S. Hassani, et al. "Long-Term Follow-Up of Van Nes Rotationplasty in Patients with Congenital Proximal Focal Femoral Deficiency." *Bone and Joint Journal* 95B, no. 2 (2013): 192~198.
Bong, Matthew, Kenneth Koval, and Kenneth Egol. "The History of Intramedullary Nailing." *Bulletin of the NYU Hospital for Joint Diseases* 64, no. 3~4 (2006): 94~97.
Çakmak, Mehmet, Cengiz Şen, Levent Erlap Halik Balci, and Melih Civan. *Basic Techniques for Extremity Reconstruction: External Fixator Applications According to Ilizarov Principles*. Cham, Switzerland: Springer, 2018.
Dahman, Yaser. *Biomaterials Science and Technology: Fundamentals and Developments*. Boca Raton, FL: CRC Press, 2019.
Degryse, Patrick, David De Muynk, Steve Delporte, Sara Boyen, Laure Jadoul, Joan De Winne, Tatiana Ivaneanu, and Frank Vanhaecke. "Strontium Isotope Analysis as an Experimental Auxiliary Technique in Forensic Identification of Human Remains." *Analytical Methods* 4, no. 9 (2012): 2674~2679.
Hung, Ben, Bilal Naved, Ethan Nyberg, Miguel Dias, Christina Holmes, Jennifer Elisseeff, Amir Dorafshar, and Warren Grayson. "Three-Dimensional Printing of Bone Extracellular Matrix for Craniofacial Regeneration." *ACS Biomaterials Science & Engineering* 2, no. 10 (2016): 1806~1816.
Li, Bingyun, and Thomas Webster: *Orthopedic Biomaterials: Advances and Applications*. Cham, Switzerland: Springer, 2017.
Meals, Roy. "Thumb Reconstruction Following Major Loss. A Review of Treatment Alternatives." *Journal of Trauma* 28, no. 6 (1988): 746~750.
National Heart, Lung, and Blood Institute. "Bone Marrow Transplantation." Accessed September 24, 2019. https://medlineplus.gov/bonemarrowtransplantation.html
Petersen, Traci. "Facts about Strontium." Live Science. Accessed September 24, 2019. https://www.livescience.com/34522-strontium.html
Schoch, Bradley, Michael Hast, Samir Mehta, and Surena Namdari. "Not All Polyaxial Locking Screw Technologies Are Created Equal: A Systematic Review of the Literature."

Journal of Bone and Joint Surgery Reviews 6, no. 1 (2018): e6.
Wendell, Emely. "Why Strontium Is Not Advised for Bone Health." American Bone Health. Accessed December 1, 2019. https://americanbonehealth.org/medications-bone-health/why-strontium-is-not-advised-for-bone-health/
Wheeless, Cliford III. "Stress Shielding from Femoral Components." Accessed September 24, 2019. http://www.wheelessonline.com/ortho/stress_shielding_from_femoral_components
Wilson, June, and Larry Hench, eds. *Clinical Performance of Skeletal Prostheses*. Boca Raton, FL: Chapman and Hall, 1996.

8장 몸속 뼈를 보는 법

"Airport X Ray Scanners." Accessed September 22, 2019. https://www.radiationanswers.org/radiation-blog/airport_xray_scanners.html
Armstrong, April, and Mark Hubbard. *Essentials of Musculoskeletal Care*. Enhanced 5th ed. Burlington, MA: American Academy of Orthopaedic Surgeons, 2018.
Bradley, William. "History of Medical Imaging." *Proceedings of the American Philosophical Society* 152, no. 3 (2008): 349~361.
Chandra, Ramesh, and Arman Rahmin. *Nuclear Medicine Physics. The Basics*. 8th ed. Philadelphia: Lippincott Williams & Wilkins, 2017.
Cheselden, William. *Osteographia, or the Anatomy of the Bones*. London: W Bowyer, 1733.
Cope, Zachary. *William Cheselden 1688–1752*. Edinburgh: E & S Livingstone, 1953.
DeLint, J. G. *Atlas of the History of Medicine*. New York: Hoeber, 1926.
Elgazzar, Abdelhamid. *Orthopedic Nuclear Medicine*. 2nd ed. Berlin: Springer Verlag, 2004.
Glazar, Ed. "How Many Bones Did Evel Knievel Break?" Magic Valley. Accessed October 3, 2019. https://magicvalley.com/news/local/how-many-bones-did-evel-knievel-break/article_a64def32-2d63-11e4-bfc7-0019bb2963f4.html
Greenspan, Adam. *Orthopedic Imaging: A Practical Approach*. 6th ed. Philadelphia: Wolters Kluwer, 2015.
Helms, Clyde. *Fundamentals of Skeletal Radiology*. 5th ed. Amsterdam: Elsevier, 2019.
Illés, Tamás, and Szabolcs Somoskeöy. "The EOS™ Imaging System and Its Uses in Daily Orthopaedic Practice." International Orthopaedics 36, no. 7 (2012): 1325~1331.
Lin-Watson, TerriAnn. *Radiographic Pathology*. 2nd ed. Philadelphia: Lippincott Williams & Wilkins: 2014.
Love, Charito, Anabella Din, Maria Tomas, Tomy Kalapparambath, and Christopher

Palestro. "Radionuclide Bone Imaging: An Illustrative Review." *Radiographics* 23, no. 2 (2003): 341~358.

Malakhova, Olga. "Nikolay Ivanovich Pirogoff (1810–1881)." *Clinical Anatomy* 17, no. 5 (2004): 369~372.

Meals, Roy, and J. Michael Kabo. "Computerized Anatomy Instruction." *Clinics in Plastic Surgery* 13, no. 3 (1986): 379~388.

Meals, Roy, and Leanne Seeger. *An Atlas of Forearm and Hand Cross-sectional Anatomy with Computed Tomography and Resonance Imaging Correlation*. London: Martin Dunitz, 1991.

Neher, Allister. "The Truth about Our Bones: William Cheselden's *Osteographia*." *Medical History* 54, no. 4 (2010): 517~528.

Peterson, Jeffrey. *Berquist's Musculoskeletal Imaging Companion*. 3rd ed. Phladelphia: Lippincott Williams & Wilkins, 2017.

Pirogov, Nikolai. *An Illustrated Topographic Anatomy of Saw Cuts Made in Three Dimensions across the Frozen Human Body (Atlas, Part 4) (Anatome topographica: sectionibus per corpus humanum congelatum: triplici directione ductis illustrata)*. St. Petersburg: Typis Jacobi Trey, 1852~1859.

"Radiation Doses in X-Ray and CT Exams." Accessed October 1, 2019. https://www.radiologyinfo.org/en/pdf/safety-xray.pdf

"Radiation Risk from Medical Imaging." Accessed October 1, 2019. https://www.health.harvard.edu/cancer/radiation-risk-from-medical-imaging

Rifkin, Benjamin, Michael Ackerman, and Judith Folkenberg. *Human Anatomy: Depicting the Body from the Renaissance to Today*. London: Thames and Hudson, 2006.

Röntgen, William. "Ueber eine neue Art von Strahlen. (On a New Kind of Rays.)" In *Classics of Orthopaedics*. Edited by Edgar Bick, 278~284. Philadelphia: Lippincott, 1976.

"Safety for Security Screening Using Devices That Expose Individuals to Ionizing Radiation." Accessed September 25, 2019. http://hps.org/publicinformation/ate/faqs/backscatterfaq.html

Sanders, Mark. "Historical Perspective: William Cheselden: Anatomist, Surgeon, and Medical Illustrator." *Spine* 24, no. 21 (1999): 2282~2289.

Schultz, Kathryn, and Jennifer Wolf. "Emerging Technologies in Osteoporosis Diagnosis." *Journal of Hand Surgery, American* 44, no. 3 (2019): 240~243.

Shin, Eon, and Roy Meals. "The Historical Importance of the Hand in Advancing the Study of Human Anatomy." *Journal of Hand Surgery, American* 30, no. 2 (2005):

209~221.
Tehranzadeh, Jamshid. *Basic Musculoskeletal Imaging*. New York: McGraw-Hill Education, 2013.
Thomas, K. Bryn. "The Great Anatomical Atlases." *Proceedings of the Royal Society of Medicine* 67, no. 3 (1974): 223~232.
Webb, W. Richard, William Brant, and Nancy Major. *Fundamentals of Body CT*. 5th ed. Philadelphia: Elsevier, 2019.
Woodward, Paula. *Imaging Anatomy Ultrasound*. 2nd ed. Philadelphia: Elsevier, 2018.
Xing, Lida, Michael Caldwell, Rui Chen, Randall Nydam, Alessandro Palci, Tiago Simoes, and Ryan McLellar. "A Mid-Cretaceous Embryonic-to-Neonate Snake in Amber from Myanmar." *Science Advances* 4, no. 7 (2018): eaat5042.

9장 숨겨진 뼈의 미래

Antoniac, Julian, ed. *Bioceramics and Biocomposites: From Research to Clinical Practice*. Hoboken: John Wiley and Sons, 2019.
Ding, Zhen, Chao Yuan, Xirui Peng, Tiejun Wang, Jerry Qu, and Martin Dunn. "Direct 4D Printing via Active Composite Materials." *Science Advances* 3, no. 4 (2017): e1602890.
Inimuddin, Abdullah Asiri, and Ali Mohammad, eds. *Applications of Nanocomposite Materials in Orthopedics*. Duxford, UK: Woodhead Printing, 2019.
Kang, Hyun-Wook, Sang Jin Lee, In Kap Ko, Carlow Kengla, James Yoo, and Anthony Atala. "A 3D Bioprinting System to Produce Human-Scale Tissue Constructs with Structural Integrity." *Nature Biotechnology* 34, no. 3 (2016): 312~319.
Li, Bingyun, and Thomas Webster, eds. *Orthopedic Biomaterials: Progress in Biology, Manufacturing, and Industry Perspectives*. Cham, Switzerland: Springer, 2018.
Liu, Huinan, ed. *Nanocomposites for Musculoskeletal Tissue Regeneration*. Duxford, UK: Woodhead Publishing, 2016.
Maniruzzaman, Mohammed, ed. *3D and 4D Printing in Biomedical Applications: Process Engineering and Additive Manufacturing*. Weinheim, Germany: WileyVCH, 2019.
Meals, Roy. "A Vision of Hand Surgery over the Next 25 Years." *Journal of Hand Surgery, American* 26, no. 1 (2001): 3~7.
Scudera, Giles, and Alfred Tria, eds. *Minimally Invasive Surgery in Orthopedics*. 2nd ed. Berlin: Springer Verlag, 2019.
Zheng, Guoyan, Wei Tian, and Xiahai Zhuang, eds. *Intelligent Orthopaedics: Artificial Intelligence and Smart Image-Guided Technology for Orthopaedics*. Singapore: Springer,

2018.

10장 홀로 남은 뼈

Arnaud, G., S. Arnaud, A. Ascenzia, E. Bonucci, and G. Graziani. "On the Problem of Preservation of Human Bone in Sea-Water." *Journal of Human Evolution* 7, no. 5 (1978): 409~414.

Bennike, Pia. "The Early Neolithic Danish Bog Finds: A Strange Group of People!" In *Bog Bodies, Sacred Sites and Wetland Archaeology*, 27~32. Edited by Bryony Coles, John Coles, and Mogens Jorgensen. Exeter, UK: University of Exeter, 1999.

Briggs, C. S. "Did They Fall or Were They Pushed? Some Unresolved Questions about Bog Bodies." In *Bog Bodies: New Discoveries and New Perspectives*, 168~182. Edited by R. C. Turner and R. G. Scaife. London: British Museum Press, 1995.

Callaway, Ewen. "Skeleton Plundered from Mexican Cave Was One of the Americas' Oldest." *Nature* 549, no. 7670 (2017): 14~15.

Capasso, Luigi. "Herculaneum Victims of the Volcanic Eruptions of Vesuvius in 79 AD." *Lancet* 356, no. 9238 (2000): 1344~1346.

Chamberlain, Andrew, and Michael Pearson. *Earthly Remains, The History and Science of Preserved Human Bodies*. London: British Museum Press, 2001.

Chatters, James, Douglas Kennett, Yemane Asmerom, Brian Kemp, Victor Polyak, Alberto Blank, Patricia Beddows, et al. "Late Pleistocene Human Skeleton and mtDNA Link Paleoamericans and Modern Native Americans." *Science* 344, no. 6185 (2014): 750~754.

Fischer, Christian. "Bog Bodies of Denmark and North-West Europe." In *Mummies, Disease & Ancient Cultures*, 237~262. 2nd ed. Edited by Aidan Cockburn, Eve Cockburn, and Theodore Reyman. Cambridge, UK: Cambridge University Press, 1998.

Hodges, Glen. "Most Complete Ice Age Skeleton Helps Solve Mystery of First Americans." *National Geographic*. Accessed September 22, 2019. https://www.nationalgeographic.com/news/2014/5/140515-skeleton-ice-age-mexico-cave-hoyo-negro-archaeology/

Kappelman, John, Richard Ketcham, Stephen Pearce, Lawrence Todd, Wiley Akins, Matthew Colbert, Mulugeta Feseha, Jessica Maisano, and Adrienne Witzel. "Perimortem Fractures in Lucy Suggest Mortality from Fall Out of Tree." *Nature* 537, no. 7621 (2016): 503~507.

Lahr, M. Mirazon, F. Rivera, R. Power, A. Mounier, B. Copsey, F. Crivellaro, et al. "Inter-Group Violence among Early Holocene Hunter-Gatherers of West Turkana, Kenya." *Nature* 529, no. 7586 (2016): 394~398.

Lanham, Url. *The Bone Hunters: The Heroic Age of Paleontology in the American West.* Mineola, NY: Dover, 2011.

LePage, Michael. "Bird Caught in Amber 100 Million Years Ago Is Best Ever Found." New Scientist. Accessed September 22, 2019. https://www.newscientist.com/article/2133981-bird-caught-in-amber-100-million-years-ago-is-best-ever -found/

Levine, Joshua. "Europe's Famed Bog Bodies Are Starting to Reveal Their Secrets." *Smithsonian Magazine*. Accessed September 22, 2019. https://www.smithsonianmag.com/science-nature/europe-bog-bodies-reveal-secrets-180962770/

Lyman, R. Lee. *Vertebrate Taphonomy*. Cambridge, UK: Cambridge University Press, 1994.

Mastrolorenzo, Guiseppe, Pier Petrone, Mario Pagano, Alberto Incoronato, Peter Baxter, Antonio Canzanella, and Luciano Fattore. "Herculaneum Victims of Vesuvius in AD 79." *Nature* 410 (2001): 769~770.

Petrone, Pierpaolo, Piero Pucci, Alessandro Vergara, Angela Amoresano, Leila Birolo, Francesca Pane, Francesco Sirano, et al. "A Hypothesis of Sudden Body Fluid Vaporization in the 79 AD Victims of Vesuvius." *PLoS One* 13, no. 9 (2018): e0203210, 1~27.

Pickering, Travis, and Kristian Carlson. "Baboon Taphonomy and Its Relevance to the Investigation of Large Felid Involvement in Human Forensic Cases." *Forensic Science International* 11, no. 1 (2004): 37~44.

Raymunt, Monica. "Down on the Body Farm: Inside the Dirty World of Forensic Science." *The Atlantic*. Accessed September 22, 2019. https://www.theatlantic.com/technology/archive/2010/12/down-on-the-body-farm-inside-the-dirty-world-of-forensic-science/67241/

Ritche, Carson. *Bone and Horn Carving, A Pictorial History*. South Brunswick, NJ: A. S. Barnes, 1975.

Roberts, David. *Limits of the Known*. New York: W. W. Norton, 2018.

Sarvesvaran, R., and Bernard Knight. "The Examination of Skeletal Remains." *Malaysian Journal of Pathology* 16, no. 2 (1994): 117~126.

Sherratt, Emma, Maria Castaneda, Russell Garwood, D. Luke Mahler, Thomas Sanger, Anthony Herrel, Kevin de Queiroz, and Jonathan Losos. "Amber Fossils Demonstrate Deep-Time Stability of Caribbean Lizard Communities." *Proceedings of the National Academy of Sciences USA* 112, no. 32 (2015): 9961~9966.

University of Heidelberg. "Human Bones in South Mexico: Stalagmite Reveals Their

Age as 13,000 Years Old: Researchers Date Prehistoric Skeleton Found in Cave in Yucatán." Science Daily. Accessed September 22, 2019. https://www.sciencedaily.com/releases/2017/08/170831131259.htm

Wilford, John. "Mammal Bones Found in Amber for First Time." *New York Times*. Accessed September 22, 2019. https://www.nytimes.com/1996/04/16/science/mammal-bones-found-in-amber-for-first-time.html

Xing, Lida, Michael Caldwell, Rui Chen, Randall Nydam, Alessandro Palci, Tiago Simoes, Ryan McKellar, et al. "A mid-Cretaceous Embryonic-to-Neonate Snake in Amber from Myanmar." *Science Advances* 4, no. 7 (2018): eaat 5042, 1~8.

Xing, Lida, Edward Stanley, Bai Ming, and David Blackburn. "The Earliest Direct Evidence of Frogs in Wet Tropical Forests from Cretaceous Burmese Amber." *Scientific Reports* 8, no. 8770 (2018): 1~8.

11장 존경받는 뼈

Brenner, Erich. "Human Body Preservation—Old and New Techniques." *Journal of Anatomy* 2014, no. 3 (2014): 316~344.

Chinese Buddhist Encyclopedia. "The Practices and Rituals of Tibetan Kapala Skull Caps." Accessed September 22, 2019. http://www.chinabuddhismencyclopedia.com/en/index.php?title=The_practices_and_rituals_of_Tibetan_Kapala_skull_caps

Chou, Hung-Hsiang. *Oracle Bone Collections in the United States*. Berkeley: University of California Press, 1976.

clutterbuck12. "Wesley Figures See the Light!" Accessed September 22, 2019. https://rylandscollections.wordpress.com/2014/10/13/wesley-figures-see-the-light/

Dean, Carolina. "Traditional Bone Reading with Chicken Bones." Carolina Conjure. Accessed September 22, 2019. https://www.carolinaconjure.com/traditional-bone-reading.html

Dhwty. "The Origins of Voodoo, the Misunderstood Religion." Ancient Origins. Accessed September 22, 2019. https://www.ancient-origins.net/history-ancient-traditions/origins-voodoo-misunderstood-religion-002933

Dibble, Harold, Vera Aldeias, Paul Goldberg, Shannon McPherron, Dennis Sandgathe, and Teresa Steele. "A Critical Look at Evidence from La Chapelle-auxSaints Supporting an Intentional Neanderthal Burial." *Journal of Archaeological Science* 53, no. 1 (2015): 649~657.

Doughty, Caitlin. *From Here to Eternity. Traveling the World to Find a Good Death*. New

York: W. W. Norton, 2017.
entheology.org. "The Taino World." Accessed September 22, 2019. http://www.entheology.org/edoto/anmviewer.asp?a=140
Ferlisi, Ani. "Bone Deep with Meaning: History and Symbolism of the Calvera." Accessed September 22, 2019. https://blog.alexandani.com/history-and-symbolism-of-the-calavera/
Gaudette, Emily. "What Is the Day of the Dead? How to Celebrate Dia de los Muertos without Being Offensive." Newsweek. Accessed September 22, 2019. https://www.newsweek.com/day-dead-dia-de-los-muertos-sugar-skulls-696811
Handa, O. C. *Buddhist Monasteries of Himachal*. New Delhi: Indus Publishing Company, 2005.
Hessler, Peter. *Oracle Bones: A Journey between China's Past and Present*. New York: HarperCollins, 2006.
Hunt, Katie. "Hanging Coffins: China's Mysterious Sky Graveyards." CNN. Accessed September 22, 2019. https://www.cnn.com/travel/article/china-hanging-coffins/index.html
Johnston, Franklin. *The Lost Field Notes of Franklin R. Johnston's Life and Work Among the American Indians*. St. Louis: First Glance Books, 1997.
Koudounaris, Paul. *The Empire of Death. A Cultural History of Ossuaries and Charnel Houses*. London: Thames and Hudson, 2011.
Koudounaris, Paul. *Heavenly Bodies. Cult Treasures and Spectacular Saints from the Catacombs*. London: Thames and Hudson, 2013.
Koudounaris, Paul. *Memento Mori. The Dead among Us*. London: Thames and Hudson, 2015.
Lasseteria. "Pointing the Bone." Accessed September 22, 2019. http://www.lasseteria.com/CYCLOPEDIA/215.htm
Lieberman, Philip. *Uniquely Human: The Evolution of Speech, Thought, and Selfless Behavior*. Cambridge, MA: Harvard University Press, 1991.
Lipke, Ian. "Curses and Cures: Superstitions." Unusual Historicals. Accessed September 22, 2019. http://unusualhistoricals.blogspot.com/2014/11/curses-and-cures-superstitions.html
Loseries-Leick, Andrea. *Tibetan Mahayoga Tantra: An Ethno-Historical Study of Skulls, Bones, and Relics*. Dehli: B. R. Publishing, 2008.
Madison, Paige. "Who First Buried the Dead?" Aeon. Accessed September 22, 2019.

https://aeon.co/essays/why-we-should-bury-the-idea-that-human-rituals-are-unique

Metropolitan Museum of Art. “Rkangling.” Accessed September 22, 2019. https://www.metmuseum.org/art/collection/search/505032?&searchField=All&sortBy=Relevance&ft=bone+trumpet&offset=0&rpp=80&pos=24

Murphy, Eileen, ed. *Deviant Burial in the Archaeological Record*. Oxford, UK: Oxbow Press, 2008.

mysafetysign.com. “History of the Skull & Crossbones and Poison Symbol.” Accessed September 22, 2019. https://www.mysafetysign.com/poison-symbol–history

NaNations. “Tree and Scaffold Burial.” Accessed September 22, 2019. http://www.nanations.com/burialcustoms/scaffold_burial.htm

Romey, Kristin. “Ancient Shark Fishermen Found Buried with Extra Limbs.” *National Geographic*. Accessed September 22, 2019. https://www.nationalgeographic.com/news/2018/04/peru-viru-ancient-shark-fishermen-archaeology/

Shafik, Vervat, Ashraf Selim, Isam Seikh, and Zahi Hawass. “Computed Tomography of King Tut-Ankh-Amen.” The Ambassadors. Accessed September 22, 2019. https://ambassadors.net/archives/issue23/selectedstudy3.htm

Spiegel. “Roll Over Dracula: ‘Vampire Cemetery’ Found in Poland.” ABC News. Accessed September 22, 2019. https://abcnews.go.com/International/roll-dracula-vampire-cemetery-found-poland/story?id=19739673

Surname Database. “Last Name: Brisbane.” Accessed September 22, 2019. http://www.surnamedb.com/Surname/Brisbane

Taino Museum. “Double Vomiting Stick Made of Bone.” Accessed September 22, 2019. https://tainomuseum.org/portfolio-view/double-vomiting-stick-made-bone/

Tayanin, Damrong. “Divination by Chicken Bones. A Tradition among the Kammu in Northern Lao People’s Democratic Republic.” Accessed September 22, 2019. https://person2.sol.lu.se/DamrongTayanin/divination.html

Trimble, Marshall. “An Old Photograph Depicts an Indian Burial Scaffold with a Dead Horse in the Foreground. Was That Normal?” True West. Accessed September 21, 2019. https://truewestmagazine.com/an-old-photograph-depicts-an -indian-burial-scaffold-with-a-dead-horse-in-the-foreground-was-that-normal/

University of Cambridge. “World First as 3,000-Year-Old Chinese Oracle Bones Go 3D.” Accessed September 22, 2019. https://www.cam.ac.uk/research/news/world-first-as-3000-year-old-chinese-oracle-bones-go-3d

Vatican. “Catacombs of Rome.” Accessed September 22, 2019. http://www.vatican.va/

roman_curia/pontifical_commissions/archeo/inglese/documents/rc_com_archeo_doc_20011010_catacroma_en.html
wikipedia.com. "Totenkopf." Accessed September 22, 2019. https://en.wikipedia.org/wiki/Totenkopf
Zimmerman, Fritz. "Native American Burials: Trees and Scaffolds Illustrated." Accessed September 22, 2019. https://americanindianshistory.blogspot.com/2011/07/native-american-burials-trees-and.html

12장 가르치는 뼈

Alden, Andrew. "Potassium-Argon Dating Methods." Accessed September 22, 2019. https://www.thoughtco.com/potassium-argon-dating-methods-1440803 Bahn, Paul, ed. *The Archaeology Detectives*. Pleasantville, NY: Reader's Digest, 2001.
Bello, Silvia, Rosalind Wallduck, Simon Parfitt, and Chris Stringer. "An Upper Palaeolithic Engraved Human Bone Associated with Ritualistic Cannibalism." *PLoS One* 12, no. 8 (2017): e0182127, 1~18.
Bryson, Bill. *A Short History of Nearly Everything*. New York: Broadway Books, 2003.
Dirkmaat, Dennis, and Luis L. Cabo. "Forensic Anthropology: Embracing the New Paradigm." In *A Companion to Forensic Anthropology*, 3–40. Edited by Dennis Dirkmaat. Malden, MA: Wiley-Blackwell, 2012.
Gibbons, Ann. "The Human Family's Earliest Ancestors." *Smithsonian Magazine*. Accessed September 23, 2019. https://www.smithsonianmag.com/science-nature/the-human-familys-earliest-ancestors-7372974/
Goodrum, Matthew, and Cora Olson. "The Quest for an Absolute Chronology in Human Prehistory: Anthropologists, Chemists and the Fluorine Dating Method in Paleoanthropology." *British Journal of the History of Science* 42, no. 1 (2009): 95~114.
Gould, Stephen. *The Mismeasure of Man*. New York: W. W. Norton, 1996.
Gresky, Julia, Juliane Haelm, and Lee Clare. "Modified Human Crania from Göbekli Tepe Provide Evidence for a New Form of Neolithic Skull Cult." *Science Advances* 3, no. 6 (2017): e1700564, 1~10.
Harrison, Simon. "Bones in the Rebel Lady's Boudoir: Ethnology, Race and TrophyHunting in the American Civil War." *Journal of Material Culture* 15, no. 4 (2010): 385~401.
Haslam, Michael, ed. *Archaeological Science Under a Microscope. Studies in Ancient Residue and Ancient DNA Analysis in Honour of Thomas H. Loy*. Canberra: ANU Press, 2009.
Henke, Winfried, and Ian Tattersall. *Handbook of Paleoanthropology*. Berlin: Springer-

Verlag, 2007.
Hirst, Kris. "Archaeological Dating: Stratigraphy and Seriation." Accessed September 22, 2019. https://www.thoughtco.com/archaeological-dating-stratigraphy -and-seriation-167119
Hirst, Kris. "Midden: An Archaeological Garbage Dump." Accessed September 22, 2019. https://www.thoughtco.com/midden-an-archaeological-garbage-dump-171806
Kappelman, John, Richard Ketcham, Stephen Pearce, Lawrence Todd, Wiley Akins, Matthew Colbert, Mulugeta Feseha, Jessica Maisano, and Adrienne Witzel. "Perimortum Fractures in Lucy Suggest Mortality from Fall Out of a Tree." *Nature* 537, no. 7621 (2016): 503~507.
Kilgrove, Kristina. "Is That Skeleton Gay? The Problem With Projecting Modern Ideas onto the Past." Forbes. Accessed September 23, 2019. https://www.forbes.com/sites/kristinakillgrove/2017/04/08/is-that-skeleton-gay-the-problem-with -projecting-modern-ideas-onto-the-past/#598db1ef30e7
Lanham, Uri. The Bone Hunters. New York: Columbia University Press, 1973. Mays, Simon. *The Archaeology of Human Bones*. 2nd ed. London: Routledge, 2010.
McNish, James. "Carved Bone Reveals Rituals of Prehistoric Cannibals." Natural History Museum. Accessed September 22, 2019. https://www.nhm.ac.uk/discover/news/2017/august/carved-bone-reveals-rituals-of-prehistoric–cannibals.html
Meyer, Christian, Christian Lohr, Detlef Gronenborn, and Kurt Alt. "The Massacre Mass Grave of Schöneck-Kilianstädten Reveals New Insights into Collective Violence in Early Neolithic Central Europe." *Proceedings of the National Academy of Sciences USA* 112, no. 36 (2015): 11217~11222.
Price, Michael. "Study Reveals Culprit Behind Piltdown Man, One of Science's Most Famous Hoaxes." Science Magazine. Accessed September 23, 2019. https://www.sciencemag.org/news/2016/08/study-reveals-culprit-behind-piltdown-man-one-science-s-most-famous-hoaxes
Price, T. Douglas, Robert Frei, Ute Brinker, Gundula Lidke, Thomas Terberger, Karin Frei, and Detlef Jantzen. "Multi-Isotope Proviencing of Human Remains from a Bronze Age Battlefield in the Tollense Valley in Northeast Germany." *Archaeological and Anthropological Sciences* 11, no. 1 (2019): 33~49.
Pyne, Lydia. *Seven Skeletons. The Evolution of the World's Most Famous Human Fossils*. New York: Viking, 2016.
Redman, Samuel. *Bone Rooms: From Scientific Racism to Human Prehistory in Museums*.

Cambridge, MA: Harvard University Press, 2016.

Richter, Daniel, Rainer Gruen, Renaud Joannes-Boyau, Teresa Steel, Fethi Amani, Mathiew Rue, Paul Fernandes, et al. "The Age of the Hominin Fossils from Jebel Irhoud, Morocco, and the Origins of the Middle Stone Age." *Nature* 546 (2017): 293~296.

Russell, Miles. *The Piltdown Man Hoax. Case Closed*. Stroud, UK: History Press, 2012.

Shorto, Russell. *Descartes' Bones. A Skeletal History of the Conflict Between Faith and Reason*. New York: Vintage, 2008.

Swisher, C. III, Garniss Curtis, and Roger Lewin. *How Two Geologists' Dramatic Discoveries Changed Our Understanding of the Evolutionary Path to Modern Humans*. New York: Scribner, 2000.

Trinkhaus, Erik, and Pat Shipman. *The Neanterthals: Changing the Image of Mankind*. New York: Knopf, 1993.

UC Museum of Paleontology. "Othneil Charles Marsh." Accessed September 22, 2019. https://ucmp.berkeley.edu/history/marsh.html

Von Koenigswald, Gustav. *Meeting Prehistoric Man*. Translated by Michael Bullock. New York: Harper, 1956.

Walker, Alan, and Pat Shipman. *The Wisdom of the Bones, in Search of Human Origins*. New York: Vintage, 1997.

Wesch, Michael. *The Art of Being Human: A Textbook for Cultural Anthropology*. Manhattan, KS: New Prairie Press, 2018.

Winchester, Simon. *Skulls. An Exploration of Alan Dudley's Curious Collection*. New York: Black Dog and Leventhal, 2012.

Zupancich, Andrea, Stella Nunziante-Cesaro, Ruth Blasco, Jordi Rosell, Emanuella Cristiani, Flava Vendetti, Cristina Lemorini, Ran Barkai, and Avi Gopher. "Early Evidence of Stone Tool Use in Bone Working Activities at Qesem Cave, Israel." *Scientific Reports* 6, no. 37686 (2016): 1~7.

13장 뼈의 비즈니스

Barnett, LeRoy. "How Buffalo Bones Became Big Business." *North Dakota History* 39, no. 1 (1972): 20~24.

Ewers, John C. "Hair Pipes in Plains Indian Adornment: A Study in Indian and White Ingenuity." *Bulletin / Smithsonian Institution, Bureau of American Ethnology* no. 164. Anthropological Papers no. 50 (1957): 29~85.

Frugoni, Chiara. *Books, Banks, Buttons, and Other Inventions from the Middle Ages*. New

York: Columbia University Press, 2003.
Lessem, Don. "Don't Believe the Anti-Government Tale Spun by This New Dinosaur Documentary." Slate. Accessed September 23, 2019. https://slate.com/ culture/2014/08/dinosaur-13-review-movie-about-peter-larson-spins-a-bogus-tale.html
"Minot North Dakota and the Buffalo Bone Trade." *North Dakota History* 39, no. 1 (1972): 23~42.
Mould, Quita, Ian Carliske, and Esther Cameron. *Craft, Industry and Everyday Life: Leather and Leatherworking in Anglo-Scandinavian and Medieval York*. Micklegate, UK: York Archaeological Trust, 2004.
Rare Historical Photos. "Bison Skulls to Be Used for Fertilizer, 1870." Accessed September 25, 2019. https://rarehistoricalphotos.com/bison-skulls-pile-used-fertilizer-1870/
Ritche, Carson. *Bone and Horn Carving, A Pictorial History*. South Brunswick, NJ: A. S. Barnes, 1975.
Smith, Stacy Vanek, host. "Planet Money, Episode 660: The T-Rex in My Backyard." NPR. Accessed September 23, 2019. https://www.npr.org/sections/ money/2015/10/30/453257199/the-t-rex-in-my-backyard
Tomasi, Michele. *La Botegga degli Embriachi*. Florence, Italy: The National Museum of the Bargello, 2001.
Williamson, Paul. *Medieval Ivory Carvings: 1200–1550*. London: V & A Publishing, 2014.

14장 가정용 뼈

Bahn, Paul, ed. *The Archaeology Detectives*. Pleasantville, NY: Reader's Digest, 2001.
Bandi, Hans-Georg. "A Yupiget (St. Lawrence Island Yupik) Figurine as a Historical Record." *Alaska Journal Anthropology* 4, no. 1–2 (2006): 148~154.
Bunn, Henry, and Alia Gurtov. "Prey Mortality Profiles Indicate That Early Pleistocene Homo at Olduvai Was an Ambush Predator." *Quaternary International* 322~323 (2014): 44~53.
Corbett, Debra. "Two Chiefs' Houses from the Western Aleutian Islands." *Arctic Anthropology* 48, no. 2 (2011): 3~16.
Dawson, Peter. "Interpreting Variability in Thule Inuit Architecture: A Case Study from the Canadian High Arctic." *American Antiquity* 66, no. 3 (2001): 453~470.
Dominy, Nathaniel, Samuel Mills, Christopher Yakacki, Paul Roscoe, and Dana Carpenter. "New Guinea Bone Daggers Were Engineered to Preserve Social Prestige." *Royal Society Open Science* 5, no. 172067 (2018): 1~12.

Ferraro, Joseph, Thomas Plummer, Briana Pobiner, James Oliver, Laura Bishop, David Braun, Peter Ditchfield, et al. "Earliest Archaeological Evidence of Persistent Hominin Carnivory." *PLoS One* 8, no. 4 (2013): e62174, 1~10.

Geggel, Laura. "Iron Age People in Scotland Really Knew How to Party, Ancient Trash Heap Reveals." Live Science. Accessed September 23, 2019. https://www.livescience.com/62138-iron-age-meat-feast-with-jewelry.html

Hirst, Kris. "Arctic Architecture—Paleo-Eskimo and Neo-Eskimo Houses." Accessed September 23, 2019. https://www.thoughtco.com/paleo-and-neo-eskimo-houses-169871?utm_source=pinterest&utm_medium=social&utm_campaign=mobilesharebutton2

Hirst, Kris. "Midden: An Archaeological Garbage Dump." Accessed September 23, 2019. https://www.thoughtco.com/midden-an-archaeological-garbage-dump-171806

Jeater, Meriel. "How Did Medieval Londoners Celebrate Christmas?" Museum of London. Accessed September 23, 2019. https://www.museumoflondon.org.uk/discover/how-did-medieval-londoners-celebrate-christmas

Jones, Fancesca, Lauren Gilmour, and Martin Henig. *Treasures of Oxfordshire*. Oxford, UK: Friends of Archives, Museums and Oxfordshire Studies, 2004.

Klopfer, J. E. "The Nutmeg Grater: A Kitchen Collectible, and So Much More." *Journal of Antiques and Collectibles*. Accessed September 23, 2019. http://journalofantiques.com/features/nutmeg-grater-kitchen-collectible-much/

Lowe, Stephanie. "The World's Oldest Building: The Fossil Cabin at Como Bluff." Accessed September 23, 2019. https://www.wyohistory.org/encyclopedia/fossil-cabin

MacGregor, Arthur. *Bone, Antler, Ivory and Horn. The Technology of Skeletal Materials Since the Roman Period*. New York: Routledge, 2015.

MacGregor, Elizabeth. *Craft, Industry and Everyday Life: Bone, Antler, Ivory and Horn from Anglo-Scandinavian and Medieval York*. Micklegate, UK: Council for British Archaeology, 1999.

Magnusson, Halldor. "Cannon Bones: The Dark Age Boneworker's Best Source." Halldor the Viking. Accessed September 23, 2019. https://halldorviking.wordpress.com/2013/04/03/cannon-bones-the-dark-age-boneworkers-best-resource/

McLagan, Jennifer. *Bones. Recipes, History, and Lore*. New York: William Morrow, 2005.

Nelson, Edward. *The Eskimo about Bering Strait*. Washington, DC: Government Printing Office, 1900.

North, S. N. Dexter. "The Development of American Industries since Columbus. V. The

Manufacture of Wool." *Popular Science Monthly* 39 (May~October 1891): 176~195.

Office of the State Archaeologist. "Bone Tools." University of Iowa. Accessed September 23, 2019. https://archaeology.uiowa.edu/bone-tools-0

Rhodes, Michael. "A Pair of Fifteenth-Century Spectacle Frames from the City of London." *Antiquaries Journal* 62, no. 1 (1982): 57~73.

Roberts, Phil. "The Builder of the 'World's Oldest Cabin.'" University of Wyoming. Accessed September 23, 2019. https://web.archive.org/web/20090427155026/http://uwacadweb.uwyo.edu/ROBERTSHISTORY/worlds_oldest_cabin_fossil.htm

Schwatka, Frederick. "The Igloo of the Inuit.—III." *Science* 2, no. 30 (1883): 259~262.

15장 아름답고 즐거운 뼈

Gardner, Jane. *Henry Moore. From Bones and Stones to Sketches and Sculptures*. New York: Four Winds Press, 1993.

Gray, Henry. *Anatomy of the Human Body*. 20th ed. Edited by Warren Lewis. Philadelphia: Lea and Febiger, 1918.

Henry Moore Foundation. "Biography." Accessed September 25, 2019. https://www.henry-moore.org/about-henry-moore/biography

Jansen, Jan, and Wouter van Gestel. "Cleaning Skulls and Skeletons by Maceration." Accessed September 23, 2019. https://skullsite.com/skull-cleaning-tutorial/

Mortensen, Jenna. "Astragaloi: Greco-Roman Dice Oracles." Accessed September 23, 2019. https://ladyofbones.files.wordpress.com/2013/06/astragaloi-handout.pdf

Museum of London. "Bone Skates: 12th Century." Accessed December 2, 2019. https://www.museumoflondonprints.com/image/61275/bone-skates-12th-century

Neves, Rogerio, Gregory Saggers, and Ernest Manders. "Lizard's Leg and Howlet's Wing: Laboratory Preparation of Skeletal Specimens." *Plastic and Reconstructive Surgery* 96, no. 4 (1995): 992~994.

Ritche, Carson. *Bone and Horn Carving, A Pictorial History*. South Brunswick, NJ: A. S. Barnes, 1975.

Scott, Heather. "Understanding Bow Tip Plates." Strings. Accessed September 23, 2019. http://stringsmagazine.com/understanding-bow-tip-plates/

Spitzers, Thomas. "Die Konstanzer Paternosterleisten—Analyse zur Technik und Wirtschaft im spätmittelalterlichen Handwerk der Knochenperlenbohrer." *Findings from Baden-Württemberg* 33 (2013): 661~940.

Verrill, A. Hyatt. *The Real Story of the Whaler: Whaling, Past and Present*. New York:

Appleton, 1923.

16장 드러난 뼈의 미래

Cunningham, John, Imran Rahman, Stephan Lautenschlaager, Emily Rayfield, and Philip Donoghue. "A Virtual World of Paleontology." *Trends in Ecology and Evolution* 29, no. 6 (2014): 347~357.

Fages, Antoine, Kristian Hanghøj, Naveet Khan, Charleen Gaunitz, Andaine Seguin-Orlando, Micheela Leonardi, Christian Constanz, et al. "Tracking Five Millennia of Horse Management with Extensive Ancient Genome Time Series." *Cell* 177, no. 6 (2019): 1419~1435. e31.

Geggel, Laura. "Mammoth DNA Briefly 'Woke Up' Inside Mouse Eggs. But Cloning Mammoths Is Still a Pipe Dream." Live Science. Accessed September 26, 2019. https://www.livescience.com/64998-mammoth-cells-inserted-in-mouse-eggs.html

Hanson, Joe. "700,000-Year-Old Horse Genome Shatters Record for Sequencing of Ancient DNA." Wired. Accessed September 26, 2019. https://www.wired.com/2013/06/ancient-horse-genome/

Haslam, Michael, ed. *Archaeological Science under a Microscope: Studies in Ancient Residue and Ancient DNA Analysis in Honour of Thomas H. Loy*. Canberra: ANU Press, 2009.

Heintzman, Peter, Grant Zazula, Ross MacPhee, Eric Scott, James Cahill, Brianna McHorse, Joshua Kapp, et al. "A New Genus of Horse from Pleistocene North America." *eLife* 6 (2017): e29944.

Henke, Winfried, and Ian Tattersall. *Handbook of Paleoanthropology*. Berlin: Springer-Verlag, 2007.

Leake, Jonathan: "Science Close to Creating A Mammoth." The Times. Accessed September 26, 2019. https://www.thetimes.co.uk/article/science-close-to-creating-a-mammoth-z8zlvbgr9fl

Plotnick, Roy. "Beyond the Hammer and Whisk Broom: The Technology of Paleontology." Accessed September 23, 2019. https://medium.com/@plotnick/beyond -the-hammer-and-whisk-broom-the-technology-of-paleontology-c81088e2164d

Presslee, Samantha, Graham J. Slater, François Pujos, Analía M. Forasiepi, Roman Fischer, Kelly Molloy, Meaghan Mackie, et al. "Palaeoproteomics Resolves Sloth Relationships." *Nature Ecology and Evolution* 3, no. 7 (2019): 1121~1130.

Yamagata, Kazuo, Kouhei Nagai, Hiroshi Miyamoto, Masayuki Anzai, Hiromi Kato, Key Miyamoto, Satoshi Kurosaka, et al. "Signs of Biological Activities of 28,000-Year-Old

Mammoth Nuclei in Mouse Oocytes Visualized by Live-cell Imaging." *Scientific Reports* 9, no. 4050 (2019): 1~12.

도판의 출처

27쪽 William Cheselden, *Osteographia, or the Anatomy of the Bones* (London: W. Bowyer, 1733)

29쪽 SKELETONS: Museum of Osteology in Oklahoma City, Oklahoma.

33쪽 (c, d) © Bone Clones, www.boneclones.com

38쪽 Museum of Osteology.

39쪽 Michael Jablon, MD.

40쪽 D. W. Niven

41쪽 From William Henry Burt, "Bacula of North American Mammals." Miscellaneous Publications, no. 113, May 25, 1960. Illustrations by William L Brudon. Copyright © 1960 by regents of the University of Michigan. Reprinted by permission.

45쪽 Benjamin Plotkin, MD.

47쪽 Wellcome Images.

52쪽 (a) Wellcome Images; (b) Museum of Man.

55쪽 Kelvin Mackenzie, University of Aberdeen; Wellcome Images.

59쪽 Museum of Osteology.

61쪽 French National Museum of Natural History.

72쪽 Otis Historical Archives, National Museum of Health and Medicine, photo ID NCP 1603.

80쪽 (b) William Cheselden, *Osteographia, or the Anatomy of the Bones* (London: W Bowyer, 1733).

84쪽 (a) Benjamin Plotkin, MD; (b) Richard E. Bowen, MD.

87쪽 (a) Robert Tunstall Taylor, *Orthopaedic Surgery for Students and General Practitioners: Preliminary Considerations and Diseases of the Spine*; 114 Original Illustrations (Baltimore: Williams & Wilkins, 1907); (b) Warren Anatomical Museum.

89쪽 (b, c) Natural History Museum of Los Angeles County.

92쪽 Prof. Tim Arnett, University College London.

102쪽 G. Elliot Smith, "The Most Ancient Splints," *British Medical Journal* 1, no. 2465 (March 28, 1908): 732~34.

127쪽 (a) National Library of Medicine; (b) Tom Schmalzried, MD; (c) National Institute of Arthritis, Diabetes, Digestive and Kidney Diseases.

131쪽 (b) Svetlana Ilizarov, MD.

136쪽 NanoScope.

139쪽 (a) Royal Whitman, A Treatise on Orthopedic Surgery (Philadelphia: Lea Brothers, 1903); (b) John Ridlon, Hugh Owen Thomas, and Robert Jones, Lectures on Orthopedic Surgery (Philadelphia: E. Stern, 1899); (c) Paul R. Harrington Archives, University of Kansas Medical Center, Kansas City, KS

167쪽 (a) J. G. DeLint, *Atlas of the History of Medicine* (New York: Hoeber, 1926), p. 27.

171쪽 William Cheselden, *Osteographia, or the Anatomy of the Bones* (London: W Bowyer, 1733).

172쪽 Nikolai Pirogov, *An Illustrated Topographic Anatomy of Saw Cuts Made in Three Dimensions across the Frozen Human Body* (Atlas, Part 4) (St. Petersburg: Typis Jacobi Trey, 1852–1859).

174쪽 National Library of Medicine.

178쪽 David A. Rubin, MD. St. Louis, MO.

183쪽 David A. Rubin, MD, St. Louis, MO.

199쪽 (a) Clifton Meals, MD; (b) Alidad Ghiassi, MD.

210쪽 Natural History Museum of Los Angeles County.

213쪽 (b) David A. Rubin, MD, St. Louis, MO.

229쪽 (a) British Museum; (b, c) Los Angeles County Museum of Art; (d) Bone Room.

235쪽 (a) Catedral Mallorca; (b) bpk Bildagentur/ Kunstgewerbermuseum, Staatliche Museen, Berlin, Germany/ Art Resource, NY.

237쪽 Katholische Pfarr- und Kirchgemeinde Wil, Kirche St. Nikolaus, Switzerland.

240쪽 Chapel of Bones, Evora, Portugal.

241쪽 Wellcome Collection. CC BY.

243쪽 (a) British Museum; (b) Shang Musee Mariemont; (c) Wellcome Collection.

244쪽 (a) Wellcome Collection; (b) Science Museum London.

246쪽 Museum of Native American History.

248족 Sculpture by Giambologna, about 1562. Victoria and Albert Museum.

257쪽 https://commons.wikimedia .org/wiki/File:Hadrosaurus_foulkii .jpg.

261쪽 (a) Mathew Brady/Levin Corbin Handy; (b) Frederick Gutekunst; (c) John Ostrom/ Peabody Museum.

265쪽 John Cooke, Piltdown Gang, 1915.

281쪽 Los Angeles County Museum of Art.

284쪽 Channel Islands Maritime Museum. © Bass Images, Thousand Oaks, CA.

288쪽 Burton Historical Collection, Detroit Public Library.

293쪽 Library of Congress.

297쪽 Paris Catacombs.

306쪽 (a) Portable Antiquities Scheme; (b) Musee des Arts Premiers in Paris; (c) Cleveland Museum of Art; (d) Tokyo National Museum; (e) San Juan Island National Historical Park.

309쪽 Natural History Museum of Los Angeles County.

314쪽 (a) University of Nebraska State State Museum; (b) King Ross.

318쪽 (a) Museu de Portimao; (b) National Anthropological Archives, Smithsonian Institution [item A601108]; (c) Museum of Native American History.

319쪽 (a) S. N. Dexter North, "The Development of American Industries since Columbus. V. The Manufacture of Wool." *Popular Science Monthly*, 39 (May– October 1891): 176– 95; (b, c) Portable Antiquities Scheme; (d) Metropolitan Museum of Art.

321쪽 (a) Musee d'Aquitaine; (b) Victoria and Albert Museum.

323쪽 (a) Palace of the Countess of Lebrija; (b) British Museum; (c) Tokyo National Museum.

326쪽 (a) Oxford University Museum of Natural History; (b) British Museum; (c) Courtesy of the New Bedford Whaling Museum.

327쪽 (a) US Fish and Wildlife Service; (b) Museum of Native American History.

330쪽 (b) Baltimore Museum of Art; (c) Walters Art Museum.

332쪽 (a) British Museum; (b) The Jon Crumiller Collection.

333쪽 Natural History Museum of Los Angeles County.

335쪽 Museum of Fine Arts, Boston. Bequest of Martha C. Karolik for the M. and M. Karolik Collection of American Paintings, 1815~1865

337쪽 Musical Instrument Museum.

341쪽 Museum of Osteology.

345쪽 (a) The Nancy Rosin Collection; (b) Courtesy of the New Bedford Whaling Museum; (c) Courtesy of the New Bedford Whaling Museum, Richard Donnelly, photographer.

347쪽 Parivash Kashani.

348쪽 (a) Courtesy of the Oklahoma Historical Society; (b, c) Natural History Museum of Los Angeles County.

349쪽 Casa Batllo, Barcelona.

351쪽 (a) Reproduced by permission of the Henry Moore Foundation, John Hedgecoe photographer; (b) Henry Gray, Anatomy of the Human Body, 20th ed. Edited by Warren Lewis. Philadelphia: Lea and Febiger, 1918; (c) Reproduced by permission of the Henry Moore Foundation, Three Piece Sculpture: Vertebrae.

찾아보기

숫자

A~Z

옮긴이 양병찬
서울대학교 경영학과와 동 대학원을 졸업한 후 대기업에서 직장 생활을 하다 진로를 바꿔 중앙대학교에서 약학을 공부했다. 약사로 활동하며 틈틈이 의약학과 생명과학 분야의 글을 번역했다. 최근에는 생명과학 분야 전문 번역가로 활동하며 포항공과대학교 생물학연구정보센터(BRIC) 바이오통신원으로, 〈네이처〉와 〈사이언스〉 등 해외 과학저널에 실린 의학 및 생명과학 기사를 번역해 최신 동향을 소개했다. 최근에 옮긴 책으로 《이토록 굉장한 세계》, 《완전히 새로운 공룡의 역사》, 《텐 드럭스》, 《마지막 고래잡이》, 《과학자 아리스토텔레스의 생물학 여행 라군》, 《센스 앤 넌센스》, 《자연의 발명》 등이 있다. 2019년에는 《아름다움의 진화》로 한국출판문화상 번역상을 수상했다.

숨겨진 뼈, 드러난 뼈

초판 발행　2023년 5월 31일

지은이　로이 밀스
옮긴이　양병찬
펴낸이　김정순
편집　장준오 허영수 김해슬
디자인　김민영
마케팅　이보민 양혜림 정지수

펴낸곳　(주)북하우스 퍼블리셔스
출판등록　1997년 9월 23일 제406-2003-055호
주소　04043 서울시 마포구 양화로 12길 16-9(서교동 북앤빌딩)
전자우편　henamu@hotmail.com
홈페이지　www.bookhouse.co.kr
전화번호　02-3144-3123
팩스　02-3144-3121

ISBN 979-11-6405-206-6　03470

* 해나무는 (주)북하우스퍼블리셔스의 과학 브랜드입니다.